高等学校应用型本科经济管理类专业系列教材

金融数学

李玉水　方　杰　编著

西安电子科技大学出版社

内 容 简 介

本书由11章组成，主要分为两大部分：利息理论和金融工具定价。第一部分利息理论是金融数学的基础部分，主要介绍了利息基本计算、年金、收益率分析、债务偿还方法等内容；第二部分金融工具定价是金融数学的应用部分，主要包括金融工具简介、债券定价及相关的计算、期权的定价(二项式模型)、布朗运动和随机微积分导论、金融市场数学基础、期权的定价(连续时间模型)等。

本书着重培养学生的数学建模能力和数值计算能力，提高学生解决实际问题的能力，适应金融业界对金融工程、风险管理人才的需要；在内容上把金融与数学联系起来，把金融问题转化为数学问题，并使用相关软件或工具(Excel、Matlab、金融专业计算器等)对金融计算进行实例模拟与分析。

本书可作为金融数学的基础教材，适用于金融工程、精算学、数学与应用数学、保险学、金融学、经济学等本科专业二、三年级学生。

图书在版编目(CIP)数据

金融数学 / 李玉水，方杰编著. —西安：西安电子科技大学出版社，2020. 7(2022.1重印)
ISBN 978-7-5606-5707-3

Ⅰ. ① 金… Ⅱ. ① 李… ② 方… Ⅲ. ① 金融—经济数学—高等学校—教材
Ⅳ. ① F830

中国版本图书馆 CIP 数据核字(2020)第 106826 号

策划编辑 刘小莉
责任编辑 于文平 刘小莉
出版发行 西安电子科技大学出版社(西安市太白南路2号)
电 话 (029)88242885 88201467 邮 编 710071
网 址 www. xduph. com 电子邮箱 xdupfxb001@163. com
经 销 新华书店
印刷单位 广东虎彩云印刷有限公司
版 次 2020年7月第1版 2022年1月第2次印刷
开 本 787毫米×1092毫米 1/16 印张 16.5
字 数 388千字
定 价 48.00元
ISBN 978-7-5606-5707-3/F

XDUP 6009001-2

* * * 如有印装问题可调换 * * *

前言

随着金融业的不断发展，金融与数学的结合越来越紧密，并逐渐发展成为一门新兴学科——金融数学。它以金融为研究对象，运用相关的数理方法和工具去分析和解决金融问题，同时，金融发展过程中不断涌现的新问题也为数学提出了新的研究方向。因此，金融数学作为一门交叉学科，其研究领域及其内容非常丰富。

本书作为金融数学的一本入门教材，立足于为经济学、金融学、保险学、管理学、精算学和数学与应用数学等相关专业的本科生提供最基础的金融数学知识，试图融合国内外经典教材之长处。本书着重培养学生的数学建模和数值计算能力，提升学生使用相关软件或工具(如 Excel、Matlab 等)解决金融实际问题的能力，以适应金融业界对创新型、应用型、复合型人才的需求。

从内容安排上看，本书主要分为两大部分：第一部分是金融数学的利息理论部分，由四章内容构成，分别为第一章利息基本计算，第二章年金，第三章收益率分析，第四章债务偿还方法，由李玉水编写；第二部分是金融数学的金融工具定价部分，包括第五章金融工具简介，第六章债券定价及相关的计算，第七章期权的定价——二项式模型，第八章布朗运动，第九章随机微积分导论，第十章金融市场数学基础，第十一章期权的定价——连续时间模型等，其中第七章由李玉水和方杰共同编写，其他章节由方杰负责编写。

在授课内容的安排上，对于保险学、数学与应用数学相关专业的学生，按一学期的教学安排，建议选取前六章作为授课内容，学生的先修课程是微积分、保险学和金融学基础。对于金融工程、数理金融相关专业的学生，若以一学期安排教学，建议选取本书第二部分的内容，学生应有微积分、线性代数和概率论与数理统计的数学基础，最好在先修金融工程或金融衍生工具相关课程的基础上学习本门课程。

本书在编写过程中，在内容上除传统金融数学理论外，尽可能加入数量金融发展的新内容、新案例，以更好地体现金融数学的最新发展；在工具使用上，除了传统的数学计算方法外，还附加了 Excel 算法、Matlab 软件代码等，学生可通过这些代码和命令实现快速计算的目的，进而提升数据处理的能力；在方法讲解上，针对金融案例中现金流复杂的特点，编制大量现金流相关的时间流程图配合案例解答，尽可能避免艰深的模型推演；对于复杂的数学推导，本书一律放到章末的附录中，供学有余力的学生参考学习，避免此类内容对学生的学习过程产生干扰。为了便于教师教学和学生检验学习成果，每章都精选了一些习题。同时与本书配套的资源包含各章 PPT、配套习题的参考答案、个别章节附带的 Matlab 程序或相关应用程序，需要的读者可向出版社索取或发邮件至 liyu1385@qq. com 索取。为顺应网络教学的趋势，本书还基于超星学习通平台，搭建了配套的网络课程，网址分别为：https://moocl - 1. chaoxing. com/course/205917656. html(利息理论部分)，https://

mooc1－1. chaoxing. com/course/205616866. html(金融工具定价部分)。

本书在编写和出版过程中，得到了多方面的支持与协助。在此，要感谢福建江夏学院金融学院领导和同仁的支持，感谢福建江夏学院 2019 年度校级精品自编教材建设项目“金融数学”(项目编号：19XJJC08)的资助。同时，本书在编写过程中参考了大量已出版的相关教材和研究论文，在此向这些文献资料的作者表示谢意。由于编者的专业水平有限，以及对相关资料掌握的程度不足，本书可能存在不妥之处，恳请广大同仁及读者不吝指正。编者的邮箱地址是 james_fang_fe2016@163. com，期待您的批评和指正。

编　者

2020 年 3 月

目　录

第一部分　利息理论

第二部分　金融工具定价

第一部分

利息理论

第一章　利息基本计算

学会如何衡量投资收益是当代人不可或缺的一项技能，而衡量投资收益最主要的判断标准无疑是利率及利息。然而，在社会生活中，人们普遍对“利息”感到困惑。了解利息来源及其影响因素，掌握与利息相关的基本概念，是学会运用与利息有关的投资法则的关键。

从债权债务关系的角度看，利息是借款人为了获得资金的使用权而向贷款人支付的成本，或是贷款人出借资金使用权而从借款人处获得的收益或报酬。从投资的角度看，利息是一定量的资金经过一段时间的投资后产生的价值增值。本章主要介绍利息的各种度量工具及其函数，计算利息过程中的一些方法，以及现实中的计算案例。

第一节　利息的度量

在常见银行借贷、民间借贷、投资活动中，利息大小与原始资金(借贷金额或投资金额)、资金使用或让出时间有着直接关系。因此，在利息的计算上，必然需要考虑不同时刻的资金大小及其产生利息的能力、时间等要素。为了更好地讨论利息的度量，引入利息度量的相关概念或函数。

一、累积函数

定义 1.1　累积函数为原始 1 个单位的本金在 $t(t>0)$时刻的价值，记为 $a(t)$。

$a(t)$反映了单位本金随着时间增长变化的过程，是利息度量的基础。当给定 $t=t_0$ 时，称 $a(t_0)$为累积值，也称 $a(t_0)$为 1 个单位的本金在 t_0 时的终值或价值。

累积函数具有以下基本性质：

(1) $a(0)=1$。

(2) $a(t)$通常关于时间严格单调递增。若该函数为递减函数或常数，则说明利息为负数或 0，即投资亏本或没有收益。

若原始本金不是 1 个单位，而是任意值，则需要引入另一函数——总量函数。

定义 1.2　总量函数表示原始本金 $A(0)$经过时间 $t(t>0)$后的价值，记为 $A(t)$。

根据累积函数与总量函数的含义，可得两者间的关系式：$A(t)=A(0)a(t)$。

定义 1.3　总量函数 $A(t)$在时间$[t_1, t_2]$内的变化量(增量)称为期初货币量 $A(t_1)$在时间$[t_1, t_2]$内产生的利息，记为 I_{t_1,t_2}，即

$$I_{t_1,t_2}=A(t_2)-A(t_1) \tag{1.1}$$

当 $t_1=n-1$，$t_2=n$(n 为正整数)时，I_{t_1,t_2} 简记为 I_n，表示第 n 个单位计息周期中的利息。

实际生活中利息往往是在某一时刻实现的，但不能就此认为利息是离散或跳跃产生的，一般认为利息是本金在连续时间上连续产生的，而在某一时刻进行结算。

例 1.1 原始本金为 5 000 元，若按 $a(t)=1.2^t+0.05t$(t 以年为单位)进行积累，计算：

(1) 经过 5 年后的资金累积值(本利和)；

(2) 在第 3 年内产生的利息；

(3) 在 $t=2$ 年时再投入本金 6 000 元，这笔资金在 $t=5$ 年时的累积值。

解 (1) $A(5)=5\,000a(5)=5\,000\times(1.2^5+0.05\times5)=13\,691.6$(元)

(2) $I_3=A(3)-A(2)=5\,000[a(3)-a(2)]=1\,690$(元)

这里要注意：第 3 年内产生的利息与前 3 年产生的利息是不一样的。

(3) 当 $t=2\sim5$ 时，$a(t)$ 从 $a(2)$ 增长到 $a(5)$，即 1 个单位资金价值增长了 $\dfrac{a(5)}{a(2)}$ 倍，所以 $t=2$ 的 6 000 元在 $t=5$ 时的价值为

$$6\,000\times\frac{a(5)}{a(2)}=6\,000\times\frac{1.2^5+0.05\times5}{1.2^2+0.05\times2}=10\,668.78(\text{元})$$

二、利率

假设两个储户分别在银行存入了 10 万元和 1 万元，经过一年后银行都付给他们同样的利息金额 500 元，你认为合理吗？

在回答上述问题前，不得不提到一个前提：不同资金中每一单位本金产生利息的能力是否一样？若不一样，如 10 万元存入的是银行活期账户，而 1 万元存入的是银行定期账户，就有可能是合理的。而要确定出每一单位本金产生利息的能力，即单位货币价值的相对变化幅度，需要引入利率指标，这是度量利息的常用方法。

(一) 实利率

定义 1.4 给定时间区间$[t_1, t_2]$内总量函数 $A(t)$ 的变化量(增量)与期初货币量的比值称为在时间区间$[t_1, t_2]$内的实利率，记为 i_{t_1,t_2}，即

$$i_{t_1,t_2}=\frac{A(t_2)-A(t_1)}{A(t_1)}=\frac{I_{t_1,t_2}}{A(t_1)},\ t_2>t_1\geqslant0 \tag{1.2}$$

又由于 $A(t)=A(0)a(t)$，可推出利率的另一计算公式：

$$i_{t_1,t_2}=\frac{a(t_2)-a(t_1)}{a(t_1)} \tag{1.3}$$

当 $t_1=n-1$，$t_2=n$(n 为正整数)时，i_{t_1,t_2} 简记为 i_n，表示第 n 个计息周期的实利率。

在实际应用中，实利率的常用计息周期为标准的时间单位(如月、季、半年或年等)，最常用的是以年为计息周期。如果月初的 100 元本金到月末产生 1 元的利息，则月实利率就是 1%；如果季初 100 元的本金在季末产生 3 元的利息，则季实利率为 3%；如果年初 100 元本金在年末产生 12 元利息，则年实利率为 12%。实利率与特定时期相联系，最常使用的标准时期为 1 年。若无特别说明或缺省下，本书所讲利率的计息周期默认以年为单位。

在实际金融活动中，通常用到的两种计息方式分别为单利和复利。

(二) 单利

定义 1.5 假设在期初投资 1 个单位的本金，在每单位计息周期中都得到完全相同的利息金额 i，即利息为常数，这种类型的利息产生方式称为单利，i 称为单利率。

根据定义 1.5，在单利计算方式下，累积函数表达式为

$$a(t) = 1 + it \tag{1.4}$$

式(1.4)表明，1 个单位本金的累积值是关于 t 线性增长的，所产生的利息与经过的时间成正比。式(1.4)的推导过程如图 1.1 所示。

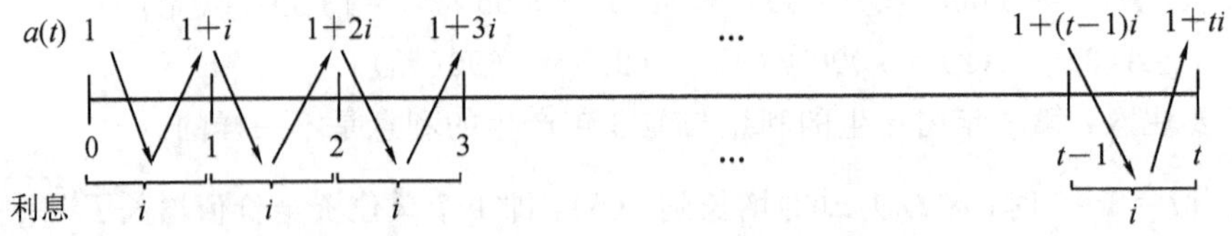

图 1.1 单利方式下的累积过程

单利主要适用于短期借贷中的利息计算。如在民间借贷中常说“一分五利”，一般指的是月利率为 1.5%，采用单利的形式。若借款 1 万元，则在未出现逾期还款的情况下，8 个月后要支付的本利和＝10 000×(1＋1.5%×8)＝11 200 元，利息为 1 200 元。另外，单利还出现在 1 年期以上定期储蓄存款利息的计算中。如某储户把 50 000 元存入某银行的 5 年期定期存款(整存整取业务)，存款利率为 4.5%(年利率)，则 5 年后该储户可领取的本利和＝50 000×(1＋4.5%×5)＝61 250 元。

那么常数的单利率是否意味着常数的实利率呢？

若设 i 为单利率，i_n 为第 n 个计息周期的实利率，则有

$$i_n = \frac{a(n) - a(n-1)}{a(n-1)} = \frac{i}{1 + i(n-1)}$$

即实利率 i_n 是关于 n 的递减函数，即单位货币产生利息的能力在逐渐下降。这是因为在单利计息方式下，每一期产生的利息在下一期不会再产生利息，即不会“利滚利”，即每一期利息相同，但每一期期初资金(为前一期期末的本利和)随 n 增大而变大，而实利率计算公式中分子不变，分母变大，故实利率不断变小。

(三) 复利

定义 1.6 除本金产生利息外，在下一个计息周期内，以前各个计息周期内产生的利息也会再产生利息，这种计息方法称为复利方式，每个计息周期的利率称为复利率。

对于复利方式，在投资期间的每个时刻，过去所有的本金与利息之和都将用于下一时刻的再投资，这就是通常所说的“利滚利”。复利方式几乎用于所有的金融业务，因此，若无特别说明，本书中利率一般为复利计算方式。

根据定义 1.6，在复利方式下，累积函数表达式为

$$a(t) = (1 + i)^t \tag{1.5}$$

式(1.5)表明，1 个单位本金的累积值是关于 t 指数增长的。1 个单位本金经过第 1 个计息周期后的累积值为 $1+i$，这个累积值 $1+i$ 作为第 2 个计息周期期初的本金，可算出利息为 $(1+i)i$，则第 2 个计息周期期末的累积值为 $(1+i)+(1+i)i=(1+i)^2$。同样，这个累积值 $(1+i)^2$ 作为第 3 个计息周期期初的本金，可算出第 3 个计息周期结束时累积值为 $(1+i)^3$。依此类推，第 t 个计息周期结束时累积值为 $(1+i)^t$。式(1.5)的推导过程如图 1.2 所示。

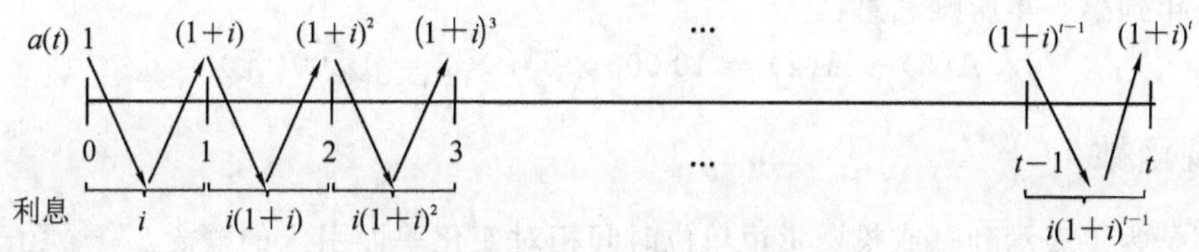

图 1.2　复利方式下的累积过程

那么常数的复利率是否意味着常数的实利率呢？

若设 i 为复利率，i_n 为第 n 个计息周期的实利率，则有

$$i_n = \frac{a(n) - a(n-1)}{a(n-1)} = \frac{(1+i)^n - (1+i)^{n-1}}{(1+i)^{n-1}} = i$$

可见，复利率本身就是实利率。

(四) 单利与复利的比较

由前面的讨论可知，单利与复利的主要区别有：

(1) 在利率为常数的条件下，单利对应的实利率是关于时间的递减函数，而复利的实利率恒等于复利率。

(2) 对单利与复利下的累积函数进行比较，当 $t=0$ 或 1 时，两种计息方式下累积值相等；当 $0<t<1$ 时，单利下的累积值大于复利下的累积值，即 $1+it>(1+i)^t$，但当利率较小时，两者间的相差值很小；当 $t>1$ 时，复利的累积值大于单利的累积值，即 $1+it<(1+i)^t$，且随着时间的增加，两者间的相差值越来越大。

以年利率 $i=4\%$ 为例，两种计息方式下累积函数的值的比较如表 1.1 所示。

表 1.1　单利与复利下累积函数的值的比较

时间/年	0	0.2	0.5	0.8	1	5	10	15
复利 $a(t)$	1	1.007 87	1.019 80	1.031 87	1.04	1.216 7	1.480 2	1.800 9
单利 $a(t)$	1	1.008	1.020	1.032	1.04	1.200	1.400	1.600
相差	0	−0.000 13	−0.000 2	−0.000 13	0	0.016 7	0.080 2	0.200 9

(3) 在本金一定的条件下，当采用单利计息方式时，在任一相等的时间区间产生相同的利息；当采用复利计息方式时，在任一时间长度相等的区间的实利率都相同。

例 1.2　某人开了一个投资账户并存入 10 000 元，投资期限为 5 年，求在下述两种情况下 5 年后账户的余额和第 3 年至第 5 年所赚利息：(1) 账户按 5 年复利 5%计息；(2) 账户按年单利 5%计息。

解　(1) 5 年后账户的余额：

$$A(5) = 10\,000 \times (1+5\%)^5 = 12\,762.82(\text{元})$$

第 3 年到第 5 年所赚利息：

$$A(5) - A(2) = 10\,000 \times [(1+5\%)^5 - (1+5\%)^2] = 1\,737.82(\text{元})$$

(2) 5 年后账户的余额：

$$A(5) = 10\,000 \times (1+5\% \times 5) = 12\,500(\text{元})$$

第 3 年到第 5 年所赚利息：

$$A(5)-A(2)=10\,000\times5\%\times3=1\,500(\text{元})$$

三、贴现函数

利率是为了表示利息或投资货币单位时间相对变化率而引入的概念。资金由于利息产生而增值，即货币具有时间性，因此同样数量的货币在不同的时刻有不同的价值。而前面介绍的累积函数表示货币随着时间的推移而增长变化的过程，用于计算累积值或终值，即资金在未来时刻的价值。现实中经常要考虑在未来某时刻能获得所需要的资金量，需要提前做好资金规划，即现在需要投入多少资金，经过一定时间累积才达到要求。例如，李某 3 年后要出国深造，需要 10 万元教育资金，按照现行的利率，现在要准备多少资金？这个计算过程是将累积过程反过来计算。

定义 1.7　$t(t\geqslant0)$时刻的 1 个货币单位在 0 时刻的价值称为贴现函数，记为 $a^{-1}(t)$。

当给定 $t=t_0$ 时，称 $a^{-1}(t_0)$为贴积值，也称在 t_0 时的 1 个单位货币在 0 时的现值。

由定义 1.7 可知，贴现函数用于计算现值，即未来的一笔资金在当前时刻的价值，该过程即是贴现过程，这与累积过程正好相反，即贴现函数为累积函数的倒数函数，$a^{-1}(t)=1/a(t)$。因此，关于贴现函数，具有以下结论：

(1) $a^{-1}(t)$通常关于时间单调递减；

(2) 在单利方式下有 $a^{-1}(t)=(1+it)^{-1}(t\geqslant0)$；

(3) 在复利方式下有 $a^{-1}(t)=(1+i)^{-t}(t\geqslant0)$。

例 1.3　假设某投资基金年利率为 5%，且投资者希望在 5 年末获得 20 000 元，投资者现在应该投入到基金中的本金为多少？

解　在单利方式下，投资者现在应该投入到基金中的本金为

$$20\,000a^{-1}(t)=20\,000\,(1+5\%\times5)^{-1}=16\,000(\text{元})$$

在复利方式下，投资者现在应该投入到基金中的本金为

$$20\,000a^{-1}(t)=20\,000\,(1+5\%)^{-5}=15\,670.52(\text{元})$$

注：本书后文中，若无特殊说明，利率默认为复利形式，即使用复利计算累积函数和贴现函数。

四、贴现率

在商业票据市场，经常出现“贴现率”这个概念；在民间借贷中，经常会提到“砍头息”的说法。这都与本节的贴现率息息相关。

(一) 实贴现率

定义 1.8　给定时间区间$[t_1, t_2]$内的总量函数 $A(t)$的变化量或增量(即利息收入)与期末货币量的比值称为时间区间$[t_1, t_2]$内的实贴现率，记为 d_{t_1,t_2}，即

$$d_{t_1,t_2}=\frac{A(t_2)-A(t_1)}{A(t_2)}=\frac{I_{t_1,t_2}}{A(t_2)},\ t_2>t_1\geqslant0 \tag{1.6}$$

又由于 $A(t)=A(0)a(t)$，可推出实贴现率的另一计算公式 $d_{t_1,t_2}=\dfrac{a(t_2)-a(t_1)}{a(t_2)}$。进一步，

由累积函数与贴现函数的关系，可得 $d_{t_1,t_2}=\dfrac{a^{-1}(t_1)-a^{-1}(t_2)}{a^{-1}(t_1)}$，即实贴现率相当于贴现函数在时间区间内的变化量与期初贴现值的比例。

第 n 个计息周期的实贴现率简记为 d_n，其计算公式为

$$d_n=\frac{A(n)-A(n-1)}{A(n)}=\frac{I_n}{A(n)}=\frac{a(n)-a(n-1)}{a(n)},\quad n\in\mathbf{N}$$

例 1.4　王某持有一面额为 10 000 元(一年后到期)的商业票据向商业银行进行贴现，商业银行向王某支付了 9 500 元，求：

(1) 该票据的年贴现率；

(2) 王某借贷的年利率。

解　(1) 该票据的年贴现率 $=\dfrac{10\,000-9\,500}{10\,000}=5\%$。

(2) 王某借贷的年利率 $=\dfrac{10\,000-9\,500}{9\,500}\approx 5.26\%$。

(二) 单贴现

定义 1.9　假设在期末有 1 个单位的货币，在每单位计息周期中都得到完全相同的利息金额 d，这种贴现过程方式称为单贴现方式，d 称为单贴现率。

根据定义 1.9，在单贴现计算方式下，在 t 期期末 1 个单位的货币贴现到 0 时刻的贴现过程如图 1.3 所示。

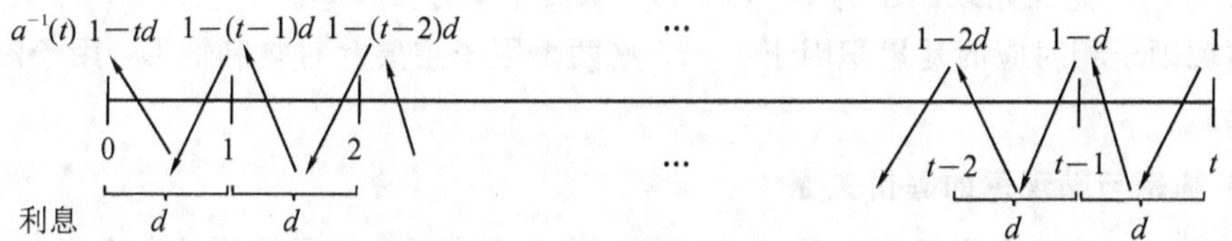

图 1.3　单贴现方式下的贴现过程

由图 1.3 可得单贴现模式下的贴现函数表达式为

$$a^{-1}(t)=1-dt\ (0\leqslant t<1/d)\tag{1.7}$$

例 1.5　13 周美债到期兑现 10 000 元，现在以 0.14% 的周单贴现率出售，计算当前的认购价格。

解　该题是由已知未来的兑现值来求现在的值(即认购价格)，这是贴现过程，使用贴现函数，依题意可得在单贴现模式下，当前的认购价格 $=10\,000\times(1-0.14\%\times13)=9\,818$(元)。

(三) 复贴现

定义 1.10　若有这样一种贴现过程方式：期末有 1 个单位的货币在任何一个单位的计息周期的实贴现率 d 为常数，则称对应的贴现计算方式为复贴现方式，称 d 为复贴现率。

根据定义 1.10，在复贴现计算方式下，贴现函数表达式为

$$a^{-1}(t)=(1-d)^t\tag{1.8}$$

该公式的推导过程说明如下：在 t 个单位计息周期中，最后一期(即第 t 个计息周期)期

末的值为 1 个货币单位，在实贴现率 d 下，第 t 期期末 1 单位货币贴现到第 t 期期初时的值为 $1-d$，把这个贴现值贴现到第 $t-1$ 期期初时的值为 $(1-d)-(1-d)d=(1-d)^2$，同样再把这个值贴现到 $t-2$ 期期初时的值为 $(1-d)^2-(1-d)^2d=(1-d)^3$，依此类推，第 1 期期初，即 0 时刻时的贴现值为 $(1-d)^t$，详见图 1.4 所示。

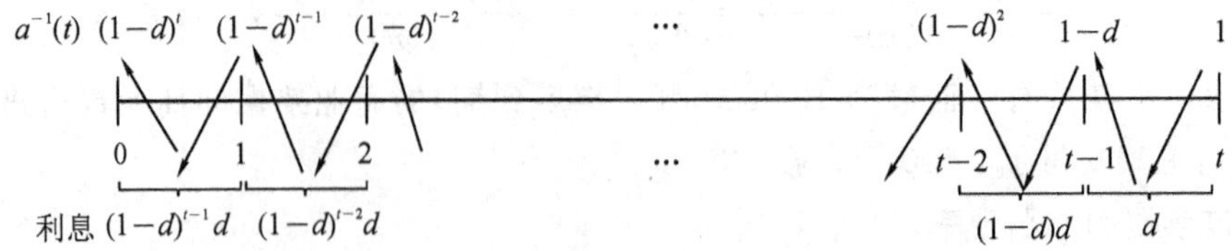

图 1.4 复贴现方式下的贴现过程

由复贴现方式下贴现函数的表达式，可求得在复贴现率下累积函数 $a(t)$ 的表达式为

$$a(t)=(1-d)^{-t} \tag{1.9}$$

注：由于单贴现率的应用十分有限，因此除非特别说明，本书中的贴现率是指复贴现率。

例 1.6 假设有一面额为 10 000 元的 5 年期零息债券，到期按面值偿还，现在以 5.5% 的复贴现率出售，计算当前的债券价格(现值)。

解 债券价格 $=10\,000a^{-1}(5)=10\,000\,(1-5.5\%)^5=7\,536.315$(元)。

(四) 贴现因子

定义 1.11 定义贴现因子为 $v=(1+i)^{-1}$，其中 i 为实利率。

与贴现因子相对应的是累积因子 $1+i$，这两个因子主要针对复利情形，用于贴现过程、累积过程。

(五) 利率与贴现率的等价关系

定义 1.12 利率和贴现率被称为等价的，若它们满足：相同的原始资金经过相同的计息周期，将得到相同的累积值或终值。

结论 1.1 在任一个计息周期内，对于等价的利率 i 和贴现率 d 有如下关系式：

(1) $i=\dfrac{d}{1-d}$；

(2) $d=\dfrac{i}{1+i}<i$；

(3) $d=iv$；

(4) $d=1-v$；

(5) $i-d=id$。

证明 根据利率和贴现率的等价定义，利率和贴现率下的累积函数相等，即

$$a(t)=(1+i)^t=(1-d)^{-t}$$

由上述等式，结合 $v=(1+i)^{-1}$，可推出结论 1.1 中(1)～(5)。

从以上结论可以看出，在利率和贴现率等价下，利率大于贴现率，两者间的相差值等于两者间的积；贴现率是利率用贴现因子贴现到期初的值；贴现率与贴现因子互补。

例 1.7　若现有面额为 100 元的一年期零息债券，发行价格为 95 元，到期按面值偿还。同时，还有一年期理财产品利率为 5.25%。应如何进行投资选择？

解　(1) 从贴现率的角度看，零息债券的贴现率为

$$d=\frac{100-95}{100}=5\%$$

而理财产品的等价贴现率为

$$d=\frac{i}{1+i}=\frac{5.25\%}{1+5.25\%}=4.988\%<5\%$$

因此，债券投资优于理财产品。

(2) 从年利率的角度看，零息债券的利率 $i=\frac{d}{1-d}=\frac{5\%}{1-5\%}=5.26\%$，而理财产品的利率 $i=5.25\%<5.26\%$，债券投资优于理财产品。

例 1.8　小林以每月 3%的利率从银行贷款 1 000 元，那么在复利计息下，3 年后他欠银行的金额为 A 元，若以年复贴现率 10%计算 3 年后所欠的金额，则其现值为多少？

解　依题意得，3 年后所欠金额为

$$A=1\,000\times(1+3\%)^{3\times12}=2\,898.28(\text{元})$$

由式(1.8)，可得该欠款按年贴现率 10%贴现时，其现值为

$$2\,898.28\times(1-10\%)^{3}=2\,112.85(\text{元})$$

五、名义利率和名义贴现率

在储蓄、保险、债券投资等金融业务中，金融产品通常会涉及许多不同的期限，其利率对应的计息周期与利息结算周期不一致，主要有以下两种类型：① 在单位计息周期(如 1 年)内要进行多次利息结算(如按季度结算)；② 每隔多个单位计息周期才进行一次利息结算(如银行 3 年期整存整取储蓄业务)。目前银行开设的人民币整存整取定期储蓄业务包括 3 个月、6 个月、1 年、2 年、3 年和 5 年六个档期(见表 1.2)，每个档期都有对应的年利率，那么这些年利率是否就是前面的实利率呢？为了说明该问题，在此引入名义利率和名义贴现率的概念。

表 1.2　人民币基准存款利率表

城乡居民及单位存款	年利率(%)
(一)活期	0.3
(二)定期(整存整取)	
3 个月	1.35
6 个月	1.55
1 年	1.75
2 年	2.25
3 年	2.75
5 年	2.75

(一) 名义利率

定义 1.13　若在标准单位计息周期内利息依利率 $\frac{i^{(m)}}{m}(m\in\mathbf{N})$ 换算 m 次，称 $i^{(m)}$ 为 m 换算名义利率或挂牌利率。

名义利率 $i^{(m)}$ 意味着每个换算周期内的实利率为 $\frac{i^{(m)}}{m}$，本金在标准单位计息周期(通常

为 1 年)内按该实利率复利 m 次。例如，$i^{(4)}=4\%$可称为季换算名义利率 4%或季挂牌利率 4%，表示每个季度换算(计算)一次利息，且每个季度的实利率为 4%/4=1%。

根据定义 1.13 和定义 1.1，可得在名义利率方式下累积函数为

$$a(t)=\left(1+\frac{i^{(m)}}{m}\right)^{mt} \tag{1.10}$$

注意 实利率与名义利率的区别：实利率考虑的是在一个计息周期内所真实获得的全部利息与期初本金金额之比；而名义利率考虑的是在一个计息周期内，当支付利息的次数不止一次或不足一次时如何计算利率。在现实中，常用的标准单位计息周期是年度，所以利率通常表示为年利率的形式，但该利率是实利率还是名义利率，则还需要结合相关信息进一步判断。如已知年利率为 3%，若每年计算一次利息，则该利率为实利率；若每年计算若干次利息，则该利率为名义利率。另外，对于不足一个年度的时期，将该时期的实利率乘以一个年度所包含的时期数，就得到了年名义利率。譬如，假设月实利率为 1%，那么与这个月实利率相对应的年名义利率可以定义为 1%×12=12%；如果一个季度的实利率为 3%，那么与这个季度实利率相对应的年名义利率可以定义为 3%×4=12%。

例 1.9 根据表 1.2 所示的人民币基准存款利率表，计算：

(1) 10 000 元存入 3 个月定期整存整取储蓄，到期后可得利息多少元；

(2) 10 000 元分别存入 3 个月定期整存整取储蓄、半年定期整存整取储蓄，到期后自动滚存，1 年后哪个储蓄品种的利息更高？

解 (1) 由表 1.2 可知，$i^{(4)}=1.35\%$。10 000 元存满 3 个月可得利息为

$$10\,000\times\frac{1.35\%}{4}=33.75(\text{元})$$

(2) 对于 3 个月定期整存整取储蓄，3 个月的实利率为 1.35%/4，1 年内复利 4 次，则 1 年后利息为

$$10\,000\times\left[\left(1+\frac{1.35\%}{4}\right)^4-1\right]=135.68(\text{元})$$

对于半年定期整存整取储蓄，半年的实利率为 1.55%/2，1 年内复利 2 次，则 1 年后利息为

$$10\,000\times\left[\left(1+\frac{1.55\%}{2}\right)^2-1\right]=155.60(\text{元})$$

若相同金额的资金分别在名义利率和实利率下，经过相同时间后有相同的累积值或终值，则名义利率与实利率之间存在什么关系式？也就是说，两者等价时，两者间有哪些结论？

结论 1.2 当利率 i 与 m 换算名义利率 $i^{(m)}$ 等价时，两者有如下关系：

(1) $1+i=\left(1+\frac{i^{(m)}}{m}\right)^m$，即 $i=\left(1+\frac{i^{(m)}}{m}\right)^m-1$ 或 $i^{(m)}=m[(1+i)^{1/m}-1]$；

(2) $i\geqslant i^{(m)}$。

证明 (1) 根据式(1.5)和式(1.10)可直接推出。

(2) 由(1)的结论和二项展开式，可得

$$i=\left(1+\frac{i^{(m)}}{m}\right)^m-1=1+m\left(\frac{i^{(m)}}{m}\right)+\cdots+\left(\frac{i^{(m)}}{m}\right)^m-1$$

$$=i^{(m)}+\cdots+\left(\frac{i^{(m)}}{m}\right)^m>i^{(m)}$$

进一步，若不同 m 换算名义利率 $i^{(m)}$ 等价，则 $i^{(m)}$ 关于 m 有如下结论：当 $m_1>m_2$ 时，$i^{(m_1)}<i^{(m_2)}$，即等价的名义利率 $i^{(m)}$ 关于 m 为递减函数。

例 1.10　已知人民币存款基准利率表 1.2，计算与 3 个月定期整存整取储蓄的挂牌利率等价的年实利率。

解　由结论 1.2(1)可得

$$i=\left(1+\frac{i^{(m)}}{m}\right)^m-1=\left(1+\frac{1.35\%}{4}\right)^4-1\approx 1.356\,85\%$$

Excel 算法：

(1) 由年名义利率计算等价年实利率，其 Excel 函数为

effect(nominal_rate, npery)

其中，参数 nominal_rate 为名义利率，参数 npery 为每年计息次数。

在例 1.10 中，可在 Excel 的一个空白单元格中输入"=effect(1.35%，4)"后按回车键，可得年实利率为 1.356 85%(需设置单元格格式为百分比，小数位数为 5 位)。

(2) 由年实利率计算等价年名义利率，其 Excel 函数为

nominal(effect_rate, npery)

其中，参数 effect_rate 为实际利率，参数 npery 为名义利率对应的每年计息次数。

如求与年实际利率为 3.5%等价的季换算名义利率，可在 Excel 的一个空白单元格中输入"=nominal(3.5%，4)"后按回车键，可得季换算名义利率为 0.034 549 8。

(二) 名义贴现率

定义 1.14　若在标准单位计息周期内依贴现率$\frac{d^{(p)}}{p}$($p\in\mathbf{N}$)换算 p 次，每个换算周期内的实际贴现率为$\frac{d^{(p)}}{p}$，称 $d^{(p)}$ 为 p 换算名义贴现率。

根据定义 1.14 和定义 1.1，可得在名义利率方式下累积函数为

$$a(t)=\left(1-\frac{d^{(p)}}{p}\right)^{-pt} \tag{1.11}$$

名义贴现率与等价的实贴现率有如下关系：

结论 1.3　当实贴现率 d 与 p 换算名义贴现率 $d^{(p)}$ 等价时，两者有如下关系：

(1) $1-d=\left(1-\frac{d^{(p)}}{p}\right)^p$，$d=1-\left(1-\frac{d^{(p)}}{p}\right)^p$，$d^{(p)}=p[1-(1-d)^{1/p}]$；

(2) $d\leqslant d^{(p)}$。

进一步，若不同 p 换算名义利率 $d^{(p)}$ 等价，$d^{(p)}$ 关于 p 有如下结论：当 $p_1>p_2$ 时，$d^{(p_1)}>d^{(p_2)}$，即等价的名义利率 $d^{(p)}$ 关于 m 为递增函数。

(三) 名义利率与名义贴现率间的关系

结论 1.4　若 m 换算名义利率 $i^{(m)}$ 与 p 换算名义贴现率 $d^{(p)}$ 等价，则两者间有如下关系：

(1) $\left(1+\frac{i^{(m)}}{m}\right)^{m}=\left(1-\frac{d^{(p)}}{p}\right)^{-p}$；

(2) 若 $m=p$，则有

$$1+\frac{i^{(m)}}{m}=\left(1-\frac{d^{(m)}}{m}\right)^{-1}$$

$$\frac{i^{(m)}}{m}-\frac{d^{(m)}}{m}=\frac{i^{(m)}}{m}\times\frac{d^{(m)}}{m}$$

证明 由式(1.10)和式(1.11)，则有

$$a(1)=\left(1+\frac{i^{(m)}}{m}\right)^{m}=\left(1-\frac{d^{(p)}}{p}\right)^{-p}$$

由上式，可推出结论 1.4(1)(2)。

例 1.11 求与月换算名义贴现率为 6%等价的季换算名义利率。

解 由 $\left(1+\frac{i^{(4)}}{4}\right)^{4}=\left(1-\frac{d^{(12)}}{12}\right)^{-12}$，可得

$$i^{(4)}=4\left[\left(1-\frac{d^{(12)}}{12}\right)^{-3}-1\right]=4(0.995^{-3}-1)=0.0606=6.06\%$$

例 1.12 现有以下两种 5 年期的投资方式：

方式 A：年利率为 7%，每半年计息一次；

方式 B：年贴现率为 6.8%，每季度贴现一次。

比较两种投资方式的收益，进而确定投资选择。

解 对于方式 A，$i^{(2)}=7\%$，5 年后累积值为

$$a(5)=\left(1+\frac{7\%}{2}\right)^{2\times5}=1.4106$$

对于方式 B，$d^{(4)}=6.8\%$，5 年后累积值为

$$a(5)=\left(1-\frac{6.8\%}{4}\right)^{-4\times5}=1.4091$$

故应选择方式 A。

除了以上解法外，也可把名义利率、名义贴现率转换为等价年实利率，再进行比较，选择相应值较大的进行投资。

六、利息力

年实利率可以度量资本在一年内平均获取利息的能力，年名义利率可以度量资本在不足一年的时间区间(如半年、一个季度或一个月)内平均获取利息的能力，而利息力可以度量资本在每个时间点上获取利息的能力。利息力在期货、期权和其他衍生金融工具的定价中具有十分重要的应用价值。在某些借贷业务中，如银行同业拆借，也使用利息力作为计算利息的基本依据。利息力度量了资本每个时点上的利息增长强度，可以用累积函数的相对变化率来表示。

定义 1.15 设累积函数 $a(t)$ 为 t 的连续可微函数，则称函数 $\delta_t=\frac{a'(t)}{a(t)}$ 为累积函数 $a(t)$ 对应的利息力函数，并称利息力函数在各个时刻的值为利息力。

在定义 1.15 中，利息力函数表达式中的分子是累积函数关于时间 t 的导数，表示在 t 时点上的累积值在单位时间内的变化速率，分母是在时点 t 的累积值。因此，上式定义的利息力也就是在 t 时点上单位金额在单位时间内的相对变化速率。

以下从导数的定义出发，讨论对利息力的直观解释。根据导数的定义，有

$$a'(t)=\lim_{\varepsilon\to 0}\frac{a(t+\varepsilon)-a(t)}{\varepsilon}$$

故利息力可以表示为

$$\delta_t=\lim_{\varepsilon\to 0}\frac{a(t+\varepsilon)-a(t)}{\varepsilon\cdot a(t)}=\lim_{\varepsilon\to 0}\frac{a(t+\varepsilon)-a(t)}{a(t)}\cdot\frac{1}{\varepsilon}$$

根据实利率的定义，$\frac{a(t+\varepsilon)-a(t)}{a(t)}$表示时间区间$[t,t+\varepsilon]$的实利率，而一个单位计息周期包含$\frac{1}{\varepsilon}$个长度为 ε 的时间区间，即在一个单位计息周期内换算$\frac{1}{\varepsilon}$次，则$\frac{a(t+\varepsilon)-a(t)}{a(t)}\cdot\frac{1}{\varepsilon}$表示$\frac{1}{\varepsilon}$换算名义利率。当 $\varepsilon\to 0$ 时，该名义利率在单位计息周期内计息无穷多次，每个瞬间都可以进行利息的换算，即连续复利，故利息力就是在连续计息下的名义利率。

由定义 1.15 知，$\delta_s=\frac{a'(s)}{a(s)}=[\ln a(s)]'$，在公式两边取从 0 到 t 积分，累积函数可以用利息力函数表示为

$$a(t)=e^{\int_0^t\delta_s ds}=\exp\left(\int_0^t\delta_s ds\right)\tag{1.12}$$

例 1.13　基金 F 以利息力函数$\delta_t=\frac{1}{1+t}$ $(t\geqslant 0)$累积，基金 G 以利息力函数$\delta_t=\frac{4t}{1+2t^2}$ $(t\geqslant 0)$累积。分别用 $a_F(t)$和 $a_G(t)$表示两个基金在时刻 $t(t\geqslant 0)$的累积函数，令 $h(t)=a_F(t)-a_G(t)$，计算使 $h(t)$达到最大的时刻 T。

解　由式(1.12)，可得

$$a_F(t)=\exp\left(\int_0^t\frac{1}{1+s}ds\right)=1+t$$

$$a_G(t)=\exp\left(\int_0^t\frac{4s}{1+2s^2}ds\right)=1+2t^2$$

根据 $h(t)$的定义得 $h(t)=t-2t^2$，$h'(t)=1-4t$，并令 $h'(t)=0$，由此可以求出使 $h(t)$达到最大的时刻 $T=\frac{1}{4}$。

例 1.14　假设李某在 2010 年 7 月 1 日投资 1 000 元于某基金，该基金在 t 时的利息强度为$\delta_t=\frac{3+2t}{50}$，其中 t 为距 2010 年 1 月 1 日的年数。计息这笔投资在 2011 年 1 月 1 日的积累值。

解　这笔投资在 2011 年 1 月 1 日的积累值为

$$A(t)=1\,000\exp\left(\int_{0.5}^1\frac{3+2t}{50}dt\right)=1\,000e^{0.045}=1\,046.03(\text{元})$$

例 1.15　求复利率 i 在时刻 t 的利息力。

解 $a(t)=(1+i)^t$，$a'(t)=\ln(1+i)(1+i)^t$

从而时刻 t 的利息力为 $\delta_t=\dfrac{a'(t)}{a(t)}=\ln(1+i)$。

注：由例 1.15 可知，复利的利息力关于时间为常值函数，与时间 t 无关。

结论 1.5 如果利息力函数为常数，即 $\delta_t\equiv\delta$（δ 与 t 无关），则

(1) $a(t)=e^{\delta t}$，$a^{-1}(t)=e^{-\delta t}$；

(2) 常数利息力 δ、实利率 i 、实贴现率 d 等价时的关系式为

$$\delta=\ln(1+i)=-\ln v=-\ln(1-d)$$

(3) 当名义利率 $i^{(m)}$ 、名义贴现率 $d^{(p)}$ 与常数利息力 δ 等价时，有如下关系式：

$$i^{(m)}=m(e^{\frac{\delta}{m}}-1)；d^{(p)}=p(1-e^{-\frac{\delta}{p}})；\lim_{m\to\infty}i^{(m)}=\lim_{p\to\infty}d^{(p)}=\delta$$

(4) 在相同单位计息周期内，常数利息力 δ，利率 i、贴现率 d、名义利率 $i^{(m)}$ 、名义贴现率 $d^{(p)}$ 等价时的大小关系为

$$d\leqslant d^{(p)}<\delta<i^{(m)}\leqslant i$$

证明 (1) 由定义 1.15 和式(1.12)可推出结论。

(2) (3) 由累积函数在 $t=1$ 时的累积值

$$a(1)=1+i=v^{-1}=e^{\delta}=(1-d)^{-1}=\left(1+\frac{i^{(m)}}{m}\right)^m=\left(1-\frac{d^{(p)}}{p}\right)^{-p}$$

可推出相关结论。

又

$$i^{(m)}=m(e^{\frac{\delta}{m}}-1)=\delta+\frac{1}{m}\frac{1}{2!}\delta^2+\frac{1}{m^2}\frac{1}{3!}\delta^3+\cdots$$

可得 $\lim\limits_{m\to\infty}i^{(m)}=\delta$，类似地，也可推出 $\lim\limits_{p\to\infty}d^{(p)}=\delta$。

(4) 由 $i^{(m)}$ 、$d^{(p)}$ 关于 δ 的展开式，可得 $d^{(p)}<\delta<i^{(m)}$。结合前面利率与名义利率、贴现率与名义贴现率间的大小关系，可得出相关结论。

图 1.5 直观地展示了上述各种利息度量工具在数值上的大小关系。该图使用的年实利率为 5.5%。可以看出，随着每年内利息换算次数 m 的增加，等价的年名义利率逐渐变小，而等价的年名义贴现率逐渐变大。当 m 趋于无穷大时，它们都等于利息力 $\delta=\ln1.055\approx5.354\%$。

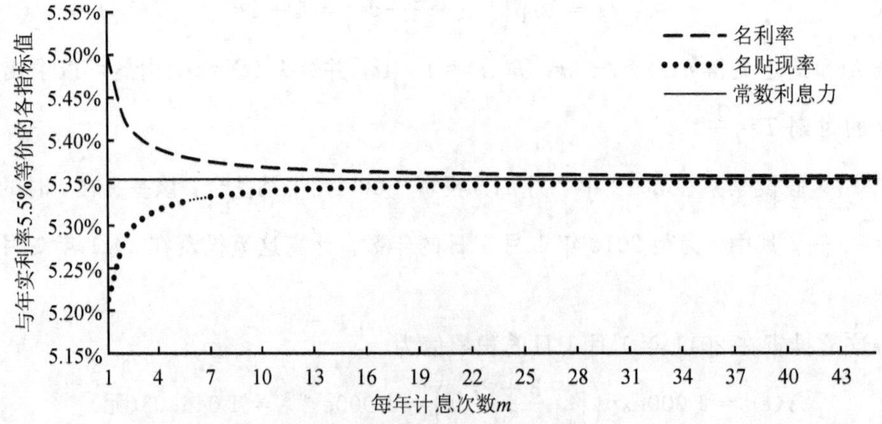

图 1.5 各种等价的利息度量工具间的数值大小关系图

例 1.16　投资者 A 在银行存入 10 万元，按每半年复利一次的年名义利率 $i^{(2)}$ 计息；与此同时，投资者 B 也在银行存入 10 万元，按常数利息力 δ 计息。5 年之后两人的存款都累积到了 20 万元。求 $i^{(2)}-\delta$ 的值。

解　5 年之后，投资者 A 的存款将累积到

$$10\times\left(1+\frac{i^{(2)}}{2}\right)^{2\times 5}=20$$

由此可得 $i^{(2)}\approx 14.355\%$。

5 年之后，投资者 B 的存款将累积到

$$10e^{5\delta}=20$$

由此可得 $\delta\approx 13.863\%$。

所以 $i^{(2)}-\delta\approx 0.492\%$。

另外，与利息力的定义相对应，贴现力是指贴现函数的单位变化率，即

$$\bar{\delta}_t=-\frac{[a^{-1}(t)]'}{a^{-1}(t)}$$

由于 $-\frac{(a^{-1}(t))'}{a^{-1}(t)}=-\frac{-a^{-2}(t)a'(t)}{a^{-1}(t)}=\frac{a'(t)}{a(t)}$，故 $\delta_t=\bar{\delta}_t$。可见，贴现力的定义公式与利息力的定义公式基本相同，只是由于贴现函数是递减的，所以为了保证贴现力的值大于零，在前面增加了一个负号。由于贴现力与利息力是等价的，都可表示在一个时间点上的利息增长强度，因此，在实际应用中经常使用利息力的概念，很少使用贴现力的概念。

第二节　利息问题的计算

利息计算的基本准则很简单，但利息计算又是许多复杂的金融业务的基础。与利息计算有关的量主要有以下四个：原始投入的资本（即本金）、投资经过的时间、利率和投资结束时的终值。其中任何三个量的值都可以唯一地决定第四个量的值。下面主要介绍利息计算的基本知识。

一、时间的确定

在实际问题中，利率通常表示为年利率，因此利息计息中时间 t 往往以年为单位计量，即把 t 表示为年数。对于以天数等其他单位计量的时间，可以通过下述公式将其转化为年数：

$$t=\frac{\text{投资天数}}{\text{一年的天数}}$$

在上式中，目前常用的三种度量投资天数和一年天数的方法是：

（1）精确利息算法：一般用“实际投资天数/年实际天数”表示。

（2）普通利息算法：也称为“30/360”规则法，即假设每月有 30 天，1 年为 360 天。在此规则下，两个给定日期之间的投资天数可按下述公式计算：

$$\text{投资天数}=360(Y_2-Y_1)+30(M_2-M_1)+(D_2-D_1)$$

其中，投资的终止日期为 Y_2 年 M_2 月 D_2 日，起始日期为 Y_1 年 M_1 月 D_1 日。

(3) 银行家利息法则算法：也称为“实际投资天数/360”规则法。投资天数按两个日期之间的实际天数计算，每年按 360 天计算。

在应用“30/360”规则计算投资天数时，还需依次进行下述调整：

(1) 若 D_1 是 2 月份的最后一天，则把 D_1 改为 30。

(2) 若 D_1 和 D_2 都是 2 月份的最后一天，则把 D_2 改为 30。

(3) 若 D_1 等于 30 或 31，D_2 等于 31，则把 D_2 改为 30；若 D_1 等于 31，则把 D_1 改为 30。

例 1.17　投资者在 2014 年 6 月 14 日存入基金 10 000 元，2015 年 2 月 7 日取出，基金按单利计息，年利率为 8%，分别根据下列规则计算投资者可以获得的利息金额：

(1) 精确利息算法；

(2) 银行家利息法则算法；

(3) 普通利息算法。

解　首先需要计算不同规则下的投资年数 t。

(1) 从 2014 年 6 月 14 日到 2015 年 2 月 7 日的实际投资天数为 238，因此在精确利息算法下，$t=238/365$，利息金额为

$$10\,000\times 0.08\times\frac{238}{365}=521.6(\text{元})$$

(2) 在银行家利息法则算法下，实际投资天数为 238，因此 $t=238/360$，利息金额为

$$10\,000\times 0.08\times\frac{238}{360}=528.9(\text{元})$$

(3) 在普通利息算法下，两个日期之间的天数为

$$360\times 1+30\times(2-6)+(7-14)=233$$

因此 $t=233/360$，利息金额为

$$10\,000\times 0.08\times\frac{233}{360}\approx 517.8(\text{元})$$

可见，与精确利息算法相比，银行家利息法则算法的利息金额较大，而普通利息算法的利息金额较小。在实际操作中，银行家利息法则算法较精确利息算法对贷款方有利。

Excel 算法：

(1) 实际投资天数的计算：在两个空白单元格(如 A1 和 A2)中输入起止时间(按“年/月/日”格式输入)，在另一空白单元格(如 A3)中输入“=对应终止时间所在单元格－对应开始时间所在单元格”(如=A2－A1)或输入“=DATEDIF(A1, A2, ″D″)”或“=DAYS(A2, A1)”。如在例 1.17 中，要求实际投资天数，可在某一空白单元格中输入“=DATEDIF(″2014 年 6 月 14 日″, ″2015 年 2 月 7 日″, ″D″)”或“=DATEDIF(″2014/6/14″, ″2015/2/7″, ″D″)”或“=DAYS(″2015/2/7″, ″2014/6/14″)”后按回车键，得 238。

(2) 按“30/360”规则计算两个日期之间的天数时，其 Excel 函数为

DAYS360(start_date, end_date, [method])

其中，参数 start_date、end_date 表示用于计算期间天数的起止日期，参数 method 用于指

定在计算中是采用美国方法还是欧洲方法[1]，默认为美国方法(method=0)。如在例 1.17 中，在某一空白单元格中输入"=DAYS360("2014 年 6 月 14 日","2015 年 2 月 7 日")"后按回车键，可得 233。

二、价值方程

由于货币存在时间价值，因此不同时刻的货币量是无法直接比较大小的，必须将这些量调整(累积计算或贴现计算)到某一个共同日期，这个共同日期被称为比较日。将调整到比较日的计算结果按照收入支出相等的原则列出的等式称为价值方程。现值方程和终值方程是将比较日选为现在和业务结束日的两种特殊的价值方程。

为了更好地建立价值方程，常借助于货币的时间流程图，其具体做法是：用一条直线表示时间(从左到右)，上面的刻度为事先给定的时间单位(如月、季、年等)，发生的现金流量写在对应时间的上方或下方(一般同一流向的现金流写在同一方)；另外，有时会画一个小箭头代表比较日。时间流程图有助于直观地了解问题，特别是在资金流动频繁的复杂情况下可能会有很大的帮助。

需要注意的是，在建立的价值方程中，货币时间价值采用复利方式或复贴现模式计算时，最终的计算结果与比较日的选取无关；采用单利方式或单贴现模式计算时，比较日的选取将直接影响计算结果。

例 1.18　某资金账户现金流如下：在第 1 年初有 5 000 元资金存入，在第 5 年末有 2 000元资金取出，在第 8 年末又存入 1 000 元，假定该资金账户的半年换算名义利率为 8%，试利用价值方程计算第 10 年末可全部取出的资金大小。

解　设第 10 年末可全部取出的金额为 X，则这个业务的货币时间流程(时间单位：年)如图 1.6 所示。

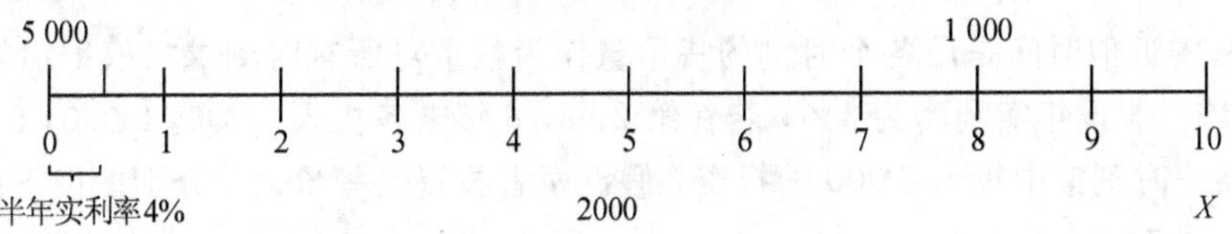

图 1.6　货币时间流程图

由于 $i^{(2)}=8\%$，可得半年实利率为 4%，半年期的贴现因子为 $v=(1+4\%)^{-1}$。

下面考虑两种比较日的价值方程：

(1) 将第 1 年初作为比较日，根据货币存入与支取的价值在比较日应该相等的原则，有价值方程

$$5\,000+1\,000v^{16}=2\,000v^{10}+Xv^{20}$$

由此价值方程求得 $X\approx 9\,165$(元)。

---

① 美国(NASD)方法：若起始日期是一个月的最后一天，则等于同月的 30 号。若终止日期是一个月的最后一天，并且起始日期早于 30 号，则终止日期等于下一个月的 1 号；否则，终止日期等于本月的 30 号。欧洲方法：若起始日期和终止日期为某月的 31 号，则等于当月的 30 号。

(2) 将第 5 年末作为比较日，则价值方程为

$$5\,000(1+4\%)^{10}+1\,000v^{6}=2\,000+Xv^{10}$$

由此价值方程求得 $X\approx 9\,165$(元)。

(3) 将第 10 年末作为比较日，则价值方程为

$$5\,000(1+4\%)^{20}+1\,000(1+4\%)^{4}=2\,000(1+4\%)^{10}+X$$

由此价值方程求得 $X\approx 9\,165$(元)。

可见，选不同的比较日所得结果相同。

三、等时间法

有一笔本金，有两种投资方式，一种是把这笔本金分多次在不同时刻投入，另一种是把这笔本金一次性投入。若两种投资方式是等价的，则一次性投入的本金应在什么时刻投入？

问题 1　设两种投资方式：方式一，分别于 $t_1, t_2, \cdots, t_n$ 时刻投入 $s_1, s_2, \cdots, s_n$；方式二，在 t 时刻一次性投入 $s_1+s_2+\cdots+s_n$。若两种方式的投资价值相等，计算时刻 t。

两种方式在 0 时刻价值相等的基本价值方程为

$$(s_1+s_2+\cdots+s_n)v^{t}=s_1v^{t_1}+s_2v^{t_2}+\cdots+s_nv^{t_n}$$

进一步求解得

$$t=\frac{\ln\left(\dfrac{s_1v^{t_1}+s_2v^{t_2}+\cdots+s_nv^{t_n}}{s_1+s_2+\cdots+s_n}\right)}{\ln v} \tag{1.13}$$

一般常用等时间法作为上式的近似计算，即

$$t\approx\frac{s_1t_1+s_2t_2+\cdots+s_nt_n}{s_1+s_2+\cdots+s_n} \tag{1.14}$$

即等时间法中近似时间是用各个时刻的货币量作为权重对所有时刻求加权平均的。

例 1.19　假设年实利率为 5%，若在第 2，3，8 年末各投入 1 000，2 000，5 000 的现金流，与在某一时刻集中投入 8 000 的投资，假设两者投资是等价的，分别按以下两种方法计算集中投入的时刻：

(1) 精确法；

(2) 等时间法。

解　由式(1.13)和 $v=(1+5\%)^{-1}=0.952\,4$，可得 t 精确解为

$$t=\frac{\ln\left(\dfrac{1\,000v^{2}+2\,000v^{3}+5\,000v^{8}}{8\,000}\right)}{\ln v}=5.832(\text{年})$$

由式(1.14)可得 t 的近似解为

$$t'=\frac{1\,000}{8\,000}\times 2+\frac{2\,000}{8\,000}\times 3+\frac{5\,000}{8\,000}\times 8=6(\text{年})$$

注：可以证明近似解总是比精确解偏大。

在长期投资中，经常要预估在给定收益率时本金翻倍所需要的时间。由此引出下列问题。

问题 2　在给定利率下，求货币价值增加一倍的时间间隔。

解　设 n 为所要计算的时间间隔，由题意，可得价值方程为

$$(1+i)^n = 2$$

从而可以解出 $n=\dfrac{\ln 2}{\ln(1+i)}$。

进一步，上式可变形为

$$n = \frac{0.6931}{i}\cdot\frac{i}{\ln(1+i)}$$

若取 $i=8\%$，上式中第二项的值为 1.039 5，从而有

$$n \approx \frac{0.72}{i}$$

该算法称为“72 算法”。当利率在一定范围内变化时，72 算法的近似度相当高(如表 1.3 所示)。可以证明，当利率小于 8%时得到的近似估计值偏大，而当利率大于 8%时得到的近似估计值偏小。

表 1.3　72 算法与精确算法的比较

利率 i/(%)	4	5	6	7	8	9	10	11	12
n(72 算法)	18.00	14.40	12.00	10.29	9.00	8.00	7.20	6.55	6.00
n(精确算法)	17.67	14.21	11.90	10.24	9.01	8.04	7.27	6.64	6.12

例 1.20　按照我国目前的利率水平，1 年期年利率为 1.75%(见表 1.2)，求需要经过多少年，一笔存款的价值才能翻番?

解　由 72 算法可得 41.14 年，由精确算法可得 39.95 年。

四、利率的计算

在金融业务中，常常根据资金账户变动情况来反解收益率或利率。关于利率的计息，下面以具体的例子介绍在求解未知利率时常用的方法。

例 1.21　以多大的季换算挂牌利率，可以使当前的 1 000 元在 6 年后本利和为1 600元?

解　令 $j=\dfrac{i^{(4)}}{4}$，比较日为第 6 年底，则价值方程为

$$1000(1+j)^{24} = 1600$$

由此可得

$$j = 1.6^{\frac{1}{24}} - 1 = 0.019776$$

从而可得

$$i^{(4)} = 4j = 7.91\%$$

例 1.22　已知第 2 年底的 2 000 元和第 4 年底的 3 000 元的现值之和为 4 000 元，计算年利率。

解　设年利率为 i，则价值方程为

$$4000 = 2000v^2 + 3000v^4,\ v = (1+i)^{-1}$$

可将上述方程化简为关于 v^2 的二次方程，即

$$3v^4 + 2v^2 - 4 = 0$$

求解上述方程得

$$v^2 = \frac{-2 + \sqrt{2^2 - 4 \times 3 \times (-4)}}{2 \times 3} = 0.868\,517 \text{（另一解为负值，舍去）}$$

进而求出 $i=7.30\%$。

例 1.23 如果现在投入 1 000 元，第 3 年底投入 2 000 元，在第 10 年底的全部收入为 5 000元。计算半年换算名义利率。

解 令 $j=\frac{i^{(2)}}{2}$，比较日为第 10 年底，则价值方程为

$$1\,000\,(1+j)^{20} + 2\,000\,(1+j)^{14} = 5\,000$$

由于该方程不能直接求解，因而可以考虑求该方程的数值近似解。上述解法可参考相关的数值计算参考书，这里不对此进行介绍，而是借助 Excel 软件对上述方程进行求解。

Excel 算法：一元多次方程的求解可借助 Excel 中“数据”选项卡中“假设分析”或“模拟分析”中下拉的功能项“单变量求解”。在一个单元格（如 A2）中输入半年实利率 j 的初始值（可任意赋值，如 0.01），并在另一个单元格（如 B2）中输入“＝1000 * (1＋A2)^ 20＋2000 * (1＋A2)^14”，按回车键后点击“数据”选项卡，找到“单变量求解”功能，点击后出现窗口（见图 1.7），输入相应值，两次确定后，可以看到在 A2 中的值为 0.032 177 67，即该值 j 的数值解，从而可以算出 $i^{(2)} \approx 6.44\%$。

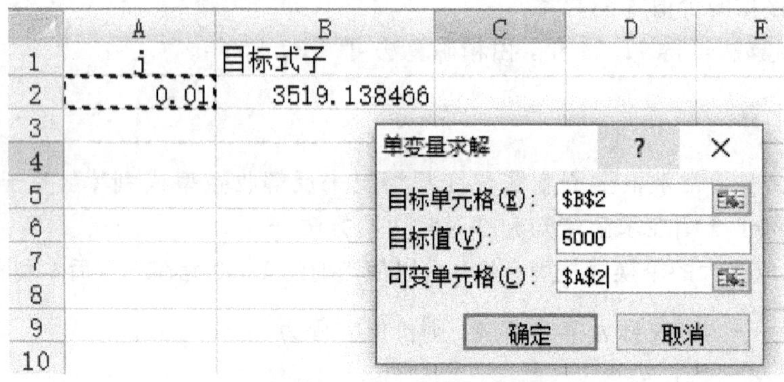

图 1.7 单变量求解演示图

习 题

1. 已知 $a(t)=at^2+b$（t 为本金经过时间），如果在 0 时刻投资 1 元，能在时刻 3 积累至 1.36 元；如果在时刻 4 投资 1 000 元，计算时刻 8 的积累值。

2. 设总量函数为 $A(t)=t^2+2t+3$，试计算累积函数 $a(t)$、利息 I_n、第 n 个时段的实利率。

3. 在当前时刻投资 6 000 元，以单利计息，2 年后可以获得 1500 元的利息。如果将单利换为相同数值下的复利，投资 2 000 元，计算在 3 年末的累积值。

4. 2 000 元的本金按季换算年名义利率 6％投资，计算投资 2 年零 6 个月后的累积值。

5. 设每季度换算的年名义贴现率为 8%，计算 5 年后积累值为 10 000 元的投资在开始时的本金。

6. 用 $i^{(3)}$ 表示 $d^{(4)}$，用 $d^{(12)}$ 表示 $i^{(3)}$。

7. 已知 $d^{(m)}$、$d^{(5)}$、$d^{(6)}$ 等价，且 $1-\dfrac{d^{(m)}}{m}=\dfrac{1-\dfrac{d^{(5)}}{5}}{1-\dfrac{d^{(6)}}{6}}$，计算 m。

8. 王某向一贷款公司借款，约定贷款期限 2 年，到期还 20 000 元，第 1 年的年实际贴现率为 6%，第 2 年半年换算的年名义贴现率为 8%。计算王某年初实际可借款金额。

9. 某投资者以 92 元的价格购买一张还有 3 个月到期的面额为 100 元的期票，计算投资者在该项投资中的季换算名义贴现率及年实利率。

10. 已知利息力为 $\delta_t=\dfrac{t^3}{100}$，求 $a^{-1}(3)$。

11. 已知利息力为 $\delta_t=\dfrac{1}{2+t}$，一笔金额为 1 的投资从 $t=0$ 开始的前 n 年赚取的总利息是 8，求 n。

12. 已知当前时刻将 100 万元投入一个基金。该基金在前 2 年以季换算名义贴现率支付利息；从 $t=2$ 开始，按照利息力 $\delta(t)=1/(1+t)$ 支付利息。在 $t=5$ 时，投资者在该基金的累积值为 260 万元。求季换算名义贴现率。

13. 在第 n 年末付款 n，第 $2n$ 年末付款 $2n$，…，第 mn 年末付款 mn。按等时间法计算该付款方式等价于一次投资方式对应时间的近似值。

14. 某投资者在零时刻向某基金存入 100，在时刻 3 又存入 X。此基金按利息力 $\delta_t=\dfrac{t^2}{100}$ 累积利息，其中 $t>0$。从时刻 3 到时刻 6 得到的全部利息为 X，求 X。

15. 一笔 1 000 元的贷款以季换算名义贴现利率 12% 计息，该贷款以三次付款还清，第 1 年末支付 400 元，第 5 年末支付 800 元，余下的在第 10 年末付清。计算第 10 年末应付的金额。

16. 2014 年 1 月 1 日甲在其银行账户上存款 2 000 元，2017 年 1 月 1 日存款 3 000 元，之后没有任何存取款项，在 2019 年 1 月 1 日，甲的账户余额为 7 100 元。计算银行账户结算年实利率。

17. 已知年利率为 8%，且第 n 年底和第 $2n$ 年底各投入 100 元的现值之和为 100 元。试计算 n。

第二章 年 金

在投资和财务分析中，经常需要计算某一个现金流的价值，现金流的形式多种多样，既有毫无规律可循的一般现金流，也有支付时间和支付金额非常有规律的现金流，本章主要探讨的是一种有规律的年金形式的现金流，主要包括标准型年金和一般型年金。

第一节 年金的基本概念

一、年金的定义

年金一般是指以相等的时间间隔进行的一系列收付款行为，也指以固定的时间周期以相对固定的方式发生的现金流，是持续按期收取的定额款项。年金最早期的含义是指每年付款一次，每次支付相等金额的现金流。现在年金被广泛应用于更加一般的情形，如每季付款一次、每月付款一次或每周付款一次的现金流都可以称作年金，且每次付款的金额也未必是相等的，可以按照某种规律递增或递减。在实际应用中，年金的应用情形较为广泛，如养老金的分期付款、房子按揭贷款的分期付款、基金定投的投资支出、企业年金计划、附息债券的利息支付、直线法下计提的折旧、租金等。

二、年金的分类

现实中的年金多种多样，可以从不同的角度对它们进行分类。

(1) 按照支付时间和支付金额是否确定，年金可以划分为确定年金和不确定年金。如果年金的支付时间和支付金额都是事先确定的，这种年金就是确定年金，如政府发行的附息债券，每年支付的利息金额就是一种确定年金。如住房按揭贷款中等额本息还款法、等额本金还款法。本书讨论的年金都是确定年金，为简单起见，后面将确定年金直接称为年金。而支付时间和支付金额不确定的年金称作不确定年金，如养老型年金就是一种不确定年金，从开始给付一直到被保险人死亡的整个期间，保险公司都需要定期给付年金，但被保险人何时死亡是不确定的，因此年金的给付次数是不确定的，它取决于被保险人的实际生存年数。

(2) 按照支付期限是否定期，年金可以划分为定期年金和永久年金(永续年金)。年金的支付期限是指从第一次付款开始直至最后一次付款结束的整个期间。如果支付期限是有限的，相应的年金称作定期年金；如果支付期限是无限的，相应的年金称作永久年金。现实中大多数年金都是有期限的，属于定期年金；而国外发行过某些没有到期期限的债券，其支付利息所形成的现金流可视为永久年金，最著名的永久债券是英国政府于 1751 年开始发行的公债，对该公债的投资者永久期地支付利息，除非政府主动予以清偿。此外，优先股因为有固定的股息而又无到期日，也可以看作永久年金。

(3) 按照支付时间是否连续，年金可以划分为离散年金和连续年金。现实中年金几乎都每隔一定的周期进行支付，即离散支付；连续不断地支付的年金就是所谓的连续年金。连续年金在实务中不存在，但在年金的理论分析和精算数学中应用广泛。

(4) 按照年金支付的时点，年金可以分为期初年金和期末年金。期初年金是指在每个支付周期的期初(如年初、季度初、月初)支付的年金，如房租或养老金；期末年金是指在每个支付周期的期末(如年末、季度末、月末)支付的年金。

(5) 按照年金支付开始是否延期，年金可以分为即期年金和延期年金。即期年金是指在第一期就开始支付的年金，如房子按揭贷款；延期年金是指延迟若干个时期以后才开始支付的年金，如社会养老保险。

(6) 按照支付金额是否相等，年金可以划分为等额年金和变额年金。等额年金是指每次支付相等金额的年金；变额年金是指每次的付款金额不相等的年金。

(7) 按支付周期(指两次付款之间的时间间隔)与利息换算周期是否相同，年金可以分为基本年金和广义年金。基本年金是指付款周期与利息换算周期一致的年金，而每次年金付款额都相等的基本年金，称为标准型年金；广义年金是指付款的周期与利息换算周期不一致的年金，如按月支付还款，而利率对应的周期是年。

三、年金的相关指标

年金的相关指标如下：

(1) 年金的现值。它是指年金的一系列付款额在第一期期初的价值之和，常用 PV 表示。

(2) 年金的终值。它是指年金的一系列付款额在最后一期期末的价值之和，常用 FV 表示。但要注意的是永久年金不存在终值。

(3) 年金额。它是指年金的一系列付款的每次付款额，常用 PMT 表示。

(4) 付款期数。它是指年金的一系列付款的付款期数，常用 n 表示。

(5) 利率。它是指年金中每一期的利率，常用 i 表示。

第二节 基本年金

一、期末年金

定义 2.1 若年金的支付期限是 n 期，在每个时期的期末支付年金额为 1 个货币单位，则这种年金称为 n 期标准期末年金。

由定义 2.1 可知，n 期标准期末年金的时间流程如图 2.1 所示。

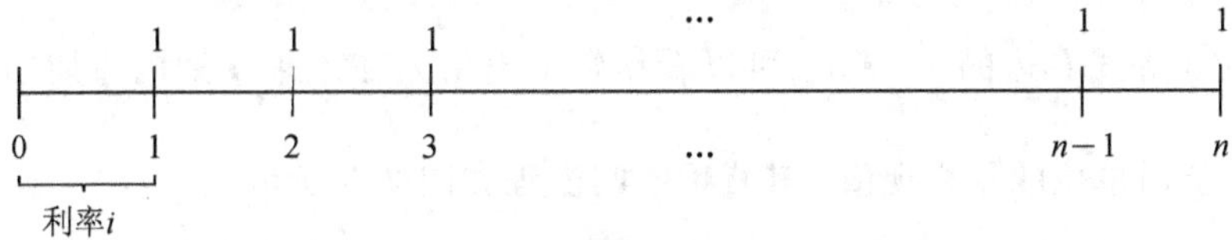

图 2.1 n 期标准期末年金的时间流程图

(一) 现值

n 期标准期末年金的现值用符号 $a_{\overline{n}|i}$ 表示，其中 n 表示 1 个货币单位的年金额付款的总次数，i 表示年金的利率(指付款周期对应的实利率)，在不至于产生歧义的情况下，该年金现值符号也可简单记为 $a_{\overline{n}|}$。根据 n 期标准期末年金的时间流程图和现值的含义，容易得到关于年金现值的基本计算公式：

$$a_{\overline{n}|i} = v + v^2 + \cdots + v^n = \frac{1-v^n}{i} \tag{2.1}$$

其中 v 为 i 对应的贴现因子。

推导过程：根据年金现值的定义，可得

$$a_{\overline{n}|i} = v + v^2 + \cdots + v^n$$

进一步可得

$$(1+i)a_{\overline{n}|i} = 1 + v + v^2 + \cdots + v^{n-1}$$

上述两等式相减，可得

$$ia_{\overline{n}|i} = 1 - v^n$$

即

$$a_{\overline{n}|i} = \frac{1-v^n}{i}$$

对年金额为任意值 R 的 n 期一般期末年金，可以将其看作由 R 份 n 期标准期末年金组成，所以其现值为 $Ra_{\overline{n}|i}$。

由年金现值的基本计算公式(2.1)，可推出

$$1 = ia_{\overline{n}|i} + v^n$$

从借贷关系角度来理解上式的含义。等式左边的 1 可以看作在 0 时刻借出 1 个货币单位，等式右边的 $ia_{\overline{n}|i}$ 可以看作资金出借人在未来 n 期内每期期末可获得 i 个货币单位的利息额(即年金额)的年金现值，v^n 可以看作资金出借人在第 n 期末收回一个货币单位的现值。其货币时间流程如图 2.2 所示。

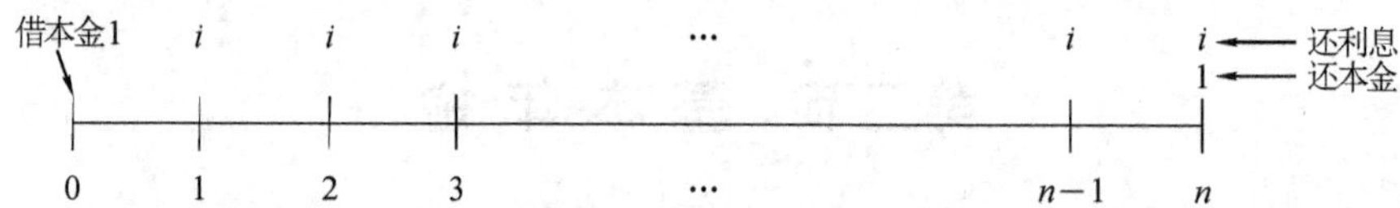

图 2.2　货币时间流程图

显然，可得

$$1 = \frac{1}{a_{\overline{n}|i}} \cdot a_{\overline{n}|i}$$

同样，也可从借贷关系角度来理解上式的含义。等式左边的 1 可以看作在 0 时刻借出 1 个货币单位，等式右边的 $\frac{1}{a_{\overline{n}|i}} \cdot a_{\overline{n}|i}$ 可以看作资金出借人在未来 n 期内每期期末可收回年金额为 $\frac{1}{a_{\overline{n}|i}}$ 个货币单位的年金现值。其货币时间流程如图 2.3 所示。

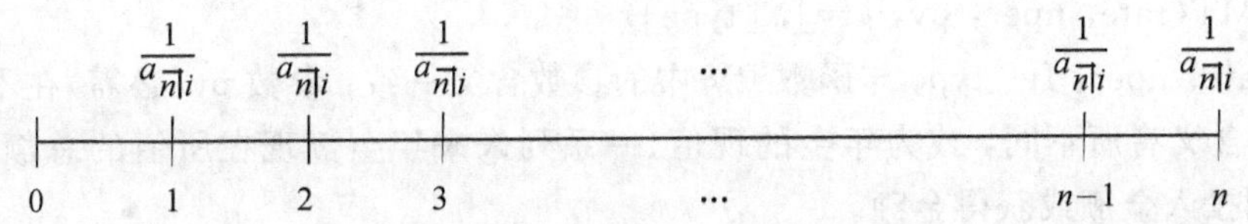

图 2.3 货币时间流程图

例 2.1 已知半年换算名义利率为 6%，某一 10 年期年金，每半年末付款 200 元，计算该年金的现值。

解 由于付款周期为半年，且已知 $i^{(2)}=6\%$，可得该年金的半年实利率为 3%，10 年里共付款次数 $n=20$ 次。则该年金的现值为

$$200a_{\overline{20}|3\%}=200\times\frac{1-1.03^{-20}}{3\%}=2\,975.49(\text{元})$$

另外，$a_{\overline{20}|3\%}$ 的值可以通过本书附录表格查询得到，即 $a_{\overline{20}|3\%}=14.877\,47$。

例 2.2 宁某向银行贷款 500 000 元，贷款年利率为 8%，若每年底偿还固定的金额，10 年还清，求宁某每年底所需要的还款金额。

解 设每年底还款金额为 R，依题意，可得

$$Ra_{\overline{10}|8\%}=500\,000$$

可解得 $R=74\,514.74$ 元。

Excel 算法[①]：

(1) 期末年金现值的计算，其函数为

PV(rate, nper, pmt, [fv], [type])[②]

其中，参数 rate(必需)表示各期实利率；参数 nper(必需)为年金的付款总期数；参数 pmt(必需)为每期的付款金额，在年金期限内保持不变；参数 fv(可选)在不同情景下，表示的含义有所不同，或为在最后一期期末追加的付款额，或为在最后一次付款后希望得到的现金余额，如果省略 fv，那么默认值为 0；参数 type(可选)为年金类型，取值为 0 表示期末年金，取值为 1 表示期初年金，如果省略 type，那么默认值为 0，即表示期末年金。

注意 在输入具体参数 rate 和参数 nper 时，应确保它们的周期单位一致；由于现金流常有两种方向，即现金流入和现金流出，若现金方向是流出(如付款)，通常在输入具体货币金额时，应输入负值，而反之则输入正值。如在例 2.1 中，付款周期和实利率的周期都为半年，两者一致；参数 pmt 应输入−200。

例 2.1 的 Excel 算法：可在 Excel 的一个空白单元格中输入"＝PV(3%，20，−200)"或"＝PV(3%，20，−200，0，0)"后按回车键，可得年金现值为 2 975.49(单元格格式为小数位数为 2 位)。

(2) 期末年金中年金额的计算，其函数为

---

① 在关于年金或不规则现金流(如第三章)的相关计算中，除使用 Excel 算法外，还可以直接使用专业计算器(如金融计算器)实现快速计算，另外也可以在手机应用商店中下载相关金融计算器 APP 以实现相关计算，本书仅介绍第一种，对于后两者的实践，有兴趣的读者可以自学，若有疑问可通过邮件沟通。

② Excel 函数中相关参数数名称用[]括起来，表示该参数是可选的，可省略。

PMT(rate，nper，pv，[fv]，[type])

参数 rate、nper、fv、type 与函数 PV 中的参数含义一致；参数 pv(必需)在不同的情形下，表示的含义有所不同，或为年金的现值(一系列未来年金额现在所值的总额)，或为现在(零)时刻投入金额或获得金额。

例 2.2 的 Excel 算法：由于宁某在贷款时，获得银行贷款 500 000，即 pv=500 000，故在 Excel 的一个空白单元格中输入"=PMT(8%，10，500000)"或"=PMT(8%，10，500000，0，0)"后按回车键，可得年金额为 −74 514.74，其中负号表示宁某向银行还款，即现金流出。

(二) 终值

类似于 n 期标准期末年金的现值，用记号 $s_{\overline{n}|i}$ 表示 n 期标准期末年金的终值，它表示利率为 i 的 n 期标准期末年金的所有年金额在年金结束时刻的终值之和，同样在不至于产生歧义的情况下，也可简单记为 $s_{\overline{n}|}$。

同样，根据 n 期标准期末年金的时间流程图和终值的含义，容易得到关于年金终值的基本计算公式

$$s_{\overline{n}|i} = (1+i)^{n-1} + (1+i)^{n-2} + \cdots + (1+i) + 1 = \frac{(1+i)^n - 1}{i} \tag{2.2}$$

推导过程：根据年金终值的定义，可得

$$s_{\overline{n}|i} = (1+i)^{n-1} + (1+i)^{n-2} + \cdots + (1+i) + 1$$

进一步可得

$$(1+i)s_{\overline{n}|i} = (1+i)^n + (1+i)^{n-1} + \cdots + (1+i)^2 + (1+i)$$

上述两等式相减，可得

$$is_{\overline{n}|i} = (1+i)^n - 1$$

即

$$s_{\overline{n}|i} = \frac{(1+i)^n - 1}{i}$$

由年金终值的基本计算公式，可推出

$$(1+i)^n = is_{\overline{n}|i} + 1$$

从借贷关系角度来理解上式的含义。在 0 时刻借入 1 个货币单位，等式左边表示中间不还款，在 n 期末一次还清本利和 $(1+i)^n$；等式右边表示每期末还利息额 i，到期再还本金 1，其中 $is_{\overline{n}|i}$ 表示每期末年金额为 i 的年金终值。即该等式说明这两种还款方式在同一利率 i 下是等价的。

另外，显然有

$$1 = \frac{1}{s_{\overline{n}|i}} \cdot s_{\overline{n}|i}$$

上述等式可解释为第 n 期末的 1 个货币单位的价值等于年金额为 $\frac{1}{s_{\overline{n}|i}}$ 的 n 期期末年金终值。

对年金现金流为任意值 R 的 n 期一般期末年金，易知其终值为 $Rs_{\overline{n}|i}$。

结论 2.1 $s_{\overline{n}|i}$ 与 $a_{\overline{n}|i}$ 有如下关系：

(1) $s_{\overline{n}|i}=a_{\overline{n}|i}(1+i)^n$；

(2) $\dfrac{1}{a_{\overline{n}|i}}=\dfrac{1}{s_{\overline{n}|i}}+i$。

证明　(1) $s_{\overline{n}|i}$表示n期标准期末年金在n期末的累积值，$a_{\overline{n}|i}$表示n期标准期末年金在0时刻的现值，两者的值之间相隔n期，以n期末为比较日，建立价值方程，可得

$$s_{\overline{n}|i}=a_{\overline{n}|i}(1+i)^n$$

当然(1)式也可由n期标准期末年金的现值、终值的基本计息公式推导得到。

(2) 根据$(1+i)^n=is_{\overline{n}|i}+1$和$s_{\overline{n}|i}=a_{\overline{n}|i}(1+i)^n$可得

$$\frac{1}{a_{\overline{n}|i}}=\frac{(1+i)^n}{s_{\overline{n}|i}}=\frac{is_{\overline{n}|i}+1}{s_{\overline{n}|i}}=\frac{1}{s_{\overline{n}|i}}+i$$

例 2.3　徐先生今年40岁，开始为自己储备养老金，每年末向养老账户中存入50 000元，年投资收益率为6%，计算徐先生60岁退休时养老账户累积余额。

解　由题意可知，这是年金额为50 000元的20年期期末年金，所要求的养老账户累积余额即为该年金终值：

$$50\,000s_{\overline{20}|6\%}=50\,000\times\frac{(1+6\%)^{20}-1}{6\%}=1\,839\,280(\text{元})$$

故徐先生60岁退休时养老账户累积余额为183.93万元。

另外，$s_{\overline{20}|6\%}$的值可以通过本书附录表格查询得到，即

$$s_{\overline{20}|6\%}=36.785\,59$$

例 2.4　投资者在前5年的每年末向基金存入2万元，在随后的5年，每年末存入4万元。已知年利率为5%，求：

(1) 在第10年末该投资者的基金账户余额；

(2) 投资者所投资的现金流的现值。

解　(1) 存入基金的款项可看作两个期末年金：一个是每年末支付2万元的10年期年金，另一个是从第6年开始每年末支付2万元的5年期年金。这两个年金的终值之和为

$$2s_{\overline{10}|5\%}+2s_{\overline{5}|5\%}=36.21(\text{万元})$$

(2) 根据年金终值与现值的关系式，投资者所投资的现金流的现值$=36.21/1.05^{10}=22.23$万元。

除上述解法外，还可以把存入基金的款项拆分为两个期末年金：一个是每年末支付4万元的10年期年金，另一个是从第1年开始每年收回2万元的5年年金。注意所拆分的两个年金，现金流的方向是相反的，则投资者所投资的现金流的现值为

$$4a_{\overline{10}|5\%}-2a_{\overline{5}|5\%}=22.23(\text{万元})$$

思考　本题还有没有别的解法。

Excel算法：期末年金终值的计算，其函数为

FV(rate, nper, pmt, [pv], [type])

其中参数相关含义与函数为PV、PMT中参数含义一致。

例2.3的Excel算法：可在Excel的一个空白单元格中输入“=FV(6%, 20, −50000)”或“=FV(6%, 20, −50000, 0, 0)”后按回车键，可得年金终值为183 928(单元格格式为小数位数为0位)。

例 2.4 的 Excel 算法：在 Excel 的两个空白单元格中分别输入以下表达式并按回车键即可得出答案：

(1) "=FV(5%，10，−2)+FV(5%，5，−2)"；

(2) "=PV(5%，10，−4)−PV(5%，5，−2)"或"=PV(5%，10，−4)+PV(5%，5，2)"。

二、期初年金

定义 2.2　若年金的支付期限是 n 期，在每个时期的期初支付年金额为 1 个货币单位，则这种年金称为 n 期标准期初年金。

由定义 2.2 可知，n 期标准期初年金的时间流程如图 2.4 所示。

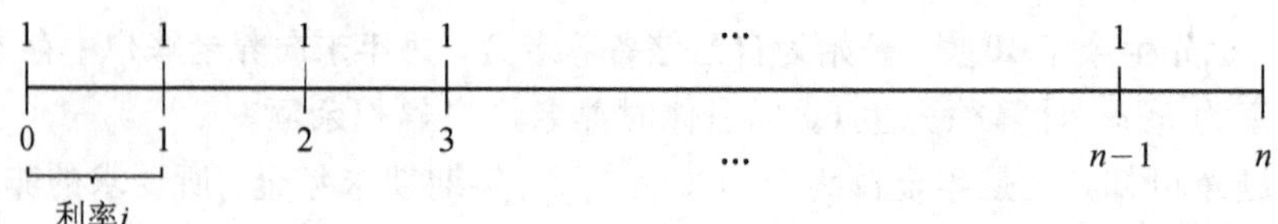

图 2.4　n 期标准期初年金的时间流程图

(一) 现值

n 期标准期初年金的现值用符号 $\ddot{a}_{\overline{n}|i}$ 表示，其中 n 表示 1 个货币单位的年金额付款的总次数，i 表示年金的利率(即付款周期的实利率)，在不至于产生歧义的情况下，也可简单记为 $\ddot{a}_{\overline{n}|}$。根据 n 期标准期初年金的时间流程图和现值的定义，容易得到关于年金现值的基本计算公式：

$$\ddot{a}_{\overline{n}|i} = 1 + v + v^2 + \cdots + v^{n-1} = \frac{1 - v^n}{d} \tag{2.3}$$

其中 v 为 i 对应的贴现因子，d 为与 i 等价的贴现率，即 $d=i/(1+i)$。

(二) 终值

n 期标准期初年金的现值用符号 $\ddot{s}_{\overline{n}|i}$ 表示。其基本计算公式：

$$\ddot{s}_{\overline{n}|i} = (1+i)^n + (1+i)^{n-1} + \cdots + (1+i) = \frac{(1+i)^n - 1}{d} \tag{2.4}$$

与期末年金的情形类似，$R\ddot{a}_{\overline{n}|i}$ 与 $R\ddot{s}_{\overline{n}|i}$ 分别表示年金额为 R 的 n 期一般期初年金的现值和终值。

类似期末年金的结论 2.1，期初年金具有以下结论。

结论 2.2

(1) $\ddot{s}_{\overline{n}|i} = \ddot{a}_{\overline{n}|i}(1+i)^n$；

(2) $\dfrac{1}{\ddot{a}_{\overline{n}|i}} = \dfrac{1}{\ddot{s}_{\overline{n}|i}} + d$；

(3) $1 = \dfrac{1}{\ddot{s}_{\overline{n}|i}}\ddot{s}_{\overline{n}|i} = \dfrac{1}{\ddot{a}_{\overline{n}|i}}\ddot{a}_{\overline{n}|i}$。

注意　结论 2.2(3)中 $1=\frac{1}{\ddot{s}_{\overline{n}|i}}\ddot{s}_{\overline{n}|i}$ 表明第 n 期末的 1 单位货币价值等价于年金额为 $\frac{1}{\ddot{s}_{\overline{n}|i}}$ 的 n 期期初年金的终值；$1=\frac{1}{\ddot{a}_{\overline{n}|i}}\ddot{a}_{\overline{n}|i}$ 表明零时刻或现在的 1 单位货币价值等价于年金额为 $\frac{1}{\ddot{a}_{\overline{n}|i}}$ 的 n

期期初年金的现值。

(三) 期初年金与期末年金的关系式

根据期初年金与期末年金的年金额时间流程图、现值与终值的基本计息公式，可得以下相关结论。

结论 2.3　(1) $\ddot{a}_{\overline{n}|i}=(1+i)a_{\overline{n}|i}$；

(2) $\ddot{a}_{\overline{n}|i}=1+a_{\overline{n-1}|i}$；

(3) $\ddot{s}_{\overline{n}|i}=(1+i)s_{\overline{n}|i}$；

(4) $\ddot{s}_{\overline{n}|i}=s_{\overline{n+1}|i}-1$。

证明　结论(1)(3)可由年金的现值与终值的基本计算公式(式(2.1)和式(2.2))推出。

结论(2)：$\ddot{a}_{\overline{n}|i}$ 的 n 次年金额付款可以拆分为在 0 时刻的 1 次付款和后面$(n-1)$次付款，0 时刻的第 1 次付款现值为 1，而后面$(n-1)$次付款可看作$(n-1)$期的期末年金，其现值为 $a_{\overline{n-1}|}$。

结论(4)：在 n 期期初年金的现金流的基础上，在 n 期末增设一次付款，并把 0 时刻付款额看作向前延伸一期的期末付款，这样处理$(n+1)$期期末年金后，其终值为 $s_{\overline{n+1}|i}$，而这与 $\ddot{s}_{\overline{n}|i}$ 的现金流相比，后者少了一次在 n 期末的付款额 1，即 $\ddot{s}_{\overline{n}|i}=s_{\overline{n+1}|i}-1$。

例 2.5　企业购置一台机器，其价值为 50 万元，企业采用分期付款，即每年初支付相同款项，共支付 8 年，年利率为 6%。求企业每年初所要支付的金额。

解　设企业每年初所要支付的金额为 R，根据题意，可得

$$R\ddot{a}_{\overline{8}|6\%}=50$$

其中

$$\ddot{a}_{\overline{8}|6\%}=\frac{1-1.06^{-8}}{0.06/1.06}=6.58238$$

或者查询本书附录表格，得

$$a_{\overline{8}|6\%}=6.20919 \text{ 或 } a_{\overline{7}|6\%}=5.58238$$

再根据

$$\ddot{a}_{\overline{8}|6\%}=(1+6\%)a_{\overline{8}|6\%}=a_{\overline{7}|6\%}+1$$

求得

$$\ddot{a}_{\overline{8}|6\%}=6.58238$$

最后解得

$$R=7.596(\text{万元})$$

例 2.6　投资者 25 岁时每年初向基金存入 10 000 元，共存入 40 次，如果投资者从 65 岁开始每年初领取相同金额，共领取 15 次。已知年利率为 8%，计算该投资者每年可领取的金额。

解　设该投资者每年可领取的金额为 R，则投资基金所对应的现金流时间流程如图2.5所示。

将投资者 65 岁时作为比较日，根据存入现金流在该时刻的价值(终值)与取出现金流在该时刻的价值(现值)相等，有

$$10\,000\ddot{s}_{\overline{40}|8\%}=R\ddot{a}_{\overline{15}|8\%}$$

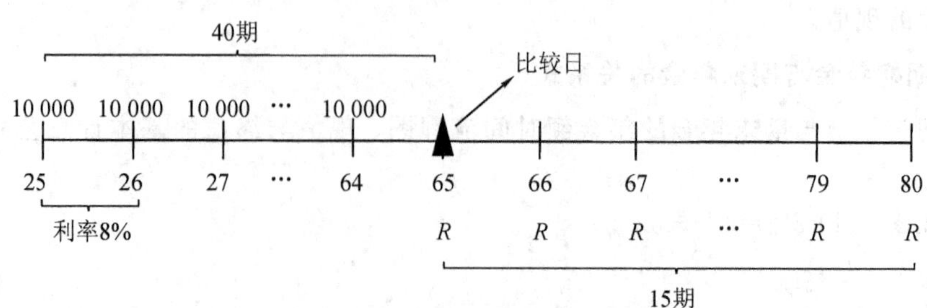

图 2.5 例 2.6 中现金流时间流程图

进一步化简得 $10\,000 s_{\overline{40}|8\%}=R a_{\overline{15}|8\%}$，查询本书附录表格，得 $R=302\,655$(元)。

前面的例子都有一个共同点，即在年金整个期限中利率保持不变，而现实中利率经常要进行调整，那么如何计算年金相关指标？

例 2.7 宁某在工作期间参加了企业年金计划，退休时其在企业年金计划中的总金额为 10 万元，宁某以年金形式从企业年金计划中分期领取该金额，每年初领取一次，共领取 15 年，年利率为 3%。在领取 8 年后，考虑未来通货膨胀，企业年金计划使利率调整至 5% 来增加后面 7 年的年领取额。求后 7 年里宁某每年初可领取的金额。

解 设利率调整前每年初可领取的金额为 R_1，利率调整后每年初可领取的金额为 R_2，则对应的现金流时间流程如图 2.6 所示。

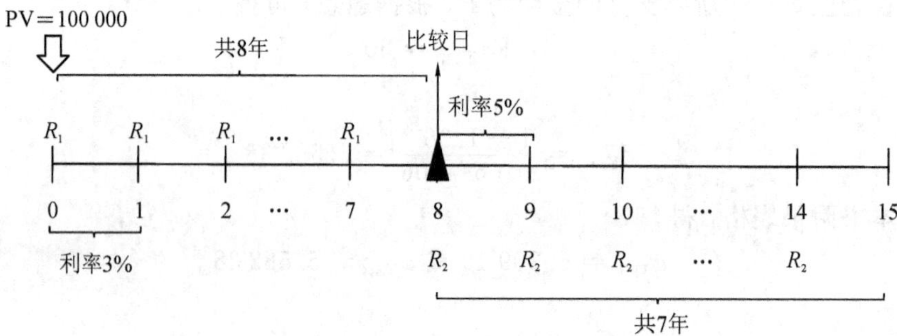

图 2.6 例 2.7 中现金流时间流程图

在利率调整前选取 0 时刻为比较日，在利率调整后选取第 8 年末为比较日，建立如下价值方程：

$$\begin{cases}\text{利率调整前：} R_1 \ddot{a}_{\overline{15}|3\%} = 100\,000 \\ \text{利率调整后：} 100\,000(1+3\%)^8 - R_1 \ddot{s}_{\overline{8}|3\%} = R_2 \ddot{a}_{\overline{7}|5\%}\end{cases}$$

即

$$R_2=\frac{100\,000(1+3\%)^8-\dfrac{100\,000}{\ddot{a}_{\overline{15}|3\%}}\ddot{s}_{\overline{8}|3\%}}{\ddot{a}_{\overline{7}|5\%}}$$

由式(2.3)、(2.4)或查询本书附录表格和结论 2.3，可计算出 $R_2=8\,589.80$(元)，即后 7 年里宁某每年初可领取的金额为 8 589.80 元。

Excel 算法：

例 2.5 的 Excel 算法：在 Excel 的一个空白单元格中输入“=PMT(6%, 8, 50, 0, 1)”或

“＝PMT(6%，8，50，，1)”后按回车键，可得年金额为－7.596(单元格格式为小数位数为3位)。

例2.6的Excel算法：在Excel的一个空白单元格中输入“＝FV(8%，40，－10000，0，1)/PV(8%，15，－1，0，1)”或“PMT(8%，15，FV(8%，40，－10000，0，1)，0，1)”后按回车键，可得302 655。

例2.7的Excel算法：在Excel的一个空白单元格中输入“＝(100000＊1.03^8－100000/PV(3%，15，－1，，1)＊FV(3%，8，－1，，1))/PV(5%，7，－1，，1)”或“＝PMT(5%，7，FV(3%，8，0，－100000)－FV(3%，8，－PMT(3%，15，－100000，，1)，，1)，，1)[①]”后按回车键，可得8 589.80。

三、递延年金

定义2.3　若年金的首次支付发生在递延m期后的第一期期末，即第一笔年金额发生在第$m+1$期期末，年金额的支付期限是n期，在每期期末支付的年金额为1个货币单位，则这种年金称为递延m期的n期标准期末年金。

由定义2.3知，递延m期的n期标准期末年金的时间流程如图2.7所示。

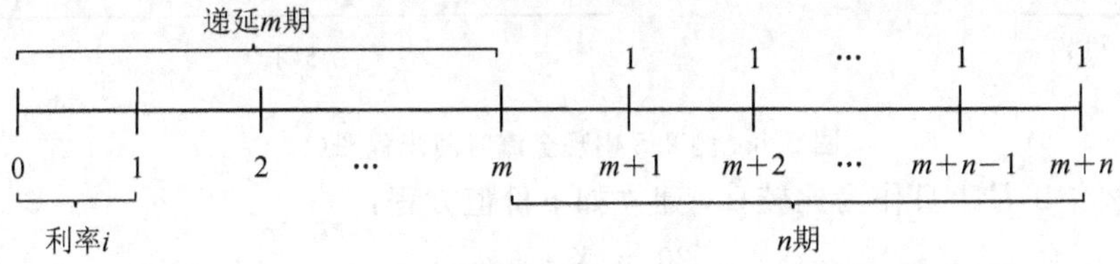

图2.7　递延m期的n期标准期末年金的时间流程图

对于递延m期的n期标准期末年金，其现值用符号${}_{m|}a_{\overline{n}|i}$表示，可以简记为${}_{m|}a_{\overline{n}|}$。其计算方法有两种：

(1) 首先计算后n期的标准期末年金的现值$a_{\overline{n}|i}$，但该现值对应的时刻是在第m期期末，再将此现值按复利贴现到0时刻，即为

$$ {}_{m|}a_{\overline{n}|i} = v^m \cdot a_{\overline{n}|i} \tag{2.5} $$

(2) 把递延m期的n期标准期末年金的现值看作$(m+n)$期的标准期末年金的现值减去m期的标准期末年金的现值，即

$$ {}_{m|}a_{\overline{n}|i} = a_{\overline{m+n}|i} - a_{\overline{m}|i} \tag{2.6} $$

即先在递延m期中每期末补付款1个货币单位年金额，这样与后n期期末年金构成$(m+n)$期的标准期末年金，该年金与递延m期的n期标准期末年金相比，多了m期的期末年金。

类似于递延m期的n期标准期年金，递延m期的n期标准期初年金的现值也可以通过

---

① 该表达式为多次复合Excel函数表达式，对初学者比较难以理解，可按以下分步骤进行理解：第一步，在A1单元格中输入“＝FV(3%，8，0，－100000)”(求10万元在8年后的终值)；第二步，在A2单元格中输入“＝PMT(3%，15，－100000，，1)”(求例2.7中R_1)；第三步，在A3单元格中输入“＝FV(3%，8，－A2，，1)”(领取8次的R_1在第8年末的终值)；第四步，在A4单元格中输入“＝PMT(5%，7，A1－A3，，1)”(求例2.7中R_2)。

下述公式计算：

$$ {}_{m|}\ddot{a}_{\overline{n}|i} = v^m \cdot \ddot{a}_{\overline{n}|i} \tag{2.7} $$

$$ {}_{m|}\ddot{a}_{\overline{n}|i} = \ddot{a}_{\overline{m+n}|i} - \ddot{a}_{\overline{m}|i} \tag{2.8} $$

对于递延 m 期的 n 期标准年金的终值，由于其可直接看作后 n 期标准年金的终值，其值与递延 m 期无关，因此，计算递延 m 期的 n 期标准年金的终值无需使用专门的公式。

例 2.8 某投资者于 2012 年 1 月 1 日向某企业投资 20 万元，企业将在 2017 年 1 月 1 日到 2021 年 1 月 1 日期间于每年 1 月 1 日支付相等的金额 X 作为回报。若年复利率为 8%，计算投资者每年可以获得的回报金额。

解法 1 依题意，投资者获得的现金流可以看作是一递延 5 期的 5 期期初年金(如图2.8 所示)。

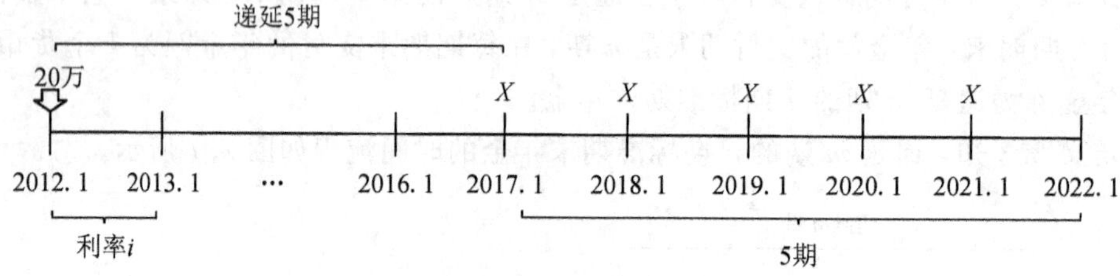

图 2.8 例 2.8 中现金流时间流程图(1)

将 2012 年 1 月 1 日作为比较日，建立如下价值方程：

$$ 20 = X \cdot {}_{5|}\ddot{a}_{\overline{5}|8\%} $$

进一步化简可得

$$ 20 = X \cdot (\ddot{a}_{\overline{10}|8\%} - \ddot{a}_{\overline{5}|8\%}) = X \cdot (a_{\overline{9}|8\%} - a_{\overline{4}|8\%}) $$

查询利率函数表可得

$$ a_{\overline{9}|8\%} = 6.246\,89,\ a_{\overline{4}|8\%} = 3.312\,13 $$

解得 $X=6.814\,9$(万元)。

解法 2 依题意，投资者获得的现金流可以看作是一递延 4 期的 5 期期末年金(如图2.9 所示)。

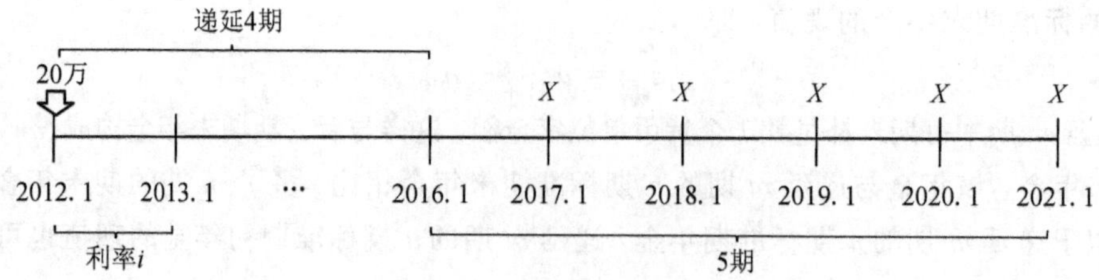

图 2.9 例 2.8 中现金流时间流程图(2)

将 2012 年 1 月 1 日作为比较日，建立如下价值方程：

$$ 20 = X \cdot {}_{4|}a_{\overline{5}|8\%} = X \cdot (a_{\overline{9}|8\%} - a_{\overline{4}|8\%}) $$

解得 $X=6.814\,9$(万元)。

四、永久年金

定义 2.4 若年金在每个时期的期末(初)支付年金额为 1 个货币单位，但支付期限是没有结束日期，则这种年金称为标准永久期末(初)年金。

一般用 $a_{\overline{\infty}|i}(\ddot{a}_{\overline{\infty}|i})$ 表示标准永久期末(初) 年金的现值，由定义 2.4 和现值的定义，有

$$a_{\overline{\infty}|i}=v+v^2+\cdots=\lim_{n\to\infty}a_{\overline{n}|i}=\frac{1}{i} \tag{2.9}$$

$$\ddot{a}_{\overline{\infty}|i}=1+v+v^2+\cdots=\lim_{n\to\infty}\ddot{a}_{\overline{n}|i}=\frac{1}{d}=\frac{1+i}{i} \tag{2.10}$$

由标准永久期末年金、标准永久期初年金的现值计算公式，可知

$$\ddot{a}_{\overline{\infty}|i}=1+a_{\overline{\infty}|i}=(1+i)a_{\overline{\infty}|i} \tag{2.11}$$

例 2.9 某人留下遗产 10 万元，第一位继承人甲可领取前 10 年的利息，第二位继承人乙领取第 11 年至第 25 年期间的利息，第三位继承人丙领取 25 年之后所有的利息，利息均在每年年末领取。如果年利率为 7%，试计算三个继续人的相对受益比例。

解 将 0 时刻作为比较日，把甲、乙、丙三个继承人所领取利息额都贴现到 0 时刻。

对于甲而言，其受益现金流的现值相当于年金额为 7 000 元的 10 年期期末年金的现值，故其受益现值为

$$7\,000a_{\overline{10}|7\%}=7\,000\times7.023\,58=49\,165(\text{元})$$

对于乙而言，其受益现金流的现值相当于年金额为 7 000 元的递延 10 年期的 15 年期期末年金的现值，故其受益现值为

$$7\,000_{10|}a_{\overline{15}|7\%}=7\,000(a_{\overline{25}|7\%}-a_{\overline{10}|7\%})=7\,000\times(11.653\,6-7.023\,6)=32\,410(\text{元})$$

对于丙而言，其受益现金流的现值相当于年金额为 7 000 元的递延 25 年期的永久期末年金的现值，故其受益现值为

$$7\,000_{25|}a_{\overline{\infty}|7\%}=7\,000(a_{\overline{\infty}|7\%}-a_{\overline{25}|7\%})=7\,000\times(1/7\%-11.653\,6)=18\,425(\text{元})$$

所以从现值的角度看，甲、乙和丙的受益比例分别近似为 49.2%，32.4%和 18.4%。

例 2.10 某人从现在开始每年初存入 1 000 元，一直进行 20 年；再从第 30 年底开始每年领取一定的金额 X，直至永远，若利率为 3%，则计算 X。

解 由已知，可得该现金流时间流程如图 2.10 所示。

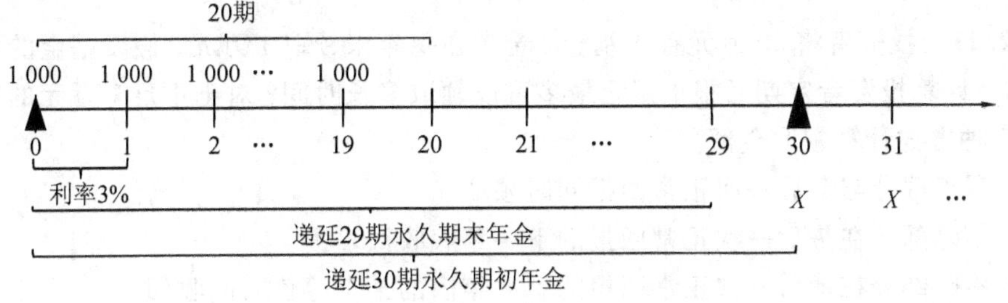

图 2.10 例 2.10 中现金流时间流程图

若选择现在为比较日，建立价值方程，则有

$$1\,000\ddot{a}_{\overline{20}|}=X\cdot{}_{29|}a_{\overline{\infty}|}(\text{或}={}_{30|}\ddot{a}_{\overline{\infty}|})$$

若选择 30 年底为比较日，建立价值方程，则有

$$1\,000\ddot{s}_{\overline{20}|} \cdot (1+3\%)^{10} = X \cdot \ddot{a}_{\overline{\infty}|}$$

无论由哪个等式，都可解出 $X \approx 1\,083$(元)。

五、年金中非整数期问题

在实际生活中，有时为了借贷计算方便，双方约定借贷整数金额，每次还款也是整数金额，如借贷 20 万元，每次还款 1 万元。但由于大多数情况下年金的现值都不是整数，这会使得整数还款现金流难以完全满足上述要求，即存在 n_0，n_0 期的年金现值不足还清原始整数借贷金额，而 n_0+1 期的年金现值超过所要还的借贷金额，这时需要对零碎的部分进行处理。

假设年金现值为 500 元，年金额为 100 元，年利率为 3%。若年金为 5 年期，则上述年金的现值为 457.97 元，与原始投入不平衡；若年金为 6 年期，则上述年金的现值为 541.72 元，与原始投入也不平衡。

解决方案一：将最后一次付款额度上浮，即第 5 次付款额度由原先的 100 元上浮为 $100+(500-457.97)\times(1+3\%)^5=148.72$。

解决方案二：将最后一次付款额度扣减，第 6 次付款额度由原先的 100 元扣减为 $100-(541.72-500)\times(1+3\%)^6=50.18$。

解决方案三：从模型的内在一致性出发，在时刻 5 与时刻 6 之间再增加一次付款(额度小于 100 元)，使得所有付款的现值之和恰好等于 500 元。

实际上，对于任意的 $t(0\leqslant t\leqslant 1)$，依据模型的内在一致性，形式上可以定义下面的计算：

$$a_{\overline{n+t}|i} = \frac{1-v^{n+t}}{i} = a_{\overline{n}|i} + v^{n+t}\left[\frac{(1+i)^t-1}{i}\right] \tag{2.12}$$

等式右边的第二项表示时刻 $n+t$ 的不足 1 个货币单位的年金金额 $\frac{(1+i)^t-1}{i}$ 在 0 时刻的现值。

因此，对于解决方案三，由 $100a_{\overline{5+t}|3\%}=500$，可求得 $t=0.498$。

即在 $t=5+0.498=5.498$ 年时，付款额为 $100\times\frac{(1+3\%)^{0.498}-1}{3\%}\approx 49.43$(元)。

例 2.11 投资者将 20 万元存入基金，希望在每年末领取 1 万元，假设基金的年收益率为 4.5%，计算投资者定期回报 1 万元最多可以领取多长时间？对于不足 1 万元的零碎部分按以下三种方式计算领取金额。

(1) 零碎部分与最后一次正常回报同时领取；

(2) 零碎部分在最后一次正常回报的下一年底收回；

(3) 零碎部分在最后一次正常回报的下一年内的某个等价时间收回。

解 设正常领取 1 万元的时间为 n 年，则有价值方程

$$a_{\overline{n+t}|4.5\%} = \frac{1-1.045^{-(n+t)}}{4.5\%} = 20 \quad (n\text{ 为正整数}, 0\leqslant t<1)$$

解得 $n+t=52.311\,4$(年)，即 $n=52$ 年，$t=0.311\,4$ 年。即投资者定期回报 1 万元最多

可以领取 52 年。

用 X_A，X_B 和 X_C 分别表示(1)(2)(3)三种方式下零碎部分金额(即不足 1 万元的部分)，根据题意，可以建立下述价值方程：

(1) $$a_{\overline{52}|4.5\%}+X_A\,(1+4.5\%)^{-52}=20$$

(2) $$a_{\overline{52}|4.5\%}+X_B\,(1+4.5\%)^{-53}=20$$

(3) $$a_{\overline{52}|4.5\%}+X_C\,(1+4.5\%)^{-52.3114}=20$$

X_C 也可由 $X_C=\dfrac{(1+4.5\%)^{0.3114}-1}{4.5\%}$ 计算得出。

解以上等式，可得

$$X_A = 0.3025(\text{万元})$$
$$X_B = 0.3164(\text{万元})$$
$$X_C = 0.3067(\text{万元})$$

注意 如果投资收益率等于或超过 5%，那么投资者不但可以在每年末领取 1 万元，而且可以无限期地领下去。因为投资收益率等于或超过 5%，每年末产生的利息都不小于 1 万元。

例 2.12 某人每年底存入 1 000 元，年利率为 8%，希望经过若干年后达到 25 000 元。若最后一次不足 1 000 元的存款将在正常存款的一年后进行，试计算正常存款的年数和最后一次存款的金额。

解 设正常存款的年数为 n，则有一般的价值方程

$$1\,000 s_{\overline{n+t}|8\%} = 25\,000(n\text{ 为正整数}, 0\leqslant t<1)$$

即 $s_{\overline{n+t}|8\%}=25$。通过查询本书附录表格，可知 $s_{\overline{14}|8\%}=24.21492$，$s_{\overline{15}|8\%}=27.15211$，可求得 $14<n+t<15$，即定期存入 1 000 元要进行 14 年。

设最后一次的存款额为 X，则有价值方程

$$1\,000 s_{\overline{14}|}\cdot 1.08 + X = 25\,000$$

进而有 $X=-1152$ 元。这里 X 前面的负号表示不足部分不能按题目要求的方式进行存款。事实上，在第 14 年底该储户的余额为 $1\,000 s_{\overline{14}|}=24\,215$，而这个余额在一年后的终值为 $24\,215\times 1.08=26\,152$，这已经超过了 25 000 元，所以不能达到题目的要求。

六、年金中利率的计算

由年金的现(终)值、期限、年金额反解出利率，也是年金计算中较为常见的问题，该问题可以通过金融计算器来解决。除此之外，还可以通过数值解的算法来解决。这里介绍通过 Excel 函数来求解年金中利率的计算。

Excel 算法：基本年金中利率的计算，其函数为

RATE(nper, pmt, pv, [fv], [type], [guess])

其中，参数 nper, pmt, pv, [fv], [type]的相关含义与函数为 PV、FV、PMT 中相关参数含义一致，参数 guess(可选)表示预期利率的初始值，若省略 guess，则默认其值为 10%。如果 RATE 不能收敛，可尝试不同的 guess 值(0 和 1 之间)，RATE 通常会收敛。同时注意：

应确保用来指定 guess 和 nper 的单位是一致的。若贷款为期 4 年(年利率为 12%)，每月还款一次，则 guess 使用 12%/12，nper 使用 4 * 12；若对相同贷款每年还款一次，则 guess 使用 12%，nper 使用 4。

例 2.13 已知何某现投入 90 000 元购买某年金产品，随后的 5 年中每年底可获得回报 22 000 元。求该年金产品的年利率。

解 设 i 为年利率，则有以下等式

$$22\,000a_{\overline{5}|i} = 22\,000 \times \frac{1-(1+i)^{-5}}{i} = 90\,000$$

显然，上式无法通过简单的一元方程求解公式求出。因此，以下通过 Excel 算法来计算。

在 Excel 的一个空白单元格中输入"=RATE(5，22000，-90000)"后按回车键，可得 7.084 8%(需设置单元格格式为百分比，小数位数为 4 位)。即该年金产品的年利率为 7.084 8%。

例 2.14 已知宋某购买基金定投，每年初投入 22 000 元，5 年底宋某在该基金中的余额达到 145 000 元。求基金定投的年复合利率。

解 在 Excel 的一个空白单元格中输入"=RATE(5，-22000，0，145000，1)"或"=RATE(5，-22000，145000，1)"后按回车键，可得 9.354 4%(需设置单元格格式为百分比，小数位数为 4 位)，即该基金定投的年复合利率为 9.354 4%。

例 2.15 已知李某向银行贷款 50 万元，期限为 10 年，贷款后的每个月末需向银行还款 6 250 元。求银行贷款年利率。

解 在 Excel 的一个空白单元格中输入"=RATE(10 * 12，-6250，500000)"后按回车键，可得 0.724 1%(需设置单元格格式为百分比，小数位数为 4 位)，即银行贷款月实利率为 0.724 1%。进一步可求得银行贷款名义年利率为 0.724 1%×12=8.689 2%，银行贷款年实利率为 $(1+0.724\,1\%)^{12}-1=9.043\,8\%$。

第三节 广义年金

第二节介绍了付款周期与利息换算周期一致下的基本年金的相关计算。这一节主要讨论付款周期与利息换算周期不一致下广义年金的相关计算，如在住房按揭借款中，还款按月进行，但贷款利率给的是年利率。

一、普通计算方法

广义年金中付款周期与利息换算周期不一致，通过不同期限利率等价换算，使等价后的利率对应利息换算周期与付款周期一致，这样广义年金的相关计算就变为基本年金的相关计算。以下以例子说明计算过程。

例 2.16 某企业有 30 万元的贷款，计划在未来 5 年内分季度在每季度末等量偿还。计算在以下贷款利率下每次偿还的金额：

(1) 贷款利率为半年换算名义利率 10%；

(2) 贷款利率为月换算名义利率 12%；

(3) 贷款利率为年实利率 10%。

解 设每次偿还的金额为 R，与贷款利率等价的季实利率为 j。依题意，可得

$$Ra_{\overline{n}|j} = Ra_{\overline{5\times4}|j} = Ra_{\overline{20}|j} = 300\,000$$

(1) 由已知，得半年实利率为 10%/2=5%，而半年有 2 个季度，则有

$$(1+j)^2 = 1+5\%$$

解得

$$j = \sqrt{1.05}-1 = 2.469\,5\%$$

由 $Ra_{\overline{20}|2.469\,5\%}=300\,000$，可得

$$R = \frac{300\,000}{15.634\,17} = 19\,188.74(\text{元})$$

(2) 由已知，得月实利率为 12%/12=1%，而 1 个季度有 3 个月，则有

$$1+j = (1+1\%)^3$$

解得

$$j = 3.030\,1\%$$

由 $Ra_{\overline{20}|3.030\,1\%}=300\,000$，可得

$$R = \frac{300\,000}{14.836\,16} = 20\,220.87(\text{元})$$

(3) 由已知，可知

$$(1+j)^4 = 1+10\%$$

解得

$$j = \sqrt[4]{1.1}-1 = 2.411\,37\%$$

由 $Ra_{\overline{20}|2.411\,37\%}=300\,000$，可得

$$R = \frac{300\,000}{15.720\,43} = 19\,083.39(\text{元})$$

Excel 算法公式：

(1) =PMT(sqrt(1.05)−1，5*4，300000)；

(2) =PMT(1.01^3−1，5*4，300000)；

(3) =PMT(1.01^(1/4)−1，5*4，300000)。

例 2.17 现有投资方式为：前两年每季度初投入 200 元，后两年每季度初投入 100 元；该投资的月收益率为 1%。试计算 4 年后的投资总价值。

解 首先计算与月收益率 1%等价的季收益率 j：

$$1+j = 1.01^3 \Rightarrow j = 1.01^3-1 = 0.030\,301$$

从而可得总的投资收益：

$$200\ddot{s}_{\overline{8}|j}(1+j)^8 + 100\ddot{s}_{\overline{8}|j} \approx 3\,246(\text{元})$$

或

$$200\ddot{s}_{\overline{16}|j} - 100\ddot{s}_{\overline{8}|j} \approx 3\,246(\text{元})$$

或

$$100\ddot{s}_{\overline{16}|j}+100\ddot{s}_{\overline{8}|j}(1+j)^8\approx 3\,246(\text{元})$$

Excel算法公式：

= FV(1.01^3－1，16，－200，，1)－FV(1.01^3－1，8，－100，，1)

二、特殊计算方法

广义年金中付款周期与利息换算周期不一致，其中最常见的有两种情况：付款周期是利息换算周期的整数倍；利息换算周期是付款周期的整数倍。在这两种情况下，除以上普通计算方法外，还有专门(特殊)的计算方法。

(一) 付款周期为利息换算周期整数倍的广义年金

为方便说明，定义以下符号：

k——每个付款周期内的利息换算次数；

n——年金额的付款总次数×k，即有 n 个利息换算周期；

i——每个利息换算周期内的实利率(名义利率/换算次数)。

1. 第一类标准广义期末年金

定义 2.5 若某年金在每 k 个利息换算周期的期末付款 1 个货币单位，在 n 个利息换算周期中共付款 n/k 次，则该年金称为第一类标准广义期末年金。

第一类标准广义期末年金的时间流程如图 2.11 所示。

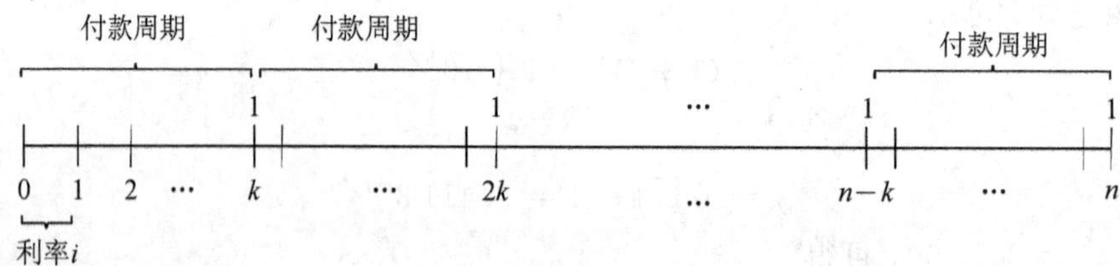

图 2.11 第一类标准广义期末年金的时间流程图

该年金的现值 PV 为

$$\text{PV}=v^k+v^{2k}+\cdots+v^n=\frac{v^k(1-v^n)}{1-v^k}=\frac{1}{s_{\overline{k}|i}}a_{\overline{n}|i}\tag{2.13}$$

该年金的终值 FV 为

$$\text{FV}=(1+i)^{n-k}+(1+i)^{n-2k}+\cdots+(1+i)^k+1=\frac{1-(1+i)^n}{1-(1+i)^k}=\frac{1}{s_{\overline{k}|i}}s_{\overline{n}|i}\tag{2.14}$$

除上述推导外，还可从以下角度推导出上述公式成立。

根据 $1=\frac{1}{s_{\overline{k}|}}\cdot s_{\overline{k}|}$，即在第一类标准广义期末年金中每次付款的 1 个货币单位价值，可以等价于在付款周期内每个利息换算周期期末年金额为$\frac{1}{s_{\overline{k}|}}$的 k 期基本期末年金终值，从而可知该第一类标准广义期末年金可由连续的 n/k 个 k 期基本期末年金构成，即第一类标准广义期末年金完全等价于每次付款数额为$\frac{1}{s_{\overline{k}|i}}$的 n 期基本期末年金，等价后的年金时间流程

如图 2.12 所示。

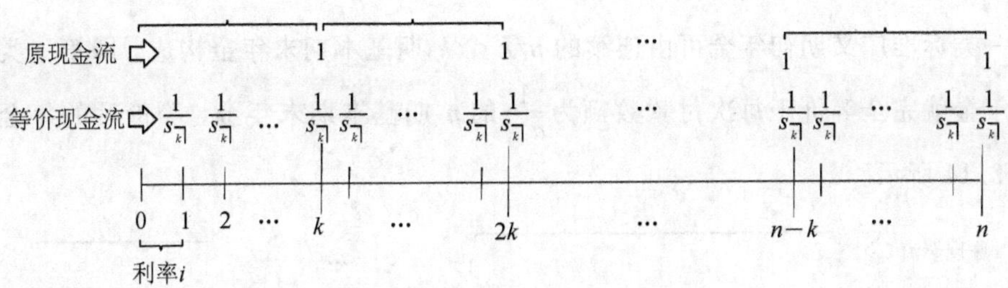

图 2.12 等价年金时间流程图

从而得到：第一类标准广义期末年金的现值 PV 为

$$\mathrm{PV}=\frac{1}{s_{\overline{k}|i}}a_{\overline{n}|i}$$

第一类标准广义期末年金的终值 FV 为

$$\mathrm{FV}=\frac{1}{s_{\overline{k}|i}}s_{\overline{n}|i}$$

同理，根据 $1=\frac{1}{\ddot{s}_{\overline{k}|}}\cdot\ddot{s}_{\overline{k}|}$，第一类标准广义期末年金现值与终值还具有以下计算公式：

$$\mathrm{PV}=\frac{1}{\ddot{s}_{\overline{k}|}}\ddot{a}_{\overline{n}|};\ \mathrm{FV}=\frac{1}{\ddot{s}_{\overline{k}|}}\ddot{s}_{\overline{n}|} \tag{2.15}$$

2. 第一类标准广义期初年金

定义 2.6 若某年金在每 k 个利息换算周期的期初付款 1 个货币单位，在 n 个利息换算周期中共付款 n/k 次，则该年金称为第一类标准广义期初年金。

第一类标准广义期初年金的时间流程如图 2.13 所示。

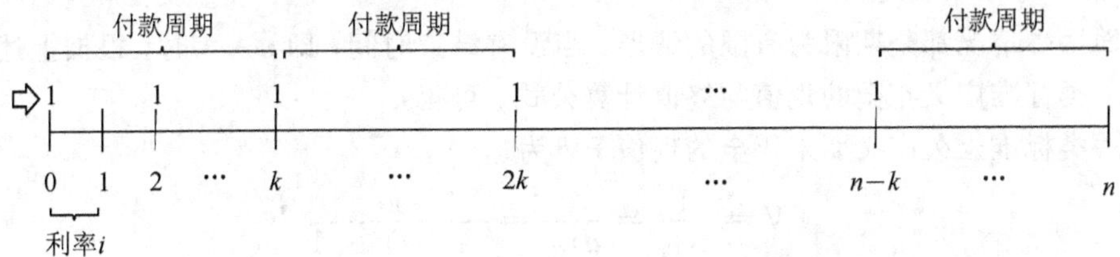

图 2.13 第一类标准广义期初年金的时间流程图

从而可得，该年金的现值 PV 为

$$\mathrm{PV}=1+v^k+v^{2k}+\cdots+v^{n-k}=\frac{1-v^n}{1-v^k}=\frac{1}{a_{\overline{k}|i}}a_{\overline{n}|i} \tag{2.16}$$

该年金的终值 FV 为

$$\begin{aligned}\mathrm{FV}&=(1+i)^n+(1+i)^{n-k}+\cdots+(1+i)^k\\&=(1+i)^k\frac{(1+i)^n-1}{1-(1+i)^k}=\frac{1}{a_{\overline{k}|i}}s_{\overline{n}|i}\end{aligned} \tag{2.17}$$

根据 $1=\frac{1}{a_{\overline{k}|}}\cdot a_{\overline{k}|}$，即在第一类标准广义期初年金中每次付款的 1 个货币单位价值，可

以等价于在付款周期内每个利息换算周期期末年金额为$\frac{1}{a_{\overline{k}|}}$的 k 期基本期末年金现值，从而可知第一类标准广义期初年金可由连续的 n/k 个 k 期基本期末年金构成，即第一类标准广义期初年金就完全等价于每次付款数额为$\frac{1}{a_{\overline{k}|i}}$的 n 期基本期末年金，等价后的年金时间流程如图 2.14 所示。

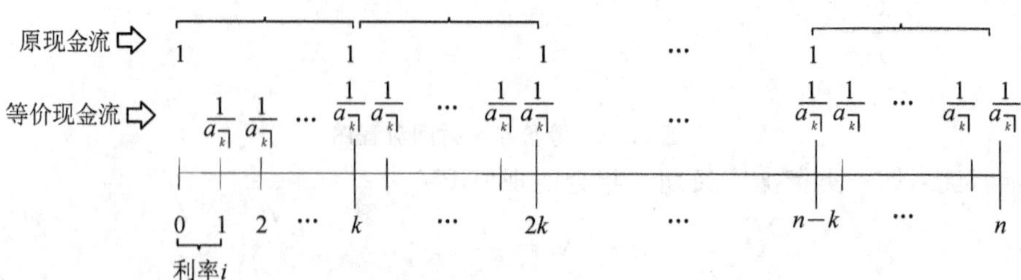

图 2.14 等价年金时间流程图

从而得到：第一类标准广义期初年金的现值 PV 为

$$\mathrm{PV}=\frac{1}{a_{\overline{k}|i}}a_{\overline{n}|i}$$

第一类标准广义期初年金的终值 FV 为

$$\mathrm{FV}=\frac{1}{a_{\overline{k}|i}}s_{\overline{n}|i}$$

同理，根据 $1=\frac{1}{\ddot{a}_{\overline{k}|}}\cdot\ddot{a}_{\overline{k}|}$，第一类标准广义期初年金现值与终值具有以下计算公式：

$$\mathrm{PV}=\frac{1}{\ddot{a}_{\overline{k}|}}\ddot{a}_{\overline{n}|}；\ \mathrm{FV}=\frac{1}{\ddot{a}_{\overline{k}|}}\ddot{s}_{\overline{n}|} \tag{2.18}$$

3. 第一类标准永久广义年金

前面两种情况都是期限为有限的情形，当没有结束时间，即 $n\to\infty$时，根据上述有限期限下第一类标准广义年金的现值与终值计算公式，可得：

第一类标准永久广义期末年金的现值 PV 为

$$\mathrm{PV}=\frac{1}{is_{\overline{k}|i}}=\frac{1}{d\ddot{s}_{\overline{k}|i}}=\frac{1}{(1+i)^k-1} \tag{2.19}$$

第一类标准永久广义期初年金的终值 FV 为

$$\mathrm{FV}=\frac{1}{ia_{\overline{k}|i}}=\frac{1}{d\ddot{a}_{\overline{k}|i}}=\frac{1}{1-v^k} \tag{2.20}$$

例 2.18 已知半年名义利率为 7%，每两年末付款 2 000 元，共计 8 次，计算该年金的现值与终值。

解 由已知，可得半年实利率为

$$i=\frac{i^{(2)}}{2}=3.5\%$$

即利息换算周期为半年，而付款周期为 2 年，即

$$k=4,\ n=4\times 8=32$$

根据式(2.13)和式(2.14)，查询本书附录表格，可得该年金的现值与终值分别为

$$\mathrm{PV}=2\,000\frac{1}{s_{\overline{4}|3.5\%}}a_{\overline{32}|3.5\%}=9\,048.22(\text{元})$$

$$\mathrm{FV}=2\,000\frac{1}{s_{\overline{4}|3.5\%}}s_{\overline{32}|3.5\%}=27\,205.35(\text{元})$$

Excel 算法公式：

(1) 现值：=PV(3.5%, 32, PMT(3.5%, 4, , 2000))或=PV((1+7%/2)^4-1, 8, -2000)；

(2) 终值：=FV(3.5%, 32, PMT(3.5%, 4, , 2000))或=FV((1+7%/2)^4-1, 8, -2000)。

例 2.19　现有年利率 i 付款 r 次的年金：首次付款为第 7 年底且金额为 1 元，然后每 3 年付款一次且金额均为 1 元，分别用期末或期初基本年金的现值或终值符号表示这个年金的现值 PV。

解　(1) 该年金可以看作是延期 4 期的第一类广义期末年金(每 3 年末付款一次)，其现金流的时间流程如图 2.15 所示。

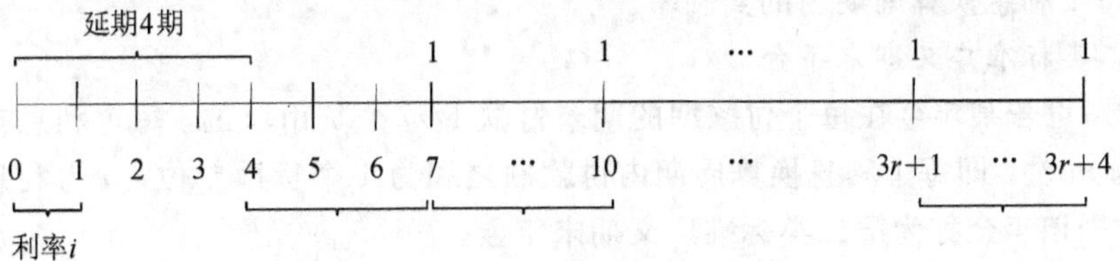

图 2.15　例 2.19 中现金流时间流程图(1)

根据特殊计算法，上述延期 4 期的第一类广义期末年金(每 3 年末付款一次)等价于延期 4 期的年金额为$\frac{1}{s_{\overline{3}|i}}$(或$\frac{1}{\ddot{s}_{\overline{3}|i}}$)的 $3r$ 期期末年金(或期初年金)。由式(2.6)和式(2.8)，则有

$$\mathrm{PV}=\frac{1}{s_{\overline{3}|i}}(a_{\overline{3r+4}|i}-a_{\overline{4}|i})$$

或

$$\mathrm{PV}=\frac{1}{\ddot{s}_{\overline{3}|i}}(\ddot{a}_{\overline{3r+4}|i}-\ddot{a}_{\overline{4}|i})$$

(2) 该年金也可以看作是延期 7 期的第一类广义期初年金(每 3 年初付款一次)，其现金流的时间流程如图 2.16 所示。

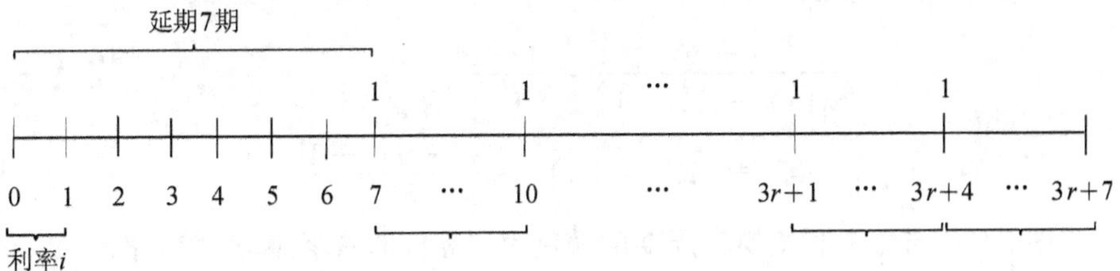

图 2.16　例 2.19 中现金流时间流程图(2)

根据特殊计算法，上述延期 7 期的第一类广义期初年金(每 3 年初付款一次)等价于延期 7 期的年金额为$\frac{1}{a_{\overline{3}|i}}$(或$\frac{1}{\ddot{a}_{\overline{3}|i}}$)的 $3r$ 期期末年金(或期初年金)。由式(2.6)和式(2.8)，则有

$$\mathrm{PV}=\frac{1}{a_{\overline{3}|i}}(a_{\overline{3r+7}|i}-a_{\overline{7}|i}$$

或

$$\mathrm{PV}=\frac{1}{\ddot{a}_{\overline{3}|i}}(\ddot{a}_{\overline{3r+7}|i}-\ddot{a}_{\overline{7}|i})$$

(二) 利息换算周期为付款周期整数倍的广义年金

在实际金融活动中，利息换算周期为付款周期整数倍的广义年金较为常见，如住房按揭贷款，养老金按月领取等。

为方便说明，定义以下符号：

m——每个利息换算周期内的付款次数；

n——年金额的付款总次数/m(即付款总次数为 mn)，代表该年金中利息换算周期的总个数；

i——每个利息换算周期内的实利率。

1. 第二类标准广义期末年金

定义 2.7 若某年金在每个付款期的期末付款 $1/m$ 个货币单位，每个利息换算周期内付款次数为 m 次，即每个利息换算周期内付款额之和为 1 个货币单位，n 为利息换算周期的总个数，则该年金称为第二类标准广义期末年金。

根据定义 2.7，第二类标准广义期末年金的时间流程如图 2.17 所示。

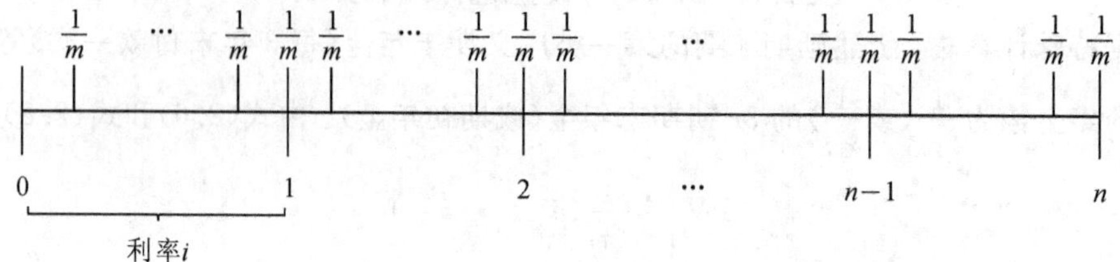

图 2.17 第二类标准广义期末年金的时间流程图

用 $a_{\overline{n}|i}^{(m)}$ 和 $s_{\overline{n}|i}^{(m)}$ 表示第二类标准广义期末年金的现值与终值。根据现金流的时间流程图、现值定义、现值与终值的关系，则有

$$a_{\overline{n}|i}^{(m)}=\frac{1}{m}(v^{\frac{1}{m}}+v^{\frac{2}{m}}+\cdots+v^{\frac{n-1}{m}}+v^{n})=\frac{1}{m}v^{\frac{1}{m}}\frac{1-v^{n}}{1-v^{\frac{1}{m}}}$$

$$=\frac{1-v^{n}}{m[(1+i)^{\frac{1}{m}}-1]}=\frac{1-v^{n}}{i^{(m)}} \qquad (2.21)$$

$$s_{\overline{n}|i}^{(m)}=a_{\overline{n}|i}^{(m)}(1+i)^{n}=\frac{(1+i)^{n}-1}{i^{(m)}} \qquad (2.22)$$

注：式中 $i^{(m)}$ 是与每个利息换算周期的实利率 i 等价的 m 换算名义利率。

根据标准基本期末年金与第二类标准广义期末年金的现值、终值计算公式，可推出以下结论。

结论 2.4

(1) $a_{\overline{n}|i}^{(m)}=\dfrac{i}{i^{(m)}}a_{\overline{n}|i}$；

(2) $s_{\overline{n}|i}^{(m)}=\dfrac{i}{i^{(m)}}s_{\overline{n}|i}$。

从结论 2.4 可以看出，第二类标准广义期末年金等价于年金额为$\dfrac{i}{i^{(m)}}$的期末年金。

2. 第二类标准广义期初年金

定义 2.8 若某年金在每个付款期的期初付款 $1/m$ 个货币单位，每个利息换算周期内付款次数为 m 次，即每个利息换算周期内付款额之和为 1 个货币单位，n 为利息换算周期的总个数，则称该年金为第二类标准广义期初年金。

根据定义 2.8，第二类标准广义期初年金的时间流程如图 2.18 所示。

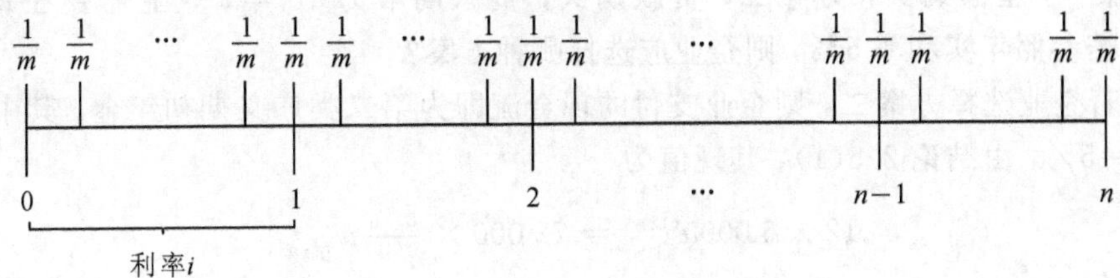

图 2.18 第二类标准广义期初年金的时间流程图

用 $\ddot{a}_{\overline{n}|i}^{(m)}$ 和 $\ddot{s}_{\overline{n}|i}^{(m)}$ 表示第二类标准广义期末年金的现值与终值。根据现金流的时间流程图、现值定义、现值与终值的关系，则有

$$\ddot{a}_{\overline{n}|i}^{(m)}=\frac{1}{m}(1+v^{\frac{1}{m}}+v^{\frac{2}{m}}+\cdots+v^{\frac{n-1}{m}})=\frac{1}{m}\frac{1-v^n}{1-v^{\frac{1}{m}}}$$

$$=\frac{1-v^n}{m[1-(1-d)^{\frac{1}{m}}]}=\frac{1-v^n}{d^{(m)}} \tag{2.23}$$

$$\ddot{s}_{\overline{n}|i}^{(m)}=\ddot{a}_{\overline{n}|i}^{(m)}(1+i)^n=\frac{(1+i)^n-1}{d^{(m)}} \tag{2.24}$$

注：式中 $d^{(m)}$ 是与每个利息换算周期内的实利率 i 等价的 m 换算名义贴现率。

根据标准基本年金与第二类标准广义期初年金的现值、终值计算公式，可推出以下结论。

结论 2.5

(1) $\ddot{a}_{\overline{n}|i}^{(m)}=\dfrac{d}{d^{(m)}}\ddot{a}_{\overline{n}|i}=\dfrac{i}{d^{(m)}}a_{\overline{n}|i}$；

(2) $\ddot{s}_{\overline{n}|i}^{(m)}=\dfrac{d}{d^{(m)}}\ddot{s}_{\overline{n}|i}=\dfrac{i}{d^{(m)}}s_{\overline{n}|i}$。

从结论 2.5 可以看出，第二类标准广义期初年金等价于年金额为$\dfrac{i}{d^{(m)}}$的期末年金或年金额为$\dfrac{d}{d^{(m)}}$的期初年金。

3. 第二类标准永久广义年金

前面两种情况都是期限为有限的情形，当没有结束时间，即 $n\to\infty$时，根据式(2.21)和式(2.23)，可得：

第二类标准期末永久广义年金的现值为

$$a_{\overline{\infty}|i}^{(m)} = \frac{1}{i^{(m)}} \tag{2.25}$$

第二类标准期初永久广义年金的现值为

$$\ddot{a}_{\overline{\infty}|i}^{(m)} = \frac{1}{d^{(m)}} \tag{2.26}$$

注意 在前面第二类标准广义年金的所有讨论中，要求每次的付款额为 $1/m$，即每个利息换算周期内的付款总额为 1 个货币单位。在现实问题中，若每次的付款额为任意值 R，即在每个利息换算周期内的付款总额为 mR，则非标准的第二类广义年金的现值(终值)应为标准现值(终值)的 mR 倍。

例 2.20 某企业生产过程中需要引进一台机器设备，设备价值为 60 万元。企业有两种方案：方案一，全额购买；方案二，贷款购买，贷款期限为 10 年，企业需要在每月初付 6 000元。若参照年实利率 5%，则企业应选择哪种方案？

解 若企业选择方案二，则企业支付的现金流即为第二类广义期初年金，其中$m=12$，$n=10$，$i=5\%$，由结论 2.5(1)，其现值为

$$12 \times 6\,000\ddot{a}_{\overline{10}|5\%}^{(12)} = 72\,000 \times \frac{5\%}{d^{(12)}} a_{\overline{10}|5\%}$$

与 $i=5\%$等价的 $d^{(12)}=12\times(1-1.05^{-1/12})=4.869\,1\%$。

查询利率函数表或由式(2.1)，可得

$$a_{\overline{10}|5\%} = 7.721\,73$$

由此可知，方案二的现金流现值为 570 910 元，与方案一中付款 60 万元相比较为划算，因此，在不考虑其他因素下，企业应选择方案二购进机器设备。但需要注意的是，此决策与企业参照的年实利率大小息息相关，若年实利率变小，则决策有可能改为方案一。

Excel 算法公式：

=PV(1.05^(1/12)−1，12*10，−6000，，1)

思考：若两种方案等价，则企业所参照年实利率为多少？①

例 2.21 投资者采用基金定投的方式进行投资，每月末向基金存入 1 000 元，在以下基金结算利率方式下，计算该投资者第 5 年末的累积值。

(1) 基金结算的年名义利率 $i^{(12)}$ 为 6%；

(2) 基金结算的年实利率为 6%。

解 (1) 月实利率 $j=i^{(12)}/12=0.5\%$，月年金额为 1 000 元，则投资者第 5 年末的累积值为 $1\,000s_{\overline{60}|0.5\%}=69\,770$(元)。

(2) 与年实利率 6%等价的 $i^{(12)}=12\times(1.06^{1/12}-1)=5.841\,06\%$。

投资者第 5 年末的累积值为

$$12 \times 1\,000 s_{\overline{5}|6\%}^{(12)} = 12\,000 \times \frac{6\%}{5.841\,06\%} s_{\overline{5}|6\%} = 69\,486(\text{元})$$

① 提示：由 Excel 公式"=RATE(120，−6000，600000，，1)"，求得月实利率为 0.317 013 6%，等价年实利率约为 3.871 2%，即参照年利率小于 3.871 2%，企业应选择方案一。

Excel 算法公式：

(1) =FV(6%/12，12 * 5，-1000)；

(2) =FV((1+6%)^(1/12)-1，12 * 5，-1000)。

例 2.22　韩某购买一套住房，总价为 200 万元，首付 3 成，并向银行申请房屋按揭贷款，贷款期限为 20 年，商业住房按揭贷款利率为 4.90%，采用按月等额还款方式(即等额本息还款法)。求韩某贷款后每个月应还款金额。

解　设韩某每个月的月供为 R。在实际商业住房按揭贷款中，住房贷款合同规定利率 4.90%为月换算名义利率，即 $i^{(12)}=4.9\%$，即年实利率约为 5.011 558%。则由题意，可得

$$12Ra_{\overline{20}|5.011\,558\%}^{(12)} = 200\,0000 \times 70\% = 1\,400\,000$$

或

$$Ra_{\overline{240}|4.9\%/12} = 200\,0000 \times 70\% = 1\,400\,000$$

由上式可求得

$$R = 9\,162.22(\text{元})$$

Excel 算法公式：

=PMT(4.9%/12，12 * 20，2000000 * 70%)

例 2.23　投资者在当前时刻投资 24 000 元，可以在今后的每月末领取 100 元，且无限期地领下去，计算年利率为多少。

解　这是第二类期末永久广义年金。根据题意，可知 $m=12$，每年领取的金额为 1 200 元。假设年利率为 i，则有下述方程

$$1\,200a_{\overline{\infty}|}^{(12)} = \frac{1\,200}{i^{(12)}} = 24\,000 \Rightarrow i^{(12)} = 5\%$$

进一步，将名义利率转换为年实利率，则有

$$i = \left(1+\frac{0.05}{12}\right)^{12} - 1 = 5.116\%$$

第四节　连续基本年金

在第二类标准广义年金中，在每标准计息周期内付款 m 次，每次付款金额为 $1/m$，即每标准计息周期内付款总额为 1。当 $m\to\infty$时，离散支付变为连续均匀支付，即每个瞬间都有现金流发生，但在每标准计算周期内付款总额依然为 1，且单位时间年金额支付款速度为 1，这就是标准连续基本年金。

一、连续年金的现值

用 $\bar{a}_{\overline{n}|}$表示 n 期标准连续年金的现值，由于连续年金的现值可看作第二类标准广义年金现值的极限，故有

$$\bar{a}_{\overline{n}|} = \lim_{m\to\infty} a_{\overline{n}|}^{(m)} = \lim_{m\to\infty} \frac{i}{i^{(m)}} a_{\overline{n}|} = \frac{i}{\delta} a_{\overline{n}|} = \frac{1-v^n}{\delta}$$

或

$$\bar{a}_{\overline{n}|} = \lim_{m\to\infty} \ddot{a}_{\overline{n}|}^{(m)} = \lim_{m\to\infty} \frac{i}{d^{(m)}} a_{\overline{n}|} = \frac{i}{\delta} a_{\overline{n}|} = \frac{1-v^n}{\delta}$$

另外，连续支付年金的现值也可以通过积分方法求得，由于单位时间付款速度为 1，在

无穷小的区间$[t, t+\mathrm{d}t]$内付款金额为$1\mathrm{d}t$，该金额的现值为$v^t\mathrm{d}t$，则对$[0, n]$期间所有付款的现值求和，即得n期标准连续年金的现值，其计算公式为

$$\bar{a}_{\overline{n}|}=\int_0^n v^t\mathrm{d}t=\int_0^n \mathrm{e}^{-\delta t}\mathrm{d}t=\frac{1-\mathrm{e}^{-\delta n}}{\delta}=\frac{1-v^n}{\delta} \tag{2.27}$$

二、连续年金的终值

用$\bar{s}_{\overline{n}|}$表示n期标准连续年金的终值，由现值和终值的关系，得其计算公式为

$$\bar{s}_{\overline{n}|}=(1+i)^n\bar{a}_{\overline{n}|}=\frac{\mathrm{e}^{\delta n}-1}{\delta}=\frac{(1+i)^n-1}{\delta} \tag{2.28}$$

另外，n期标准连续年金的终值也可由第二类标准广义年金的终值的极限得到：

$$\bar{s}_{\overline{n}|}=\lim_{m\to\infty}s_{\overline{n}|}^{(m)}=\lim_{m\to\infty}\ddot{s}_{\overline{n}|}^{(m)}=\frac{(1+i)^n-1}{\delta}$$

同样，连续支付年金的终值也可以通过积分方法求得，在无穷小的区间$[t, t+\mathrm{d}t]$内付款金额为$1\mathrm{d}t$，该金额在n时刻的终值为$(1+i)^{n-t}\mathrm{d}t$，则对$[0, n]$期间所有付款的终值求和，即得n期标准连续年金的终值，其计算公式为

$$\bar{s}_{\overline{n}|}=\int_0^n(1+i)^{n-t}\mathrm{d}t=\frac{(1+i)^n-1}{\ln(1+i)}=\frac{(1+i)^n-1}{\delta}$$

虽然连续年金在现实生活中并不存在，但在理论研究中十分重要，如期权、期货的定价等。而对于某些支付频率很高的年金，如每日支付一次的年金，可用连续支付年金进行近似计算。

根据式(2.27)、式(2.28)、式(2.1)、式(2.2)、式(2.3)、式(2.4)，可得以下结论。

结论 2.6 (1) $\bar{a}_{\overline{n}|}=\frac{i}{\delta}a_{\overline{n}|}=\frac{d}{\delta}\ddot{a}_{\overline{n}|}$；

(2) $\bar{s}_{\overline{n}|}=\frac{i}{\delta}s_{\overline{n}|}=\frac{d}{\delta}\ddot{s}_{\overline{n}|}$。

三、永久连续年金

对于n期标准连续年金，当$n\to\infty$时，标准连续年金变成了标准永久连续年金，其现值计算公式为

$$\bar{a}_{\overline{\infty}|}=\frac{1}{\delta} \tag{2.29}$$

例 2.24 一个10年期的连续年金，每年均匀支付额为30，年实利率为8%，求该年金在第10年末的价值。

解 依题意，可得该年金在第10年末的价值为

$$30\bar{s}_{\overline{10}|}=30\times\frac{1.08^{10}-1}{\ln 1.08}=451.76(\text{元})$$

例 2.25 已知$\delta_t=\frac{2}{1+t}$，求$\bar{a}_{\overline{10}|}$。

解 由于利息力随着时间变化而变化，所求连续年金的现值不能直接利用本节所学的计算公式求解，这时应回到连续年金的积分公式推导过程中。在无穷小的区间$[t, t+\mathrm{d}t]$内付款金额为$1\mathrm{d}t$，该金额的现值为$a^{-1}(t)\mathrm{d}t$，则对$[0, 10]$期间所有付款的现值求和，即得

10 期标准连续年金的现值，其计算公式为

$$\bar{a}_{\overline{10}|} = \int_0^{10} a^{-1}(t)\mathrm{d}t = \int_0^{10} \mathrm{e}^{-\int_0^t \delta_s \mathrm{d}s}\,\mathrm{d}t$$

$$= \int_0^{10} \mathrm{e}^{-\int_0^t \frac{2}{1+s}\mathrm{d}s}\,\mathrm{d}t = \int_0^{10} (1+t)^{-2}\mathrm{d}t = \frac{10}{11}$$

第五节 变额年金

变额年金是指付款金额可以变化的年金。对于变额年金，如果每次付款的金额没有任何变化规律，就只能逐笔计算每次付款的现值或终值，然后将它们相加求得整个年金的现值和终值。本章讨论的变额年金是指年金额规律变化的年金，如付款金额按等差或等比变化的年金。对于这类年金，可以建立较为简便的计算公式。进一步根据付款周期与利息换算周期是否一致，变额年金可分为一般变额年金和广义变额年金，即付款周期与利息换算周期相同的变额年金称为一般变额年金，付款周期与利息换算周期不相同的变额年金称为广义变额年金。

一、一般变额年金

本节主要介绍以下两种情况下的一般变额年金：一般等量变额年金，即年金额按等差规律变化的年金；一般等比变额年金，即年金额按等比规律变化的年金。

(一) 一般等量变额年金

考虑等量变化年金的一般方式：首次付款金额为 $P(P>0)$，每次变化 Q，付款次数为 n 次，付款时间为每期期末，每一期的实利率为 i。它的时间流程如图 2.19 所示。

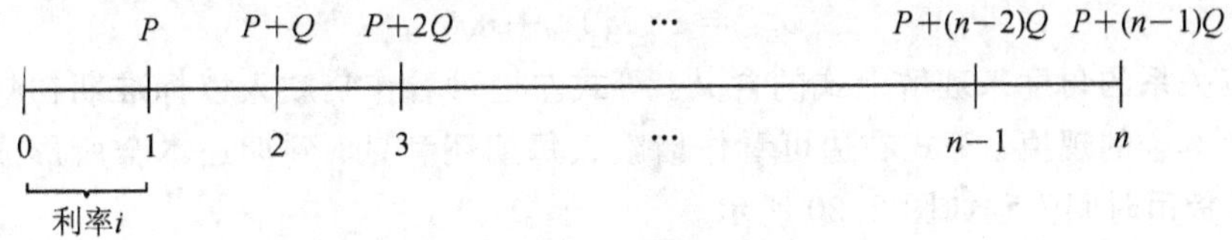

图 2.19 一般等量变额年金的时间流程图

如果用 PV 表示这种变额期末年金的现值，则有

$$\begin{aligned}\mathrm{PV} &= Pv + (P+Q)v^2 + (P+2Q)v^3 + \cdots + [P+(n-1)Q]v^n \\ &= P(v+v^2+\cdots+v^n) + Q[v^2+2v^3+\cdots+(n-1)v^n] \\ &= Pa_{\overline{n}|i} + Q[v^2+2v^3+\cdots+(n-1)v^n]\end{aligned}$$

令 $S=v^2+2v^3+\cdots+(n-1)v^n$，则有

$$\begin{aligned}(1+i)S - S &= [v+2v^2+\cdots+(n-1)v^{n-1}] - [v^2+2v^3+\cdots+(n-1)v^n] \\ \Rightarrow iS &= (v+v^2+\cdots+v^{n-1}) - (n-1)v^n \\ &= (v+v^2+\cdots+v^{n-1}+v^n) - nv^n \\ \Rightarrow S &= \frac{a_{\overline{n}|i} - nv^n}{i}\end{aligned}$$

从而有

$$\mathrm{PV}=Pa_{\overline{n}|i}+Q\frac{a_{\overline{n}|i}-nv^{n}}{i} \tag{2.30}$$

由式(2.30)还可以进一步推出

$$\begin{aligned}\mathrm{PV}&=(P-Q)a_{\overline{n}|i}+Q\frac{a_{\overline{n}|i}-nv^{n}+ia_{\overline{n}|i}}{i}\\&=(P-Q)a_{\overline{n}|i}+Q\frac{\ddot{a}_{\overline{n}|i}-nv^{n}}{i}\end{aligned} \tag{2.31}$$

注：当 Q 为正数时，该变额年金为递增年金；当 Q 为负数时，该变额年金为递减年金，但是在这种情况下要求 $P+(n-1)Q>0$。

1. 递增期末年金

定义 2.9 在 n 期一般变额年金中，首期期末年金额为 1 个货币单位，后面各期期末年金额为在前一期年金额基础上增加 1 个货币单位，则这样的一般等量变额年金称为 n 期标准递增期末年金。

根据定义，n 期标准递增期末年金就是前面介绍的一般等量变额年金中 $P=Q=1$ 的特殊情形。

n 期标准递增期末年金的现值和终值分别记为 $(Ia)_{\overline{n}|i}$ 和 $(Is)_{\overline{n}|i}$，由式(2.31)，可得

$$(Ia)_{\overline{n}|i}=\frac{\ddot{a}_{\overline{n}|i}-nv^{n}}{i} \tag{2.32}$$

又由终值与现值的关系式，即 $(Is)_{\overline{n}|i}=(Ia)_{\overline{n}|i}(1+i)^{n}$，可得

$$(Is)_{\overline{n}|i}=\frac{\ddot{s}_{\overline{n}|i}-n}{i}=\frac{[s_{\overline{n+1}|i}-(n+1)]}{i} \tag{2.33}$$

另外，由 $(Ia)_{\overline{n}|i}$ 的计算公式，可得

$$\ddot{a}_{\overline{n}|i}=i\,(Ia)_{\overline{n}|i}+nv^{n}$$

从借贷关系的角度来理解上式的含义。等式左边可看作贷款人以标准期初年金的现金流形式贷出本金的现值，等式右边可看作借款人每期还利息、到期还本金所形成的现金流的现值。其货币时间流程如图 2.20 所示。

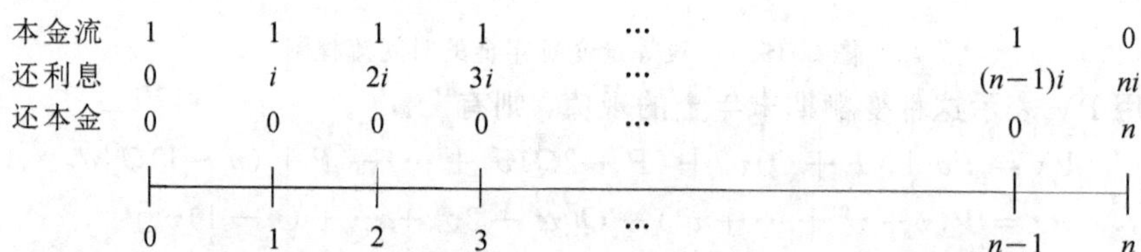

图 2.20 货币时间流程图

实际上，许多一般等量变额年金都可用这种标准递增年金表示，例如：对前面的一般等量变化年金有

$$\mathrm{PV}=(P-Q)a_{\overline{n}|i}+Q\,(Ia)_{\overline{n}|i} \tag{2.34}$$

式(2.34)表明，前面的一般等量变额年金可由 P 个 n 期标准期末年金和 Q 个 n 期标准递增期末年金构成。进一步，该一般等量变额年金的终值 FV 的计算公式为

$$FV=(P-Q)s_{\overline{n}|i}+Q(Is)_{\overline{n}|i} \tag{2.35}$$

例 2.26　某 20 年期的递增年金，在第 1 年末支付 650 元，在第 2 年末支付 700 元，在第 3 年末支付 750 元，依此类推。假设年利率为 6%，求此项年金的现值。

解　该递增年金的每次变化额为 50 元，故其可由 50 个 20 年期标准递增期末年金和 600 个 20 年期标准基本期末年金构成，年金分解前后的时间流程如图 2.21 所示。

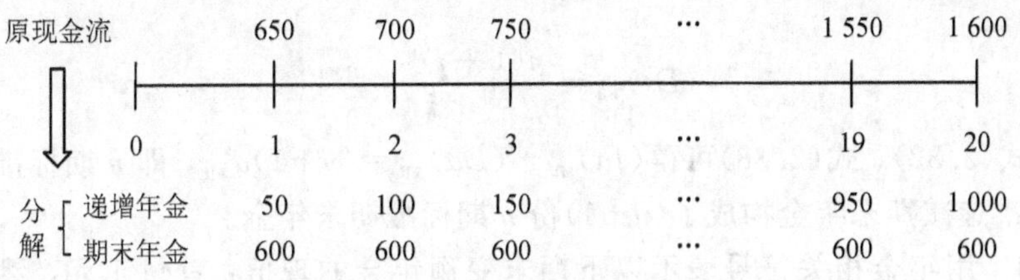

图 2.21　年金分解前后的时间流程图

因此，该项年金的现值为

$$\begin{aligned}600a_{\overline{20}|6\%}+50(Ia)_{\overline{20}|6\%}&=600\times 11.469\,92+50\times\frac{(11.158\,12+1)-20\times 0.311\,8}{6\%}\\&=11\,817(\text{元})\end{aligned}$$

例 2.27　一项递增年金，第 1 年末支付 300 元，第 2 年末支付 320 元，第 3 年末支付 340 元，依此类推，直到最后一次支付 600 元。假设年利率为 5%，计算此项年金在最后一次支付时的终值。

解　根据题意，可知年金额每次递增 20 元，由首尾年金额大小可推算出年金一共发生 (600−300)/20+1=16 次支付，即最后一次支付发生在第 16 年末。则该项年金由 20 个 16 年期标准递增期末年金和 280 个 16 年期标准期末年金构成。因此，上述年金的终值为

$$280s_{\overline{16}|5\%}+20(Is)_{\overline{16}|5\%}=280\times 23.657\,5+20\times\frac{s_{\overline{17}|5\%}-17}{5\%}=10\,160(\text{元})$$

2. 递增期初年金

定义 2.10　在 n 期一般变额年金中，首期期初年金额为 1 个货币单位，后面各期期初年金额为在前一期年金额基础上增加 1 个货币单位，则这样的一般等量变额年金称为 n 期标准递增期初年金。

n 期标准递增期初年金的现值和终值分别记为 $(I\ddot{a})_{\overline{n}|i}$ 和 $(I\ddot{s})_{\overline{n}|i}$，它与 n 期标准递增期末年金相比，每期年金额比期末年金提前了 1 期，则有

$$(I\ddot{a})_{\overline{n}|i}=(1+i)(Ia)_{\overline{n}|i}=\frac{\ddot{a}_{\overline{n}|}-nv^n}{d} \tag{2.36}$$

$$(I\ddot{s})_{\overline{n}|i}=(1+i)(Is)_{\overline{n}|i}=\frac{\ddot{s}_{\overline{n}|i}-n}{d}=\frac{[s_{\overline{n+1}|i}-(n+1)]}{d} \tag{2.37}$$

3. 递减期末年金

定义 2.11　在 n 期一般变额年金中，首期期末年金额为 n 个货币单位，后面各期期末年金额为在前一期年金额基础上减少 1 个货币单位，则这样的一般等量变额年金称为 n 期标准递减期末年金。

n 期标准递减期末年金就是前面介绍的一般等量变额年金中 $P=n$，$Q=-1$ 的特殊情

形，n 期标准递减期末年金的现值和终值分别记为$(Da)_{\overline{n}|i}$和$(Ds)_{\overline{n}|i}$，由式(2.31)化简可得

$$(Da)_{\overline{n}|i}=\frac{n-a_{\overline{n}|i}}{i} \tag{2.38}$$

又由终值与现值的关系式，即

$$(Ds)_{\overline{n}|i}=(Da)_{\overline{n}|i}(1+i)^n$$

可得

$$(Ds)_{\overline{n}|i}=\frac{n(1+i)^n-s_{\overline{n}|i}}{i} \tag{2.39}$$

注：由式(2.32)、式(2.38)可得$(Ia)_{\overline{n}|i}+(Da)_{\overline{n}|i}=(n+1)a_{\overline{n}|i}$，即 n 期标准递增期末年金与 n 期标准递减期末年金构成了$(n+1)$份 n 期标准期末年金。

例 2.28 用年金相关符号表示以下期末变额年金的现值：首付 1 元，然后每次增加 1 元，直至 10 元，再固定不变，直至第 25 次付款。

解法一 该变额年金可分解为 10 年递增期末年金和 10 份递延 10 年的 15 年基本期末年金，即其现值为$(Ia)_{\overline{10}|}+10v^{10}a_{\overline{15}|}$。

解法二 该变额年金可看作 25 年递增期末年金扣除递延 10 年的 15 年递增期末年金，即其现值为$(Ia)_{\overline{25}|}-v^{10}(Ia)_{\overline{15}|}$。

解法三 该变额年金可看作 10 份 25 年基本期末年金扣除 9 年递减期末年金，即其现值为 $10a_{\overline{25}|}-(Da)_{\overline{9}|}$。

例 2.29 用年金相关符号表示以下期末变额年金的现值：总付款期为 $2n-1$ 年，第一年末付款 1 个货币单位，以后每年付款额增加 1 个货币单位，直至 n 个货币单位，然后每年付款减少 1 个货币单位，直至降为 1 个货币单位。

解 由已知可得，该年金由一个 n 年期标准递增期末年金和一个延期 n 年期的$(n-1)$年的递减年金构成，则该年金的现值 PV 的表达式为

$$\begin{aligned}\mathrm{PV}&=(Ia)_{\overline{n}|}+v^n(Da)_{\overline{n-1}|}=\frac{\ddot{a}_{\overline{n}|}-nv^n}{i}+v^n\frac{(n-1)-a_{\overline{n-1}|}}{i}\\&=(1-v^n)\frac{a_{\overline{n-1}|}+1}{i}=a_{\overline{n}|}\ddot{a}_{\overline{n}|}\end{aligned}$$

4. 递减期初年金

定义 2.12 在 n 期一般变额年金中，首期期初年金额为 n 个货币单位，后面各期期初年金额为在前一期年金额基础上减少 1 个货币单位，则这样的一般等量变额年金称为 n 期标准递减期初年金。

n 期标准递减期初年金的现值和终值分别记为$(D\ddot{a})_{\overline{n}|i}$和$(D\ddot{s})_{\overline{n}|i}$，它与 n 期标准递减期末年金相比，每期年金额比期末年金提前了 1 期，则有

$$(D\ddot{a})_{\overline{n}|i}=(1+i)(Da)_{\overline{n}|i}=\frac{n-a_{\overline{n}|}}{d} \tag{2.40}$$

$$(D\ddot{s})_{\overline{n}|}=(1+i)(Ds)_{\overline{n}|}=\frac{n(1+i)^n-s_{\overline{n}|}}{d} \tag{2.41}$$

例 2.30 企业贷款购买了一台机器，贷款合同规定企业还款采用 10 年期等量递减还款法，第一年初需要还款 70 000 元，以后每年还款减少 5 000 元，直到最后一次还款额为

25 000 元，贷款利率为 5%。计算企业借款总金额(现值)。

解 该企业还款法下还款现金流可分解为 5 000 份标准递减期初年金和 20 000 份标准期初年金，则企业借款总金额为

$$\mathrm{PV}=20\,000\ddot{a}_{\overline{10}|5\%}+5\,000\,(D\ddot{a})_{\overline{10}|5\%}=20\,000(a_{\overline{9}|5\%}+1)+5\,000\times\frac{10-a_{\overline{10}|5\%}}{5\%/(1+5\%)}$$

查询本书附录表格，可算出

$$\mathrm{PV}=401\,374(\text{元})$$

5. 变额永久年金

对于标准递增永久年金而言，其现值计算公式如下：

标准递增永久年金期末现值为

$$(Ia)_{\overline{\infty}|}=\lim_{n\to\infty}(Ia)_{\overline{n}|}=\frac{1}{i}+\frac{1}{i^2}=\frac{1}{id} \tag{2.42}$$

标准递增永久年金期初现值为

$$(I\ddot{a})_{\overline{\infty}|}=\lim_{n\to\infty}(I\ddot{a})_{\overline{n}|}=\frac{1}{d}+\frac{1}{id}=\frac{1}{d^2} \tag{2.43}$$

例 2.31 有甲、乙两个永久年金，甲每年末支付 10，乙每年末的支付按照 1、2、3…的形式增长，如果两个年金的现值相等，计算年金所使用的年利率 i。

解 由题意可知，

$$\frac{10}{i}=\frac{1}{i}+\frac{1}{i^2}$$

解得 $i=\frac{1}{9}$。

(二) 一般等比变额年金

定义 2.13 在 n 期一般变额年金中，首期期末(期初)年金额为 1 个货币单位，后面各期期末(期初)年金额为前一期年金额的 $(1+k)$ 倍，则这样的一般等量变额年金称为 n 期标准等比变额期末(期初)年金。

以期末年金为例，n 期标准等比变额期末年金的时间流程如图 2.22 所示。

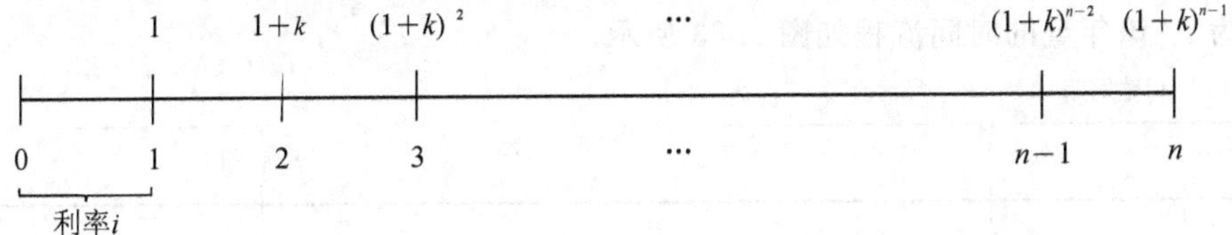

图 2.22 n 期标准等比变额期末年金的时间流程图

n 期标准等比变额期末年金现值 PV 为

$$\mathrm{PV}=v+(1+k)v^2+(1+k)^2v^3+\cdots+(1+k)^{n-1}v^n$$

$$=\begin{cases}\dfrac{1-\left(\dfrac{1+k}{1+i}\right)^n}{i-k}, & k\neq i\\[2ex] nv=\dfrac{n}{1+i}, & k=i\end{cases} \tag{2.44}$$

n 期标准等比变额期初年金现值 PV 为

$$PV = 1 + (1+k)v + (1+k)^2 v^2 + \cdots + (1+k)^{n-1} v^{n-1}$$

$$= \begin{cases} \dfrac{1 - \left(\dfrac{1+k}{1+i}\right)^n}{\dfrac{i-k}{1+i}}, & k \neq i \\ n, & k = i \end{cases} \tag{2.45}$$

对该类型年金的终值，可利用终值与现值的关系式 $FV = PV\,(1+i)^n$ 直接推出，这里不再给出具体公式。

另外，当 $-2-i<k<i$ 时，一般等比变额永久年金的现值才存在，等比变额永久期末年金的现值为$\dfrac{1}{i-k}$，等比变额永久期初年金的现值为$\dfrac{1+i}{i-k}$。

例 2.32 设有 20 年期一般变额期末年金：首次付款 1 000 元，以后每年付款一次且金额递增 4%，年利率为 7%。计算该年金的现值。

解 由式(2.44)，可得所求年金的现值为

$$1\,000 \times \frac{1 - \left(\dfrac{1+4\%}{1+7\%}\right)^{20}}{7\% - 4\%} = 14\,459(\text{元})$$

二、广义变额年金

(一) 付款周期为利息换算周期整数倍的广义变额年金

为方便说明，定义以下符号：

k——每个付款周期内的利息换算次数；

n——年金额的付款总次数$\times k$，即利息换算周期的总个数；

i——每个利息换算周期内的实利率(名义利率/换算次数)。

考虑若某年金：在每 k 个利息换算周期的期末付款一次，首次付款 1 个货币单位，随后每次递增 1 个货币单位，在 n 个利息换算周期中共付款 n/k 次，每个利息换算周期内的实利率为 i。该年金的时间流程如图 2.23 所示。

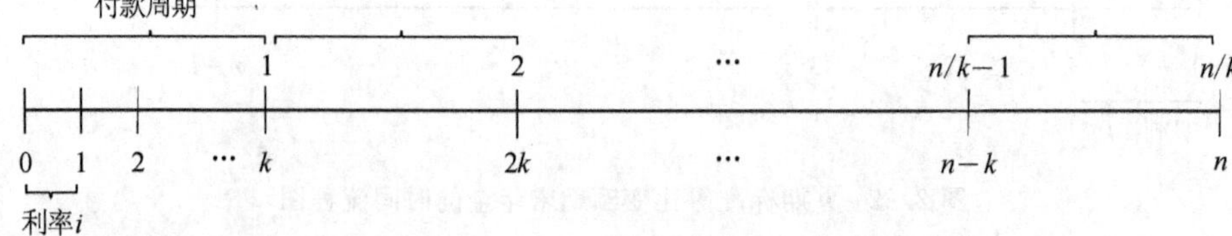

图 2.23 广义变额年金时间流程图

由该年金的时间流程图，可得该年金的现值 PV 的计算过程如下：

$$PV = v^k + 2v^{2k} + \cdots + \frac{n}{k} v^n$$

$$\Rightarrow (1+k)^k \cdot PV = 1 + 2v^k + \cdots + \frac{n}{k} v^{n-k}$$

$$\Rightarrow[(1+k)^k-1]\cdot \mathrm{PV}=1+v^k+\cdots+v^{n-k}-\frac{n}{k}v^n$$

$$\Rightarrow is_{\overline{k}|}\cdot \mathrm{PV}=\frac{a_{\overline{n}|}}{a_{\overline{k}|}}-\frac{n}{k}v^n$$

由此可得，该广义变额年金的现值为

$$\mathrm{PV}=\frac{\dfrac{a_{\overline{n}|}}{a_{\overline{k}|}}-\dfrac{n}{k}v^n}{is_{\overline{k}|}} \tag{2.46}$$

由于该计算公式的形式较为复杂，在实际应用中往往不采用该公式进行计算，而是直接根据题意列式并利用上式中的推导方法直接计算。因此，这里不再推导此类型广义变额期初年金的计算公式。另外，需要注意的是，当 $k=1$ 时，上述广义变额年金退化为 n 期标准递增期末年金。

例 2.33　计算下面变额永久年金的现值：第 3 年底 1 元，第 6 年底 2 元，第 9 年底 3 元，依此类推，年贴现因子为 v。

解　用 PV 表示所求年金的现值，则有

$$\mathrm{PV}=v^3+2v^6+3v^9+\cdots$$

$$\Rightarrow v^3\mathrm{PV}=v^6+2v^9+3v^{12}+\cdots$$

$$\Rightarrow(1-v^3)\mathrm{PV}=v^3+v^6+v^9+v^{12}+\cdots=\frac{v^3}{1-v^3}$$

$$\Rightarrow \mathrm{PV}=\frac{v^3}{(1-v^3)^2}$$

(二) 利息换算周期为付款周期整数倍的广义变额年金

为方便说明，定义以下符号：

m——每个利息换算周期内的付款次数；

n——年金额的付款总次数/m(付款总次数为 mn)，即利息换算周期的总个数；

i——每个利息换算周期内的实利率。

(1) 付款额的变化与利息换算周期同步

定义 2.14　若某个期末年金中的现金流如下：在每个利息换算周期内的付款次数为 m 次，在第一个利息换算周期内每次年金额为 $\frac{1}{m}$；在第二个利息换算周期内每次年金额为 $\frac{2}{m}$，依此类推，最后一个利息换算周期(即第 n 个利息换算周期)内每次年金额为 $\frac{n}{m}$。则该年金称为 n 期Ⅰ型标准广义变额期末年金。

n 期Ⅰ型标准广义变额期末年金的现金流时间流程如图 2.24 所示。

由图 2.24，可看出该年金在第一个利息换算周期内 m 次年金额相当于一份 1 期第二类标准广义期末年金，这 m 次年金额在第一个利息换算周期的期末终值为 $s_{\overline{1}|}^{(m)}$，第二个利息换算周期内 m 次年金额相当于两份 1 期第二类标准广义期末年金，这 m 次年金额在第二个利息换算周期的期末终值为 $2s_{\overline{1}|}^{(m)}$，依此类推，图 2.24 中年金的时间流程等价于图 2.25 中的年金时间流程。

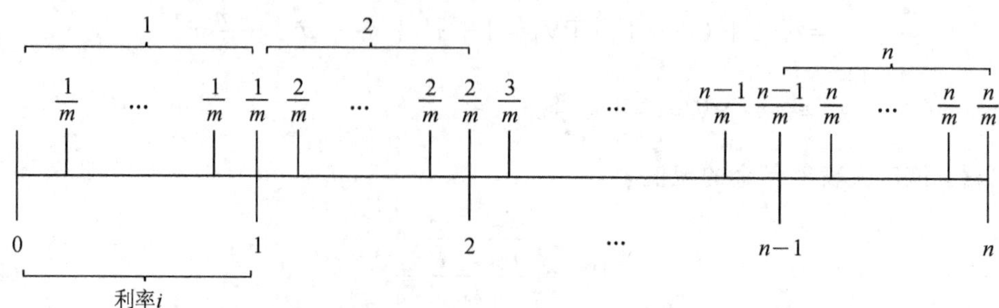

图 2.24 n 期Ⅰ型标准广义变额期末年金的现金流时间流程图

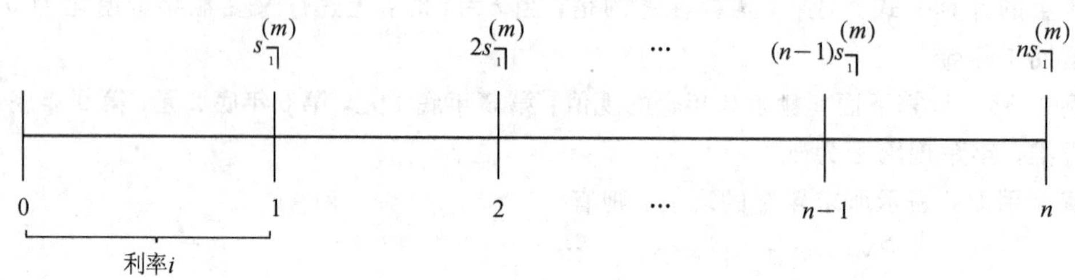

图 2.25 等价年金的时间流程图

用符号$(Ia)_{\overline{n}|}^{(m)}$表示$n$期Ⅰ型标准广义变额期末年金的现值。由图 2.25，可得

$$(Ia)_{\overline{n}|}^{(m)}=s_{\overline{1}|}^{(m)}(Ia)_{\overline{n}|}=\frac{i}{i^{(m)}}\cdot\frac{\ddot{a}_{\overline{n}|}-nv^n}{i}=\frac{\ddot{a}_{\overline{n}|}-nv^n}{i^{(m)}} \tag{2.47}$$

注意 n期Ⅰ型标准广义变额期末年金，首次年金额是$1/m$，每增加一个利息换算周期，年金额增加额也是$1/m$。

例 2.34 某 3 年期按月付款的年金方式为：第 1 年每月底付款 1 500，第 2 年每月底付款 2 000，第 3 年每月底付款 2 500。用相关年金符号表示该年金的现值。

解 由已知可知，该年金首次年金额是 1 500，而增加额是 500，两者不一致，需要对现金流进行拆分，如图 2.26 所示。

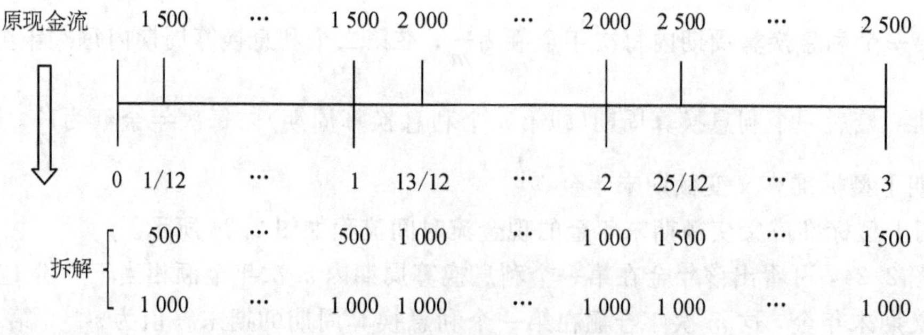

图 2.26 年金的时间流程图

由图可知该年金可分解为 500×12 份 3 年期Ⅰ型标准广义变额期末年金和 1 000×12 份 3 年期第二类标准广义期末年金。

从而可得该年金的现值为 $6\,000\,(I^{(12)}a)_{\overline{3}|}+12\,000a_{\overline{3}|}^{(12)}$。

(2) 付款额的变化与付款期同步

定义 2.15　若某个期末年金中的现金流如下：在每个利息换算周期内的付款次数为 m 次，共有 n 个利息换算周期，首次年金额为 $\frac{1}{m^2}$，随后每次年金额在前一次年金额的基础上增加 $\frac{1}{m^2}$。则称该年金为 n 期Ⅱ型标准广义变额期末年金。

n 期Ⅱ型标准广义变额期末年金的现金流时间流程如图 2.27 所示。

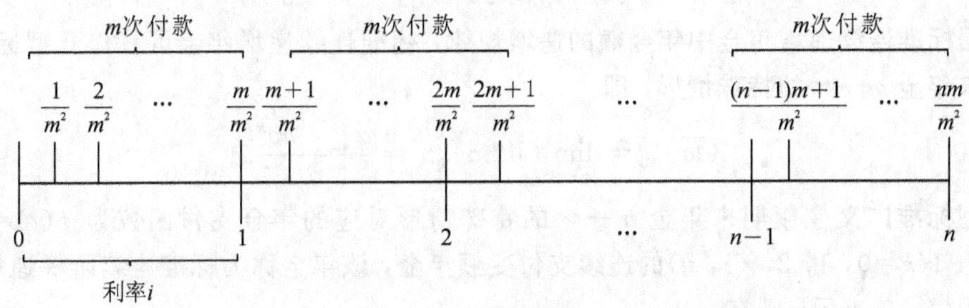

图 2.27　n 期Ⅱ型标准广义变额期末年金的现金流时间流程图

用符号 $(I^{(m)}a)_{\overline{n}|}^{(m)}$ 表示 n 期Ⅱ型标准广义变额期末年金的现值。由图 2.27，可得

$$(I^{(m)}a)_{\overline{n}|}^{(m)}=\frac{v^{\frac{1}{m}}+2v^{\frac{2}{m}}+\cdots+nmv^{n}}{m^2}=\frac{\ddot{a}_{\overline{n}|}^{(m)}-nv^{n}}{i^{(m)}} \tag{2.48}$$

例 2.35　某 3 年期按月付款方式的年金为：第 1 个月底为 150 元，第 2 个月底为 250 元，每月增加 100 元，依此类推，第 3 年底的最后一次付款额为 3 650 元。用相关年金符号表示该年金的现值。

解　类似例 2.34 的解法，所求年金可拆解为 12×12×100 份 3 年期Ⅱ型标准广义变额期末年金和 12×50 份 3 年期第二类标准广义期末年金。

从而可得该年金的现值为 $14\,400\,(I^{(12)}a)_{\overline{3}|}^{(12)}+600a_{\overline{3}|}^{(12)}$。

对于广义变额年金，本书主要介绍了等量期末递增的情形，而对于期初递增、期末递减、期初递减、等比变额等情形下的广义变额年金，限于篇幅，本书不再介绍，其基本原理与等量期末递增的广义变额年金类似，有兴趣的读者可以尝试推导其相关计算。

第六节　连续变额年金

连续变额年金是指年金额在支付期内连续支付且按一定形式变化的年金。通常用函数 $f(t)(t\geqslant 0)$ 表示，这种连续支付的年金额随时间变化而变化，即 $f(t)$ 为 t 时刻瞬时支付年金额速度，称 $f(t)$ 为年金支付函数。

在年实利率 i 或常数利息力 δ 下，在无穷小的区间 $[t,\ t+\mathrm{d}t]$ 内付款金额为 $f(t)\mathrm{d}t$，该金额的现值为 $f(t)v^t\mathrm{d}t$，则对 $[0,\ n]$ 期间所有付款的现值求和，即得 n 年期连续变额年金的现值 PV 的计算公式为

$$\mathrm{PV}=\int_0^n f(t)v^t\,\mathrm{d}t=\int_0^n f(t)\mathrm{e}^{-\delta t}\,\mathrm{d}t \tag{2.49}$$

若年金支付函数 $f(t)=1$，则其对应的年金是标准连续(基本)年金，即

$$\bar{a}_{\overline{n}|}=\int_0^n v^t\,\mathrm{d}t=\int_0^n \mathrm{e}^{-\delta t}\,\mathrm{d}t=\frac{1-\mathrm{e}^{-\delta n}}{\delta}=\frac{1-v^n}{\delta}$$

若年金支付函数 $f(t)=t$，则其对应的年金是标准连续递增年金，其现值用 $(\overline{I}\bar{a})_{\overline{n}|i}$ 表示，则有

$$(\overline{I}\bar{a})_{\overline{n}|i}=\int_0^n tv^t\,\mathrm{d}t=\int_0^n t\mathrm{e}^{-\delta t}\,\mathrm{d}t=\frac{\bar{a}_{\overline{n}|i}-nv^n}{\delta} \tag{2.50}$$

根据标准连续递增年金中年金额的递增规律，标准连续递增年金可看作Ⅱ型标准广义变额期末年金 $m\to\infty$ 的特殊情形，即

$$(\overline{I}\bar{a})_{\overline{n}|i}=\lim_{m\to\infty}(I^{(m)}a)_{\overline{n}|i}^{(m)}=\frac{\bar{a}_{\overline{n}|i}-nv^n}{\delta}$$

Ⅰ型标准广义变额期末年金 $m\to\infty$ 的特殊情形对应的年金支付函数为 $f(t)=k+1$，$k<t\leqslant k+1(k=0,1,2,\cdots,n)$ 的连续支付变额年金，该年金称为标准连续阶梯递增年金，其现值用 $(I\bar{a})_{\overline{n}|i}$ 表示，则有

$$(I\bar{a})_{\overline{n}|i}=\lim_{m\to\infty}(Ia)_{\overline{n}|i}^{(m)}=\frac{\ddot{a}_{\overline{n}|i}-nv^n}{\delta} \tag{2.51}$$

若年金支付函数 $f(t)=n-t$，其对应的年金即标准连续递减年金，其现值用 $(\overline{D}\bar{a})_{\overline{n}|i}$ 表示，则有

$$(\overline{D}\bar{a})_{\overline{n}|i}=\int_0^n (n-t)v^t\,\mathrm{d}t=\int_0^n (n-t)\mathrm{e}^{-\delta t}\,\mathrm{d}t=\frac{n-\bar{a}_{\overline{n}|i}}{\delta} \tag{2.52}$$

若利息力不是常数，即利息力 δ_t 随着时间变化而变化，则该情形下的连续变额年金称为一般连续变额年金，其现值 PV 的计算公式为

$$\mathrm{PV}=\int_0^n f(t)\mathrm{e}^{-\int_0^t \delta_s\,\mathrm{d}s}\,\mathrm{d}t \tag{2.53}$$

例 2.36 设有 10 年期连续年金：利息力为 9%，年金支付函数 $f(t)=9t+6$，计算该年金的现值。

解 所求年金的现值为

$$\mathrm{PV}=\int_0^{10}(9t+6)\mathrm{e}^{-9\%t}\,\mathrm{d}t=9(\overline{I}\bar{a})_{\overline{10}|}+6\bar{a}_{\overline{10}|}=9\,\frac{\bar{a}_{\overline{10}|}-10v^{10}}{\delta}+6\bar{a}_{\overline{10}|}$$

又

$$\bar{a}_{\overline{10}|}=\frac{1-v^{10}}{\delta},\ v^{10}=\mathrm{e}^{-10\delta},\ \delta=9\%$$

可得该年金的现值为 292.36。

习 题

1. 某投资者将在 10 年后退休，他计划从现在开始每年初向基金存入 2 000 元，如果基金的年收益率为 6%，计算他在退休时可以积存多少退休金？

2. 已知半年换算名义利率为 6%，计算下面 10 年期末年金的现值：开始 4 年每半年付款 2 000 元，然后减为每次 1 000 元。

3. 已知半年换算名义利率为 6%，计算下面 10 年期末年金的终值：开始 4 年每半年付款 1 000 元，然后增加为每次 2 000 元。

4. 某人现年 40 岁，现在开始每年初在退休金账号上存入 1 000 元，共计 25 年；然后从 65 岁开始每年初领取一定的退休金，共计 15 年，设前 25 年的年利率为 8%，后 15 年的年利率为 7%，计算每年的退休金。

5. 现有价值相等的两种期末年金 A 和 B，年金 A 在第 1～10 年和第 21～30 年中每年付款 1 元，在第 11～20 年中每年付款 2 元；年金 B 在第 1～10 年和第 21～30 年中每年付款金额为 Y，在第 11～20 年中不付款。若 $v^{10}=1/2$，计算 Y。

6. 某人从现在开始每年初存入 1 000 元，一直进行 20 年；再从第 30 年底开始每年领取一定的金额 X，直至永远，若利率为 3%，计算 X。

7. 小王于 2000 年 5 月 1 日出生，自出生起，他的妈妈将他每年获得的压岁钱中的 600 元存入银行，设每年 1 月 1 日存款(第一次存款发生在 2001 年初)，至其 18 岁上大学为止，共存了 18 次。小王在 2018 年 8 月 1 日获得大学录取通知书时将存款全部取出作为学费，设年利率为 8%，则小王可取得的存款有多少?

8. 某人在今后的 20 年内，每年初向基金存入 1 000 元。从第 30 年开始，每年末可以领取一笔退休金。该基金的年收益率为 6%。

(1) 如果限期领取 20 年，每次可以领取多少?

(2) 如果无限期地领下去(当领取人死亡后，由其继承人领取，依此类推)，每次可以领取多少?

9. 某人于 2010 年 1 月 1 日向某企业投资 20 万元，希望从 2015 年 1 月 1 日到 2019 年 1 月 1 日以每年相等的金额收回资金。若年复利率为 8%，计算其每年应收回的资金。

10. 一笔在 36 年内每年末支付 4 000 元的年金，与另一笔在 18 年内每年末支付 5 000 元的年金有相等的现值，年实利率为 i。计算 1 000 元的投资在年实利率为 i 时，经过多长时间可以翻番?

11. 年利率为 4.5%的 10 万元贷款从第 5 年底开始每年还贷 10 000 元，直至还清。如果最后一次的还款允许大于 10 000 元，计算最后一次还款的数量和时间。

12. 某人希望得到 2 万元存款，其准备以零存整取的方式取得，前 n 年每年末存入 500 元，后 n 年每年末存入 1 000 元，不足部分在第 $2n+1$ 年末存入，以正好达到 2 万元存款本利和。其中利率 $i=4.5\%$，求 n 和最后一次不足部分的存款金额。

13. 李女士贷款 10 万元，每年末还款 15 000 元，每次还款发生在年末，贷款年利率为 8%。最后一次不规则还款(零碎部分)，在最后一次正常回报的下一年内的某个等价时间收回，计算最后一次还款额(不规则还款额)。

14. 对于每年末付款为 1 的 15 年期年金，前 8 年的年利率为 8%，后 7 年的每年计息 12 次的年名义利率为 12%，计算该年金在 15 年末的积累值。

15. 已知某年金半年名义利率为 7%，每 2 年末付款 2 000 元，共计 8 次，计算该年金的现值与终值。

16. 已知某年金年利率为 5%，每 3 年初付款 3 000 元，共计 5 次，计算该年金的现值与终值。

17. 某人购买价值 100 000 元的新车，首付一定金额，余额采用贷款形式，并计划采用等额分期付款方式还款，已知每月底还 2 000 元，期限为 4 年。若月换算名义利率为 12%，计算首付金额。

18. 一项 10 年期的年金，在前 5 年的每季度末付款 1 000 元，后 5 年的每季度末付款 2 000元。如果年实利率为 5%，计算该项年金的现值与终值。

19. 已知年利率为 10%，计算下面 10 年年金的现值：在前 5 年的每季度初支付400 元，后 5 年的每季度初支付 600 元。

20. 每年末付款 750 元的永久年金与每 20 年末付款 750 元的永久年金可用每次付款金额为 R 的 30 年期末年金代替，且年利率为 4%，求 R。

21. 考虑以下期初的广义年金：在 0 时刻付款 3 个货币单位，此后每隔 k 年付款 3 个货币单位，包括 0 时刻总共付款 m 次，年利率为 i。请用基本年金现值或终值符号表示此年金的现值。

22. 一个 10 年期年金中，前 2 年无需付款，后 8 年里每月初支付 R 元年金，年利率为 i，请用相关年金(基本或广义)的符号表示该年金的现值。

23. 有一变额期末年金，其付款额从 1 000 开始，每年增加 300，直到 4 600，若利率为 6%，求该年金的现值。

24. 投资者需要在第 8 年末筹集到 8 万元，为此，第 1 年末存入 X，第 2 年末存入 ($X-500$)，依此类推，即每年递减 500 元，直到第 8 年末存入($X-3\,500$)。假设年利率为 6%，计算 X。

25. 某项目的现金流如下：前 4 年中每月初得到 R 元的回报，后 6 年中每月初得到 $3R$ 元的回报，若要求回报收益率为 i，用相关年金的符号表示该项目现金流的现值。

26. 一项 10 年期年金在第 1 年末的付款为 1 000 元，此后每年增长 10%。如果年实利率为 5%，请计算该项年金的现值。

27. 投资者在第 1 年的每季度初存款 1 个单位，在第 2 年的每季度初存款 2 个单位，依此类推，在第 8 年的每季度初存款 8 个单位。在第 8 年末，投资者取出这笔存款用于购买一项每年末支付 X 的永久年金。假设年实利率为 8%，计算 X。

28. 投资者在未来 20 年的退休金计划如下：从 2015 年初开始，每月末领取 2 000 元，月度退休金每年增加 3%。假设每月复利一次的年名义利率为 6%，请计算该项退休金在 2015 年初的价值。

29. 某一广义变额年金：在 5 年内每季度末付款，第 1 年内每次付款 1 000 元，第 2 年内每次付款 1 200 元，并依此类推，利率为 i，用相关年金的符号表示该年金的现值。

30. 某一期末年金：首付 5 000 元，然后每年支付递减 200 元，直到 10 年，此后固定不变，共再支付 20 年，利率为 i，用相关年金的符号表示该年金的现值。

31. 某一广义变额年金：3 年内每季度末付款，首次付款 300 元，此后每次递增200 元，年实利率为 i，用相关年金的符号表示该年金的现值。

32. 某保险受益人以年金形式从保险公司分期领取 10 万元死亡保险金，每年末领取一次，共领取 25 年，年利率为 3%，在领取 10 年后，考虑未来通货膨胀，保险公司决定通过调整利率至 5%来增加后面 15 年受益人的年领取额，求后 15 年里受益人每年可领取的金额。

33. 投资者在前 2 年的每季度初向基金存入 1 000 元，在后 2 年的每季度初存入 2 000 元，该基金的月换算年名义利率为 12%，计算投资者在第 4 年末的基金余额。

34. 已知 $\delta_t=\dfrac{1}{1+0.5t}$，求 $\bar{a}_{\overline{10|}}$。

35. 已知 $\bar{a}_{\overline{n|}i}=4$，$\bar{s}_{\overline{n|}i}=12$，求常数利息力。

36. 设有 8 年期连续年金：利息力为 4%，年金支付函数 $f(t)=4t+3$，计算该年金的现值。

37. 一项连续支付的年金：第 1 年内连续支付 1 000 元，第 2 年内连续支付 2 000 元，第 3 年内连续支付 3 000 元，依此类推，直到第 10 年内连续支付 10 000 元。设年利率为 5%，求该连续年金的现值。

38. 一项连续支付的年金：第 1 年内连续支付 1 000 元，第 2 年内连续支付 1 500 元，第 3 年内连续支付 2 000 元，依此类推，直到第 10 年内连续支付 5500 元。设年利率为 5%，求该连续年金的现值。

39. A 从 B 处借得 10 000 元，年利率为 4%，计划分 40 次按季度等额偿还。在第 6 年底，B 希望立即收回所有借款，因此将今后接受还款的权利转卖给 C，转卖价格使 C 在今后几年的年收益率达到 6%，计算转卖价格。

40. 某人继承了一笔遗产：从现在开始每年初得到 10 000 元，直到永久，该继承人以年利率 10%将每年的遗产收入存入银行。第 5 年底，在领取第 6 次遗产收入之前，其将剩余的遗产领取权益转卖给他人，买卖双方按市场利率 8%估值，然后将所得转卖收入与前 5 年的储蓄收入合并，全部用于年收益率为 12%的某种投资。若每年底的投资回报是相同的，且总计 30 年，计算每年底的回报金额。

第三章 收益率分析

投资者在投资活动中面对各种投资工具时，除了考虑不同投资工具的风险外，尤其看重不同投资工具的回报或收益。而衡量各种投资工具的收益大小就需要计算收益率，收益率是投资分析中最为重要的基本概念之一。本章将第二章中相对简单的年金方式现金流推广到一般的现金流，从而比较不同现金流下的收益水平。

第一节 现金流分析

评价或比较投资项目的收益率水平，通常采用的是计算其现金流下的收益率。一个投资项目的现金流是指与该项目相关的资金流出和资金流入。一项投资活动往往涉及两个以上个体的活动，其中最简单的情形是只有两个个体，如投资方和融资方。而对于同一项投资活动，现金流量是相同的，但从不同投资个体来看，资金流动方向是相反的。例如，基金投资对于投资者来说都是资金向外流出，而对于投资基金(融资方)本身来说是一个向内的流入。

不同时刻的资金净流入量等于资金流入与资金流出之差。从融资方分析角度，用字母 C_t 表示 t 时刻资金的净流入量；从投资方分析角度，用字母 R_t 表示 t 时刻资金的净流入量。显然，对于同一笔业务，在同一时刻，因为所处角度的不同而得到 C_t 与 R_t。这两个量数值相同、符号相反，即在投资期间的任何时刻 t，有

$$C_t = -R_t$$

例如，在第 3 年底某人获得基金收入 50 000 元，但同时购入 100 000 元基金份额，则有 $C_3 = 50\ 000$，$R_3 = -50\ 000 = -C_3$。

一、净现值

定义 3.1 某投资活动中所有时刻的资金净流入量在投资初始时刻的现值称为净现值(NPV)。

净现值的大小与利率 i 息息相关，净现值也常用 NPV(i)或 $P(i)$表示。若从投资方角度，其计算公式为

$$\mathrm{NPV}(i) = P(i) = \sum_t R_t v^t \tag{3.1}$$

例 3.1 考虑一个 10 年的投资项目，第 1 年初投资者投入 10 000 元，第 2 年初投入 5 000元，然后每年初只需投入维护费用 1 000 元。该项目期望从第 6 年底开始有收益，最初为 8 000 元，此后每年增加 1 000 元。讨论该项目的净现值。

解 设年利率为 i。从投资方角度来看，该项目的现金流如表 3.1 所示，则有

$$\mathrm{NPV}(i) = 1\ 000(-10 - 5v - v^2 - v^3 - v^4 - v^5 + 7v^6 + 8v^7 + 9v^8 + 10v^9 + 12v^{10})$$

表 3.1　例 3.1 投资项目的现金流

时刻 t/年	投入/元	收益/元	R_t/元
0	10 000	0	−10 000
1	5 000	0	−5 000
2	1 000	0	−1 000
3	1 000	0	−1 000
4	1 000	0	−1 000
5	1 000	0	−1 000
6	1 000	8 000	7 000
7	1 000	9 000	8 000
8	1 000	10 000	9 000
9	1 000	11 000	10 000
10	0	12 000	12 000

作 NPV(i)的曲线，如图 3.1 所示。该净现值大小取决于年利率的高低。年利率越高，净现值越小；年利率越低，净现值越大。若 $i>12.9588\%$，净现值为负，反之为正。需要注意的是，净现值为负并不意味着投资该项目亏损。那么对于该投资项目，要如何决策投资呢？由于投资者的风险偏好不同，投资者对于项目所要求的回报率往往也不同，若投资者所要求的回报率大于 12.958 8%，则该项目对于投资者是不可行的；若投资者所要求的回报率小于 12.958 8%，则该项目对于投资者是可行的。

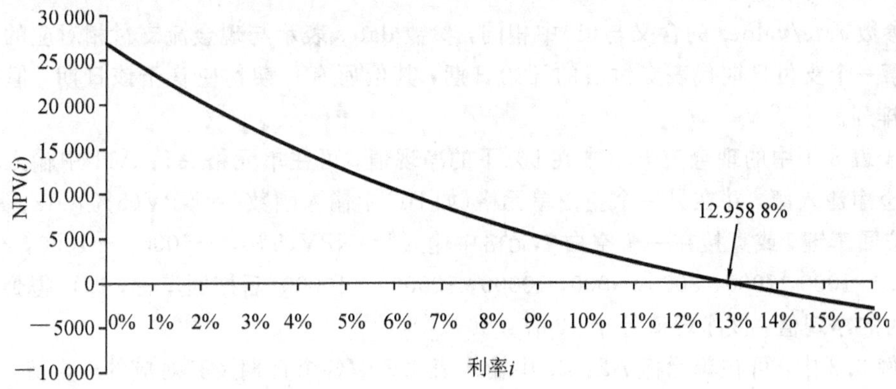

图 3.1　净现值曲线

一般而言，如果用净现值比较不同项目，那么在其他条件相同的情况下，应该优先选择净现值较大且净现值大于 0 的项目进行投资。

例 3.2　考虑一个投资项目，投资者在 2018 年 1 月 1 日初始投入 100 000 元，项目开始后投资不定期获得相关回报(如表 3.2 所示)，求该项目在利率为 5%下的净现值。

表 3.2 例 3.2 投资项目的现金流

日期	R_t/元
2018 年 1 月 1 日	−100 000
2018 年 2 月 25 日	27 500
2018 年 10 月 19 日	42 500
2019 年 2 月 16 日	32 500
2019 年 4 月 2 日	27 500

解 依题意，可得该投资项目的现金流的净现值为

$$-100\,000+\frac{27\,500}{(1+5\%)^{55/365}}+\frac{42\,500}{(1+5\%)^{291/365}}+\frac{32\,500}{(1+5\%)^{411/365}}+\frac{27\,500}{(1+5\%)^{456/365}}$$
$$=24\,813.58(\text{元})$$

Excel 算法：

(1) 已知不同时刻(时间间隔相等)的现金流和给定利率，计算现金流的净现值，其函数为

NPV(rate, value1, [value2], …)

其中，参数 rate 为指定利率，参数 value1，value2，…表示现金流在不同时刻的净流入额，且在时间上具有相等间隔，并且都发生在期末。若第一笔现金流发生在第一期的期初，则第一笔现金必须添加到 NPV 的结果中，而不应包含在值参数中。

(2) 已知不同时刻(时间间隔没有规律)的现金流和给定利率，计算现金流的净现值，其函数为

XNPV(rate, values, dates)

其中，参数 rate/values 的含义与(1)中相同，参数 dates 表示与现金流支付相对应的支付日期表，第一个支付日期代表支付表的开始日期，其他所有日期均应晚于该日期，但可按任何顺序排列。

对于表 3.1 中的现金流 R_t，求在 5%下的净现值。可在单元格 A1：A11 中输入不同时刻的现金净流入额，并在另一个空白单元格(如 B1)中输入函数“＝NPV(5%，A2：A11)＋A1”后按回车键，或直接在一个空白单元格中输入“＝NPV(5%，－5000，－1000，－1000，－1000，－1000，7000，8000，9000，10000，12000)－10000”后按回车键，即可得到年利率为 5%时的净现值，该净现值等于 12 674.56。

在例 3.2 中，可在单元格 A2：B6 中输入表 3.2 中各个日期及其对应的现金流，并在另一个空白单元格(如 C1)中输入函数“＝XNPV(5%，B2：B6，A2：A6)”后按回车键，即可得到年利率为 5%时的净现值，该净现值等于 24 813.58。

二、收益率

定义 3.2 在某投资项目活动中，若存在一利率水平使得所有资金流入的现值与资金流出的现值相等，或使所有资金净流入额的现值之和等于零，则该利率称为投资项目的收益率，也称作内部回报率或内部收益率，简记为 IRR。

根据定义，内部回报率 IRR 是使 NPV 等于零的利率，IRR 直观地评价了在投资期限内的可能年平均收益水平，即

$$\mathrm{NPV}(i) = P(i) = \sum_t R_t v^t = 0$$

例 3.3　(1) 求例 3.1 中投资项目的收益率；

(2) 求表 3.2 中形成的现金流所对应项目的收益率。

解　(1) 令 NPV(i)=0，即

$$-10-5v-v^2-v^3-v^4-v^5+7v^6+8v^7+9v^8+10v^9+12v^{10}=0$$

(2) 设该项目的收益率为 i，依题意，可得

$$-100\,000+\frac{27\,500}{(1+i)^{55/365}}+\frac{42\,500}{(1+i)^{291/365}}+\frac{32\,500}{(1+i)^{411/365}}+\frac{27\,500}{(1+i)^{456/365}}=0$$

Excel 算法：

(1) 定期现金流收益率的计算，其函数为

IRR(values, [guess])

其中，参数 values(必需)表示不同时刻(间隔要相等)的现金流，在 Excel 中通过引用数组或单元格来赋值，这些单元格包含用来计算内部收益率的数字，values 必须包含至少一个正值和一个负值，以计算返回的内部收益率；参数 guess(可选)表示对函数 IRR 计算结果的估计值，多数情况下，不必为 IRR 计算提供 guess 值，如果省略 guess，则假定其为 0.1(10%)。

(2) 非定期现金流的收益率的计算，其函数为

XIRR(values, dates, [guess])

相关参数含义与函数 XNPV、IRR 中的参数一致。

对例 3.3(1)应用 IRR 函数，先在单元格 A1：A11 中分别输入净现金流入−10，−5，−1，−1，−1，−1，7，8，9，10，12，并在另一个空白单元格(如 B1)中输入函数“=IRR(A1：A11)”后按回车键，或直接在空白单元格中输入“=IRR({−10，−5，−1，−1，−1，−1，7，8，9，10，12})”，可得到值 12.958 8%(该单元格格式为百分比，保留小数位数为 4)，即解得 IRR=12.958 8%。对例 3.3(2)应用 XIRR 函数，先在单元格 A2：B6 中输入表 3.2 中各个日期及其对应的现金流，并在另一个空白单元格(如 C2)中输入函数“=XIRR(B2：B6，A2：A6)”后按回车键，可得到值 38.13%，即该项目收益率为 38.13%。

应用收益率进行投资决策时，当投资项目的收益率大于或等于投资者所要求的收益率时，该项目就值得投资；反之，则不值得投资。在例 3.3(1)中，若投资者所要求的收益率不超过 12.958 8%，则该项目是值得投资的。

例 3.4　一个项目的初始投资为 3 000 万元，在第二年初追加投资 1 000 万元。项目在第 1 年末可获得 2 000 万元的收入，在第 2 年末可获得 4 000 万元的收入。求该项目的收益率。

解　该项目的资金净流入为

$$R_0=-3\,000,\ R_1=2\,000-1\,000=1\,000,\ R_2=4\,000$$

收益率应满足下述方程

$$-3\,000+1\,000\,(1+i)^{-1}+4\,000\,(1+i)^{-2}=0$$

由此可求得收益率为

$$i = 1/3$$

Excel 算法公式：

=IRR({−3000，1000，4000})

在前面的例子中，现金流具有唯一对应的收益率(内部回报率)，但由于收益率是方程 NPV(i)=0 的解，而该方程又是一个关于未知利率的高次方程，所以可能存在若干不同的解，即收益率(内部回报率)可能不是唯一的。

例 3.5 投资者在第 1 年初向基金投入 10 000 元，在第 1 年末抽走了年初投资的 10 000元本金并从该基金中借出 11 500 元，在第 2 年末向该基金偿还了 11 550 元结清其账户。计算该项投资的收益率。

解 由已知可得

$$R_0 = -10\,000,\ R_1 = 21\,500,\ R_2 = -11\,550$$

则

$$\text{NPV} = -10\,000 + 21\,500\,(1+i)^{-1} - 11\,550\,(1+i)^{-2}$$

令 NPV=0，可求出

$$i(\text{IRR}) = 5\% \quad 或 \quad 10\%$$

若内部回报率不唯一，则无法利用内部回报率来对投资项目做决策或比较不同投资项目的优劣。当内部回报率不唯一时，是否可以利用净现值进行比较呢？显然也不行。在例 3.5 中，若投资者只要求 4%的收益率，则项目的净现值小于零，该项目不可行，但若投资者要求 7%的收益率，则项目的净现值大于零，该项目又是可行的，显然不合逻辑。在这种情况下，无法用 IRR 和 NPV 进行决策分析。

例 3.6 在例 3.5 中，将“从该基金中借出 11 500 元”改为“从该基金中借出 10 000 元”，其他条件不变，计算该投资的收益率。

解 由已知可得

$$R_0 = -10\,000,\ R_1 = 20\,000,\ R_2 = -11\,550$$

则

$$\text{NPV} = -10\,000 + 20\,000\,(1+i)^{-1} - 11\,550\,(1+i)^{-2}$$

令

$$\text{NPV} = 0$$

可得

$$1\,000 i^2 = -155$$

即无实数解。

三、收益率唯一的条件

从例 3.5 和例 3.6 可知，收益率可能不唯一，甚至有可能不存在。那么在什么情况下收益率存在且唯一？观察例 3.4 中 R_t 的特点，在投资期限内 R_t 的正负符号只改变了一次，先负后正，而例 3.5、例 3.6 中，在投资期限内 R_t 的正负符号改变了两次，即先负到正再到负。那么是否可以根据资金净流入方向改变的次数来判断收益率的唯一性？

笛卡尔符号法则：令 $f(x)$ 为 n 次多项式，即

$$f(x)=a_nx^n+a_{n-1}x^{n-1}+\cdots+a_1x+a_0$$

满足 $f(x)=0$ 的正根个数要么等于相邻的非零系数 $a_n, a_{n-1}, \cdots, a_1, a_0$ 的正、负符号变化次数，要么比它小 2 的倍数；满足 $f(x)=0$ 的负根个数要么等于 $f(-x)$ 中相邻的非零系数 $a_n, a_{n-1}, \cdots, a_1, a_0$ 的正、负符号变化次数，要么比它小 2 的倍数。

根据该定理，可得到投资项目内部收益率唯一性的判断准则。

准则一：项目中所有资金的净流入方向只变化了一次，收益率将是唯一的。

但要注意的是，根据该准则，如果资金净流入方向变化了两次或两次以上，不能说明收益率不唯一或不存在。可采用以下准则来判断。

准则二：若用收益率计算资金在各个净流入时刻的累积值，从投资方角度来看，累积值始终为负，直至最后一次资金净流入时刻才为零，则该收益率是唯一的。

对于资金净流入的现金流 $R_0, R_{t_1}, R_{t_2}, \cdots, R_{t_{n-1}}, R_{t_n}$，用 B_t 表示截至 t 时刻所有已发生的现金流在 t 时刻的终值，即 $B_t=\sum_{k=0}^{n}R_{t_k}(1+i)^{t-t_k}\cdot I\{t_k\leqslant t\}(t_0=0)$。除此之外，$B_t$ 还具有以下递推关系：

$$\begin{cases}B_0=R_0\\ B_{t_k}=B_{t_{k-1}}(1+i)^{t_k-t_{k-1}}+R_{t_k}, \quad k=1,2,\cdots,n\end{cases}$$

准则二可以表达为以下结论。

结论 3.1　若对所有 $0, t_1, t_2, \cdots, t_{n-1}$，有 $B_t>0$，且假定 $-1<i<1$，则 $B_{t_n}=0$ 中的解 i 是唯一的。

证明　假设同时存在两个收益率 i 和 j，使得 $B_{t_n}=0$ 成立。

不失一般性，可以假设 $j>i$，用 i 和 j 表示截至 t 时刻所有已发生的现金流在 t 时刻的终值分别为 B_t 和 B'_t，则有

$$B_0=B'_0=R_0$$

$$B_{t_1}=B_0(1+i)^{t_1}+R_{t_1}<B_0(1+j)^{t_1}+R_{t_1}=B'_{t_1}$$

对于一般的 $k(k=2, 3, \cdots, n)$，若已知 $B_{t_{k-1}}<B'_{t_{k-1}}$，则有

$$B_{t_k}=B_{t_{k-1}}(1+i)^{t_k-t_{k-1}}+R_{t_k}<B'_{t_{k-1}}(1+j)^{t_k-t_{k-1}}+R_{t_k}=B'_{t_k}$$

根据数学归纳法，可推出

$$B_{t_n}<B'_{t_n}$$

而 i, j 是 $B_{t_n}=0$ 的两个解，则

$$B_{t_n}=B'_{t_n}=0$$

这与 $B_{t_n}<B'_{t_n}$ 矛盾。

因此假设条件不成立，即不存在两个解，故解的唯一性得证。

第二节　再投资收益率

前面的讨论基本上都假设每期产生的利息是按照原始本金的利率自动进行再投资的。实际情况可能并非如此，即前期产生的利息在后期进行再投资时所使用的利率不同于原始

投资的利率，这就涉及再投资问题。

例 3.7　假设债券 A 的期限是 5 年，到期收益率为 8%；债券 B 的期限是 8 年，到期收益率为 7%。如果债券 A 和债券 B 的面值和售价相等，风险相同，都是在到期时一次性支付本息，那么投资者应该选择哪只债券呢？

解　若直接根据到期收益率的大小做出决策，即选择债券 A 而拒绝债券 B，则是欠妥当的。因为两者的投资期限不同，债券 A 的期限仅有 5 年，5 年后还存在再投资问题。与债券 B 相比，在债券 A 到期后的 3 年里，若再投资的收益率太低，则可能出现债券 A 未必优于债券 B 的情况。因此，有必要求出临界再投资利率，若债券 A 到期后的 3 年里再投资利率大于该临界值，则债券 A 更优，反之则相反。

若债券 A 与债券 B 等价，债券 A 到期后的 3 年里再投资(年)利率为 j，则债券 A 在第 8 年末的单位本位累积值为 $(1+0.08)^5\ (1+j)^3$，债券 B 在第 8 年末的单位本位累积值为 $(1+0.07)^8$。因此，有

$$(1+0.08)^5\ (1+j)^3 = (1+0.07)^8$$

解此方程可得

$$j = 5.354\%$$

当债券 A 到期后的 3 年里再投资利率大于 5.354%时，投资债券 A 优于债券 B。

本例讨论了由于投资期限不同而导致的再投资问题，后面将主要探讨原始本金产生的利息收入又以新的投资利率进行的再投资。

一、一次性投资的再投资分析

设初始投资为 1 个货币单位，每个计息周期(如 1 年)的直接投资利率为 i，投资的回报方式为每个计息周期收回利息收入，结束时收回本金，同时将每次的利息收入以再投资利率 j 进行再投资，共有 n 个计息周期。该项投资活动的时间流程如图 3.2 所示。

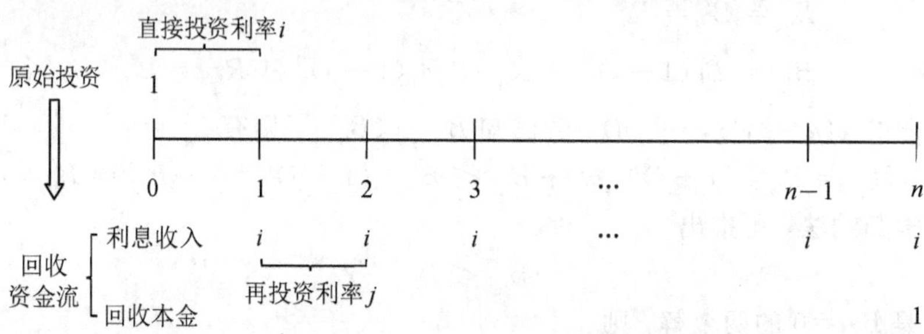

图 3.2　一次性投资的再投资时间流程图

因为利息收入可以进行再投资，所以回收资金流等价于年金额为 i 的 n 期期末年金(使用再投资利率)与 n 期期末的 1 个货币单位之和，即该投资最终在第 n 期末总收回资金总额(累积值)为

$$\mathrm{FV} = 1 + i s_{\overline{n}|j} \tag{3.2}$$

以下分情形讨论：

情形 1：当再投资利率 $j=i$ 时，式(3.2)可化为$(1+i)^n$，即为期末年金的终值计算公

式，从而再投资的最终收益率与直接投资的收益率相等。

情形 2：当再投资利率 $j>i$ 时，有 $1+is_{\overline{n}|j}>1+is_{\overline{n}|i}=(1+i)^n$，从而再投资使得最终收益率大于直接投资收益率。

情形 3：当再投资利率 $j<i$ 时，有 $1+is_{\overline{n}|j}<1+is_{\overline{n}|i}=(1+i)^n$，从而再投资使得最终收益率小于直接投资收益率。

当考虑再投资时，投资的实际收益率(用 r 表示)应介于直接投资收益率 i 与再投资收益率 j 之间。这是因为实际收益率的计算公式为

$$(1+r)^n=1+is_{\overline{n}|j} \tag{3.3}$$

不失一般性，设 $i\geqslant j$，$1+js_{\overline{n}|j}=(1+j)^n\leqslant(1+r)^n\leqslant 1+is_{\overline{n}|i}=(1+i)^n$，从而可得

$$\min(i,\ j)\leqslant r\leqslant\max(i,\ j)$$

例 3.8 若银行贷出 50 万元的 10 年期贷款，年利率为 8%，如果分期还款，则每期还款额以年利率 7%进行再投资，计算以下三种还款方式下的银行贷款实际收益率：

(1) 到期一次还清方式；

(2) 每年还利息、到期还本金方式；

(3) 每年等额分期偿还方式。

解 (1) 到期一次还清方式：由于没有进行再投资，因此实际收益率即为原始贷款利率 8%。

(2) 每年还利息、到期还本金方式：由式(3.2)，可得银行最终回收资金的终值为

$$500\,000(1+8\%s_{\overline{10}|7\%})=1\,052\,657.92$$

由式(3.3)，可得实际收益率 r 满足价值方程

$$500\,000\,(1+r)^{10}=1\,052\,657.92$$

由此得到

$$r=7.73\%<8\%$$

即由于再投资收益率较低，从而导致实际收益率低于贷款利率 8%。

(3) 每年等额分期偿还方式：设每年的还款额为 R，则有

$$Ra_{\overline{10}|8\%}=500\,000$$

银行每年末收回还款额 R 进行再投资，构成年金为 R 的期末年金，则所有还款的再投资终值之和为

$$Rs_{\overline{10}|7\%}=500\,000\frac{s_{\overline{10}|7\%}}{a_{\overline{10}|8\%}}=1\,029\,529.09$$

实际收益率 r 满足价值方程

$$500\,000\,(1+r)^{10}=1\,029\,529.09$$

由此得到

$$r=7.49\%$$

即第三种方式下的实际收益率小于第二种方式下的实际收益率，这是因为第三种方式的还款速度比第二种方式要快，且再投资利率较低，从而导致实际收益率的进一步下降。

二、分期投资的再投资分析

设每个计息周期期初投资 1 个货币单位(即本金以期初年金形式进行投资)，每个计息

周期的投资利率为 i，且投资的回报方式为：每个计息周期期末获得利息收入，投资结束时一次收回所有投资本金。同时将每次获得的利息收入以利率 j 进行再投资。下面考虑投资结束时(第 n 个计息周期期末)的总收益。该投资的时间流程如图 3.3 所示。

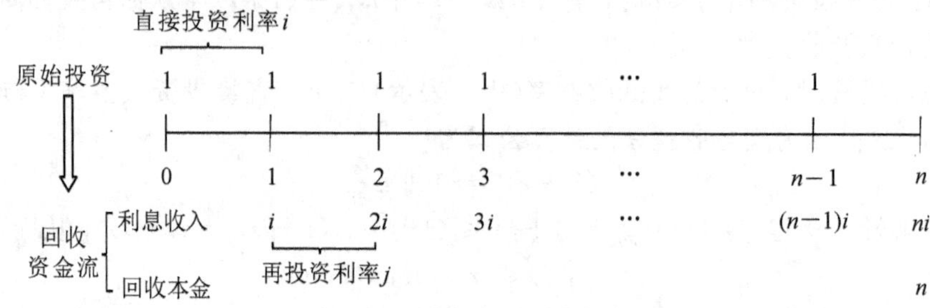

图 3.3　分期投资的再投资时间流程图

根据时间流程图，利息收入的再投资过程等价于 i 份 n 期标准递增期末年金(利率为 j)，因此，该分期投资的最终总收益(总累积值)为

$$\mathrm{FV}=n+i\,(Is)_{\overline{n}|j} \tag{3.4}$$

以下分情形讨论：

当 $j=i$ 时，累积值等于 $\ddot{s}_{\overline{n}|i}$；

当 $j>i$ 时，累积值等于 $n+i\,(Is)_{\overline{n}|j}>n+i\,(Is)_{\overline{n}|i}=\ddot{s}_{\overline{n}|i}$，再投资使最终收益大于直接投资收益；

当 $j<i$ 时，累积值等于 $n+i\,(Is)_{\overline{n}|j}<n+i\,(Is)_{\overline{n}|i}=\ddot{s}_{\overline{n}|i}$，再投资使最终收益小于直接投资收益。

在上述情形中，投资实际收益率 r 介于直接投资回报率 i 与再投资率 j 之间，且满足：

$$n+i\,(Is)_{\overline{n}|j}=\ddot{s}_{\overline{n}|r} \tag{3.5}$$

注意　若分期投资以标准期末年金形式投入，产生利息再投资，则该分期投资的最终总收益(总累积值)和等价收益率 r 的表达式如下：

$$\mathrm{FV}=n+i\,(Is)_{\overline{n-1}|j}=(1+r)^n \tag{3.6}$$

例 3.9　某年金每年初付款 1 000 元，共 8 年，各付款利率为 8%，各付款所得利息的再投资利率为 6%。

(1) 计算第 8 年末的年金积累值；

(2) 若某人在 0 时刻采取一次性支付方式获得上述积累值，需支付多少款项才可达到 10%的收益率。

解　(1) 根据付款情况及各次付款的生息情况，则有

$$1\,000[8+8\%(Is)_{\overline{8}|6\%}]=1\,000\left(8+8\%\,\frac{s_{\overline{9}|6\%}-9}{6\%}\right)$$
$$=11\,321.75\ (\text{元})$$

(2) 设所要支付的款项为 P，则有

$$P=\frac{11\,321.75}{(1+10\%)^8}=5\,281.68(\text{元})$$

第三节 收益率的应用

收益率的主要应用之一是投资基金的收益分析。在第一章有关利率的问题中，假定本金在整个投资期间保持不变，而且所获得的利息收入在计息周期期末支付。在投资基金业务中，这些假设均不成立，而是不断有新的资金投入，也有旧的资金被赎回，而且投资收益或亏损会随着业务的不断发生而产生，且各次资金变动的收益随着发生时间的不同而不同。这些现金流的变化是不规则的。这就需要找到适合投资基金特点的计算收益率的方法。

一、资本加权收益率(投资额加权收益率)

(一) 投资期限为一个利息换算周期的情形

考虑投资期限为一个利息换算周期(通常为 1 年)的情形，并且假定资本投入或提取为有限次。为了方便说明，引入以下符号：

A——投资者在基金开始时的资金量(初始投入)；

B——投资者在基金结束时的资金量；

I——投资期间投资者所获得的利息收入；

C_t——时刻 $t(0<t<1)$ 基金的资金净流入量，$C_t>0$ 表示投资者 t 时刻净投入资金到基金，$C_t<0$ 表示投资者 t 时刻从基金净流出的资金量；

C——投资期内投资者新投入的总资金净流入量，即 $C=\sum\limits_t C_t$；

${}_a i_b$——在时刻 b 投入 1 个单位货币经过时间 a 产生的利息收入，即 b 至 $a+b$ 之间单位投资的利息收入，其中 $a\geqslant 0$，$b\geqslant 0$，$a+b\leqslant 1$。

根据以上符号的含义，有 $B=A+C+I$，由此可得利息收入 $I=B-A-C$。而另一方面，利息 I 等于初始投入与在投资期间所有资金净投入的利息收入(以${}_a i_b$ 表示)之和，即有下面的表达式

$$I=iA+\sum_t C_{t\,1-t}i_t \tag{3.7}$$

若从上述公式计算出收益率 i，需要对${}_{1-t}i_t$ 与 i 的关系作出假定，方能求出收益率。

假定一：复利假设，即${}_{1-t}i_t=(1+i)^{1-t}-1$，则有

$$\begin{aligned}I&=iA+\sum_t C_{t\,1-t}i_t=iA+\sum_t C_t\left[(1+i)^{1-t}-1\right]\\&=iA+\sum_t C_t\,(1+i)^{1-t}-C\end{aligned}$$

通过数值计算或借助相关计算软件可解出收益率 i，但这在实际应用中常常有不便之处。

假定二：线性假设，即${}_{1-t}i_t=(1-t)i$，则在该假设下利息计算公式可简化为

$$I=iA+\sum_t C_t(1-t)i=i\Big[A+\sum_t C_t(1-t)\Big]$$

从而可以解出收益率 i：

$$i=\frac{I}{A+\sum_{t}C_t(1-t)} \tag{3.8}$$

一般把式(3.8)称为资本加权收益率或投资额加权收益率计算公式。其中，分子就是利息收入，而分母是加权平均资本或加权平均投资额，即每笔投资金额均按照该金额投入的时刻 t 与时刻 1 之间时间段的长短进行加权，如期初投资额 A 将在整个时期内产生利息，所以权数为 1，而 t 时刻的新增净投资额 C_t 产生利息的时间长度为 $1-t$，所以其权数为 $1-t$。

资本加权收益率的计算公式是在类似于单利的假设下得到的，所以严格地说它并不是实利率，但在许多情况下(特别当 C_t 相对于 A 很小时)，这个结果非常接近于实利率，实际应用中通常对式(3.8)做进一步的简化。

根据第一章所学的等时间法，先计算所有新的净投入的平均时间 $k=\sum_{t}\frac{C_t}{C}t$，即所有投资额 $C=\sum_{t}C_t$ 可看作 $t=k$ 时刻集中投入，根据式(3.8)，则有

$$i=\frac{I}{A+(1-k)C}=\frac{I}{kA+(1-k)B-(1-k)I} \tag{3.9}$$

若所有新的净投入的时刻以 $t=0.5$ 呈对称分布，且所有净投入额也大致呈对称分布，则该条件称为 C_t 对称分布，即等价于所有 C_t 的发生时间都在 $t=1/2$ 时刻，则有

$$i=\frac{2I}{A+B-I} \tag{3.10}$$

式(3.10)是基于 C_t 对称分布的假设，计算时只考虑期初资金、利息收入和期末资金三项，就可近似计算出基金的收益率，十分便利，因而在实际应用中经常被用来进行粗略评估，如保险监管部门用这种方法对保险公司的投资收益率进行了解。对于不满足 C_t 对称分布的假设，利用该方法会产生较大误差。

例 3.10 2017 年初某基金有资金 10 000 元，在 4 月末新投入资金 5 000 元，在 6 月末赎回资金 2 000 元，8 月末再投入 4 000 元，到年底，基金余额为 18 000 元。利用式(3.8)、式(3.9)、式(3.10)分别计算基金收益率。

解 对于投资时间，采用“30/360”规则，由已知可知

$$A=10\,000,\ C_{1/3}=5\,000,\ C_{1/2}=-2\,000,\ C_{2/3}=4\,000,\ B=18\,000$$

进一步可得

$$C=7\,000,\ I=B-A-C=1\,000$$

(1) 由式(3.8)，可得

$$i=\frac{I}{A+\sum_{t}C_t(1-t)}=\frac{1\,000}{10\,000+5\,000\times 2/3-2\,000\times 1/2+4\,000\times 1/3}$$

$$=7.317\%$$

(2) $$k=\frac{1}{7\,000}\left(5\,000\times\frac{1}{3}-2\,000\times\frac{1}{2}+4\,000\times\frac{2}{3}\right)\approx 0.476\,19$$

由式(3.9)，可得

$$i=\frac{I}{A+(1-k)C}=\frac{1\,000}{10\,000+(1-0.476\,19)\times 7\,000}=7.317\%$$

(3) 由式(3.10)，可得

$$i=\frac{2I}{A+B-I}=\frac{2\times 1\,000}{10\,000+18\,000-1\,000}\approx 7.407\%$$

在例 3.10 中，由式(3.8)和式(3.9)计算出来的收益率相等，这是因为这两个公式是完全等价的，即

$$i=\frac{I}{A+\sum_t C_t(1-t)}=\frac{I}{A+C-\sum_t tC_t}$$

$$=\frac{I}{A+C\left(1-\sum_t t\frac{C_t}{C}\right)}=\frac{I}{A+C(1-k)}$$

由式(3.10)计算出来的收益率与资本加权收益率的误差较小，这主要由于该例中 C_t 大致呈对称分布。

另外，若本例中收益率的计算采用复利假设，即${}_{1-t}i_t=(1+i)^{1-t}-1$，则有

$$10\,000(1+i)+5\,000\,(1+i)^{2/3}-2\,000\,(1+i)^{1/2}+4\,000\,(1+i)^{1/3}=18\,000$$

由数值方法或 Excel 中单变量求解(见第一章介绍)，可求得 $i=7.346\%$。可见资本加权收益率与真实收益率(复利)非常接近，但前者在计算上有较大优势，因此，在实际应用中较为广泛。

对于例 3.10，投资时间也可采用“实际/365”规则，虽然这会引起 C_t 中 t 值的小范围变化，但对收益率最终结果的影响很小。

例 3.11　某保险公司 2019 年的经营数据如下：

年初资产：10 000 000(1000 万)；保费收入：1 000 000(100 万)；

保单赔付：420 000(42 万)；投资毛收入：530 000(53 万)；

投资费用：20 000(2 万)；其他费用：180 000(18 万)。

近似计算该公司在这个年度的实际收益率。

解　由已知，可得 $A=10\,000\,000$，投资净收入

$$I=\text{投资毛收入}-\text{投资费用}=530\,000-20\,000=510\,000$$

新投入的资本量

$$C=\text{保费收入}-\text{保单赔付}-\text{其他费用}=1\,000\,000-420\,000-180\,000=400\,000$$

从而有

$$B=A+C+I=10\,910\,000$$

因为没有更多的现金流的信息，从而利用近似公式计算，即由式(3.10)，可得

$$i=\frac{2I}{A+B-I}=5\%$$

(二) 投资期限超过一个利息换算周期的情形

假设投资期限为$[0,\ t_n]$，投资者在基金中不同时刻的资金余额和净投入量分别为 B_0，B_{t_1}，B_{t_2}，…，$B_{t_{n-1}}$，B_{t_n} 和 C_0，C_{t_1}，C_{t_2}，…，$C_{t_{n-1}}$，则在复利方式下，有

$$B_{t_n} = B_0\ (1+i)^{t_n} + \sum_{k=0}^{n-1} C_{t_k}\ (1+i)^{t_n - t_k} \tag{3.11}$$

其中，i 为实利率，B_{t_k} 表示在 t_k 时刻且 C_{t_k} 未投入前瞬间的基金余额。通过数值计算或利用相关软件可从式(3.11)中反解出 i。

例 3.12　某股民的股票买卖和资金账户的情况如表 3.3 所示。求该股民在此投资期间的年投资收益率。

表 3.3　股民的股票买卖交易情况

时间/年	交易情况	交易手续费	红利分配
0	买入 100 手股票，每股 6 元	1.50%	无
0.5	买入 50 手股票，每股 5 元，同时用分配红利买入股票	1.50%	0.2 元/股
1	买入 16 手股票，每股 4.5 元	1.50%	无
1.25	在分配红利后，以每股 5.6 元卖出所持有股票	2%	0.25 元/股

解　设该股民的年投资收益率为 i，由已知可得

$$C_0 = 10\,000 \times 6 \times (1 + 1.5\%) = 60\,900(\text{元})$$

$$\begin{aligned} C_{0.5} &= -10\,000 \times 0.2 + 10\,000 \times 0.2 \times (1+1.5\%) + 5\,000 \times 5 \times (1+1.5\%) \\ &= 25\,405(\text{元}) \end{aligned}$$

$$C_1 = 1\,600 \times 4.5 \times (1 + 1.5\%) = 7\,308(\text{元})$$

当 $t=1.25$ 时，该股民获得的总收入为

$$\begin{aligned} B_{1.25} &= [(100+50+16)\times 100 + 10\,000 \times 0.2/5] \times [0.25 + 5.6 \times (1 - 2\%)] \\ &= 97\,546(\text{元}) \end{aligned}$$

则由式(3.11)可得方程

$$B_{1.25} = C_0(1+i)^{1.25} + C_{0.5}(1+i)^{1.25-0.5} + C_1(1+i)^{1.25-1}$$

$$97\,546 = 60\,900(1+i)^{1.25} + 25\,405(1+i)^{0.75} + 7\,308(1+i)^{0.25}$$

可解得

$$i \approx 4.044\%$$

Excel 算法：

(1) IRR 法：以 0.25 年为时间间隔，对投资者而言，其现金流为－60 900，0，－25 405，0，－7 308，97 546，根据 IRR 函数用法，在一个空白单元格中输入“＝IRR({－60900，0，－25405，0，－7308，97546})”后按回车键，可得季实利率为 0.995 9%(需设置单元格格式为百分比，小数位数为 4 位)。进一步，可算出年实利率为(1＋0.995 9%)^4－1＝4.044%。

(2) 单变量求解法：在 B1 单元格内输入“＝60900 * (1＋A1)^1.25＋25405 * (1＋A1)^0.75＋7308 * (1＋A1)^0.25”，点击 Excel“数据”选项中“假设分析”或“模拟分析”的下拉功能项“单变量求解”，在出现的窗口(见图 1.7)中，在目标值栏中输入“97546”，在可变单元格栏中输入“A1”，两次确定后，可以看到在单元格 A1 中的值为 0.040 44。

二、时间加权收益率

在资本加权收益率的计算中，不同时期投入、赎回的资金额对收益率的影响很大。若在高收益期投入或保持的资金量较大，而低收益期投入或保持的资金量较小，则总体收益率就会较高。资本加权收益率所计算的是特定期间特定投资行为的收益率，与具体的投资相关。如果要衡量基金管理者(经理人)的业绩，资本加权收益率就无能为力了，因为它会受到投资额增减变化的影响，而投资额的增减变化是由投资者个人决定的，与基金管理者的决策无关。因此，衡量基金管理者的业绩需要使用时间加权收益率。时间加权收益率是剔除资金额增减变化的影响以后计算的收益率。

假设在投资期限$[0, t]$内，投资账户有$m-1$次资金投入或提取，即在时刻t_1，t_2，…，t_{m-1}($0<t_1<t_2<\cdots<t_{m-1}$)的净投入分别为C_1，C_2，…，C_{m-1}，资金变动情况如图 3.4 所示。其中B_k表示在t_k时刻且C_k未投入前瞬间的基金余额，B_0、B_m表示基金在投资初始时刻和结束时刻的余额，j_k表示在时间段$[t_{k-1}, t_k]$内的实利率($k=0, 1, \cdots, m$, $t_0=0$, $t_m=t$)。

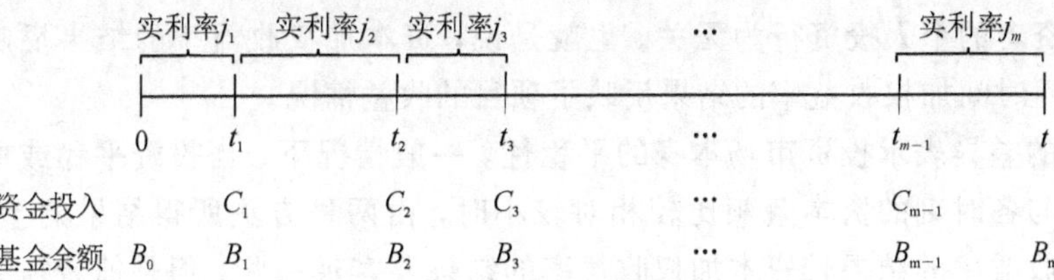

图 3.4　资金变动情况图

由各记号的意义，则有

$$B_k=(1+j_k)(B_{k-1}+C_{k-1})$$

则

$$j_k=\frac{B_k}{B_{k-1}+C_{k-1}}-1$$

由此定义投资期间的收益率i为满足以下方程的解：

$$(1+i)^t=(1+j_1)(1+j_2)\cdots(1+j_m)=\prod_{k=1}^{m}(1+j_k)$$

进而可以表示为

$$i=\prod_{k=1}^{m}(1+j_k)^{1/t}-1 \tag{3.12}$$

由式(3.12)计算出来的收益率称为时间加权收益率，其测度了基金管理者的实际管理能力，而资本加权收益率则测度了基金账户的实际收益情况(与基金投资者的行为相关联)。

例 3.13　某项投资 1 月 1 日价值 10 万元；5 月 1 日该项目的投资价值上升至 112 000 元，同时又投入 3 万元；11 月 1 日，项目投资价值下降到 125 000 元，同时又赎回 42 000 元；年末项目投资价值又上升至 10 万元。计算：(1) 资本加权收益率；(2)时间加权收益率。

解　(1) 由题意知

$$A=100\,000,\ B=100\,000,\ C=30\,000-42\,000=-12\,000,$$

$$I=B-A-C=12\,000$$

根据式(3.8)及资金投入、赎回的时间，则有

$$i=\frac{12\,000}{100\,000+\frac{2}{3}\times 30\,000-\frac{1}{6}\times 42\,000}\approx 10.62\%$$

(2) 根据时间加权收益率的计算公式，即由式(3.12)可得

$$i=\frac{112\,000}{100\,000}\times\frac{125\,000}{112\,000+30\,000}\times\frac{100\,000}{125\,000-42\,000}-1\approx 18.78\%$$

下面对例3.13中资本加权收益率和时间加权收益率的结果进行比较分析。

时间加权收益率的结果明显大于资本加权收益率的结果。这一点可以从三个时间段的投资收益分析得到解释：在前4个月和最后2个月的投资效益很好，中间6个月的效益则较差，而恰好是在效益差的时期投入了新的资金，在效益好的时期提取了部分资金，所以单独从资金的变化来看，收益率必然不高。资本加权收益率的结果10.62%只代表投资者在这个项目中的投资效果，而时间加权收益率的结果18.78%则表示投资基金本身的运行情况，它与投资者的个人投资行为无关。也就是说，资本加权收益率的结果反映了投资者的投资效果，而时间加权收益率的结果反映了项目的收益情况。

两种结果的差异表示投资市场本身的平稳性。一般情况下，当投资平稳或中间新投入或提取的资金与各时刻的资本余额比较相对较小时，由两种方法所得结果的差异也较小。虽然时间加权收益率的结果较资本加权收益率的结果要客观一些，但是前者需要掌握更多的投资信息，如每次资本变动时的投资余额，这一点有时很难做到。

三、投资组合法与投资年法

若一个投资基金为多个投资人共有，其中每个投资人在投资基金中占有一定的比例，但每个投资人的资金不进行单独投资，而是通过基金进行整体投资，其投资收益随基金的总体收益变化而变化，那么如何平等地在各个投资人中分配收益呢？

(一) 投资组合法

最简单且常用的方法是投资组合法。所谓投资组合法，就是计算出一个基于整个基金所得的总收益(已扣除相关费用后)，然后根据每个投资人的资金账户所占比例与投资时间长度分配基金收益。采用这种方法时，对于每个投资者，无论其从何时开始参加投资，在每个投资年度的年收益率都是一样的，在短时间内，该种方法简单易行。但如果投资期限较长，特别是利率波动较大时，采用投资组合法就会存在较大的不公平性。如在投资收益波动时期，若投资收益上升，则容易引起阻止新资金的投入或吸引更多的投资者参加基金。例如，基金目前的收益率为15%，但由于受旧有资金在过去可能是8%或更低的收益率的影响，整体平均收益可能只有10%，而实际上新的投资应获得15%的收益，因而影响新的资金加入。同样，若投资收益下降，当采用投资组合法分配收益时，对于早期的投资者而言又不公平，因为新增投资会拉低他们的平均收益水平，从而可能导致旧有资金的撤走。

例3.14 某基金有两个投资人，甲年初在基金中有资金1万元，年中又投入1万元，乙年初有2万元。假设基金在上半年中的半年收益率为10%，在下半年中的半年收益率为

20%。利用投资组合法计算甲、乙应分得的收益。

解　由已知，可知

$$基金年末价值 = [(10\,000 + 20\,000) \times 1.1 + 10\,000] \times 1.2 = 51\,600(元)$$

$$基金总收益 = 51\,600 - (10\,000 + 20\,000 + 10\,000) = 11\,600(元)$$

由投资组合法，根据每个投资人的资金账户所占比例与投资时间长度分配基金收益。这里以半年间隔为单位时间，则甲应分得的收益为

$$\frac{10\,000 \times 2 + 10\,000 \times 1}{10\,000 \times 2 + 20\,000 \times 2 + 10\,000 \times 1} \times 11\,600 = 4\,971.43(元)$$

乙应分得的收益为

$$\frac{20\,000 \times 2}{10\,000 \times 2 + 20\,000 \times 2 + 10\,000 \times 1} \times 11\,600 = 6\,628.57(元)$$

在例 3.14 中，若能对每个投资人的收益进行单独核算，其结果应是甲应分得的收益为

$$10\,000 \times 1.1 \times 1.2 + 10\,000 \times 1.2 - 20\,000 = 5\,200(元)$$

乙应分得的收益为

$$20\,000 \times 1.1 \times 1.2 - 20\,000 = 6\,400(元)$$

单独核算与投资组合法相比，甲投资人获得的收益更多。因此，若基金采用投资组合法分配收益，则甲投资人极有可能放弃追加投资。但在现实中，基金运作远远比例子复杂，一方面资金是集中进行投资的，另一方面，资金常分散投资到不同的投资标的中，造成各种标的的收益率各异且无法区别在不同标的上的资金来源，因此，准确单独核算各投资人的收益是不可能的。在基金投资期间收益率波动不大的情况下，采用投资组合法是较为公平的一种分配收益方式，而在市场利率波动较大或单边上升及单边下降的情况下，使用投资组合法就不适宜了，这时应采用另一种方法——投资年方法。

（二）投资年方法

投资年方法在分配收益时要考虑投资时间和分配收益的时间。若收益率上升，则新投入资金的收益率会超过按照投资组合法计算的收益率。实务中，投资年方法要比投资组合法复杂很多。一般先按照投资年方法计算，若干年后，再按照投资组合的方法计算。根据投资基金的运作情况，选择一定的期限，如 10 年、5 年等，在这一期间内的投资，利用投资年法，而超过这一期间的投资，利用投资组合法。下面通过范例介绍投资年法。

按最初投资时间和投资所持续的时间，以及与各时间相联系的利率，制订一个二维收益率表。为简便起见，假设所有时间均按照日历年计算，而且所有的资金投入和赎回均发生在 1 月 1 日。

设 z 为基金最初成立的日历年份，y 为投资者投资时的日历年份，m 是应用投资年方法的年数，即若投资时间未满 m 年，则利用投资年法计算收益率，若超过 m 年，则超过部分按投资组合法计算收益率。y 年的投资在第 t 年的收益率记为 i_t^y（$t=1, 2, \cdots, m$；$y=z, z+1, \cdots$）；当 t 超过 m 时，y 年的投资在第 t 年的收益率记为 i^{y+t-1}（$t=m+1, \cdots,$；$y=z, z+1, \cdots$），如图 3.5 所示。

以 $m=5$ 为例，构造一个二维收益率表，如表 3.4 所示。

若计算某投资者在某投资年度的收益率，首先根据投资者进入基金的原始年份，在第

一列找到相应的该投资者原始投资年(y)，接下来，根据投资者所要查询的 y 年的原始投资在第 t 年的收益率，若投资年度未超过 m 年，沿水平方向找到对应的第 t 个投资年度，该值即为所要查询的收益率，但若投资年度超过 m，则应继续沿列方向向下找到对应年份下的收益率。

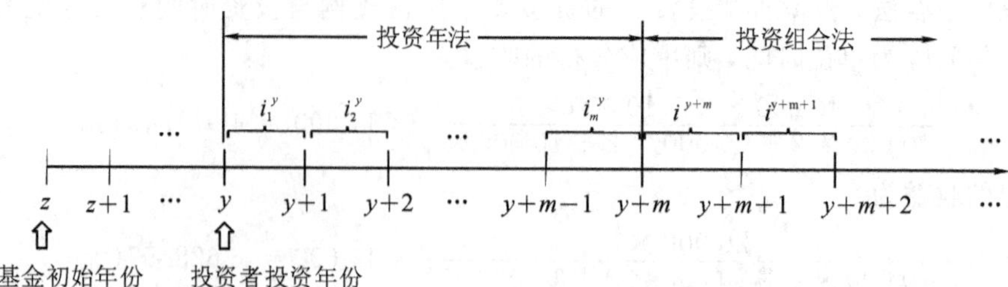

图 3.5 投资年方法与投资组合法

若查找某给定年度的收益率，则先找到对应的年份，沿倒对角线方向向右上方排列的一组利率都是这一年不同的投资者可能的利率。如在 $z+5$ 年份，利率可能为 9.25%、9.10%、9.10%、8.90%、8.50%、8.10%，分别表示在 $z+5$、$z+4$、$z+3$、$z+2$、$z+1$、z 年份开始投资基金的投资者在相应第 1、2、3、4、5、6 年对应的收益率。

表 3.4 收益率表 %

原始投资年 y	投资年收益率					投资组合收益率	年份
	i_1^y	i_2^y	i_3^y	i_4^y	i_5^y	i^{y+5}	$y+5$
z	8.00	8.10	8.10	8.25	8.30	8.10	$z+5$
$z+1$	8.25	8.25	8.40	8.50	8.50	8.35	$z+6$
$z+2$	8.50	8.70	8.75	8.90	9.00	8.60	$z+7$
$z+3$	9.00	9.00	9.10	9.10	9.20	8.85	$z+8$
$z+4$	9.00	9.10	9.20	9.30	9.40	9.10	$z+9$
$z+5$	9.25	9.35	9.50	9.55	9.60	9.35	$z+10$
$z+6$	9.50	9.50	9.60	9.70	9.70		
$z+7$	10.00	10.00	9.90	9.80			
$z+8$	10.00	9.80	9.70				
$z+9$	9.50	9.50					
$z+10$	9.00						

在投资基金实务中，投资年方法要复杂得多，主要原因是：

(1) 年度内的收益率也可能按月、按季经常变化。

(2) 新投入或赎回的资金可以发生在一年中的任何一天。收益率是按照日历期间确定的，而收益则按照投资经历的各个期间及各期间的收益率确定。

例 3.15　某基金成立于 2009 年 1 月 1 日，若某投资者于 2011 年初投资 5 000 元(扣除费用后)至基金中。计算：(1) 该投资者在 2014 年底基金中的资金余额；(2) 该投资者在 2019 年底基金中的资金余额。

解　(1) 从 2011 年初到 2014 年底共有 4 年，由表 3.4 可知，每年收益率依次为 8.50%、8.70%、8.75%、8.90%，则该投资者在 2014 年底基金中的资金余额为

$$5\,000(1+8.5\%)(1+8.7\%)(1+8.75\%)(1+8.9\%)=6\,983.71(\text{元})$$

(2) 从 2011 年初到 2019 年底共有 9 年，由表 3.4 可知，每年收益率依次为 8.50%、8.70%、8.75%、8.90%、9.00%、8.60%、8.85%、9.10%、9.35%，则该投资者在 2019 年底基金中的资金余额为

$$5\,000(1+8.5\%)(1+8.7\%)(1+8.75\%)(1+8.9\%)(1+9.0\%)\cdot$$
$$(1+8.6\%)(1+8.85\%)(1+9.1\%)(1+9.35\%)=10\,735.31(\text{元})$$

习　题

1. 已知以下投资方式：当前投入 7 000 元，第 2 年底投入 1 000 元。回报方式为：第 1 年底收回 4 000 元，第 3 年底收回 5 500 元。分别计算在利率为 9%、10%下投资项目的净现值。

2. 已知某投资的内部回报率为 r，且在该投资中，$C_0=3\,000$ 元，$C_1=1\,000$ 元，$C_2=-2\,000$ 元，$C_3=-4\,000$ 元。计算 r。

3. 某投资者第 1 年末投资 7 个货币单位，第 2 年末投资 1 个货币单位，而第 1 年、第 3 年末分别收回 4 个货币单位和 5.5 个货币单位，求该现金流的内部收益率。

4. 每年初存款，存款利率为 4%，且每年的利息收入以 3%的利率进行再投资，第 10 年底收回所有资金共 6 万元，计算每年的存款金额。

5. 甲将 2 000 元一次投入，投资期间为 10 年，年利率为 17%，每年末收回利息并再投资，其再投资利率为 11%；乙在 20 年内每年底投资 150 元，年利率为 14%，每年末收回利息，而且收回的利息再以 11%的年利率再投资。计算甲在第 10 年底的累积利息收入和乙在第 20 年底的累积利息收入。

6. 甲每年初付款 1 000 元，共 8 年，付款利率为 8%，各付款所得利息的再投资利率为 6%，计算该项投资的等价收益率。

7. 某投资业务中，直接投资的利率为 6%，投资所得利息的再投资收益率为 3%，某人为在第 6 年末获得 6 000 元，采取每年末投资相等的一笔款 Y 元，共 6 年。计算 Y。

8. 某投资基金年初投资 10 000 元，3 月末又投入资金 2 500 元，9 月末抽回资金 4 000 元，假设 ${}_{1-t}i_t=(1-t)i$，年收益率为 12%，计算年末基金的资金量。

9. 某投资基金在年初有 100 000 元，年末有 136 000 元，当年毛利息为 12 000 元，投资费用为 1 000 元，计算近似资本加权收益率。

10. 年初建立一项投资基金，1 月 1 日初始存款为 10 万元；4 月 1 日基金账户价值为 11.2 万元，再增加 3 万元的投资；10 月 1 日账户价值为 12.5 万元，抽走 4.2 万元；第二年 1 月 1 日投资基金价值变为 10 万元。计算资本加权收益率和时间收益率。

11. 某人在第 1、2 年初各投资 1 个货币单位到某基金，第 1 年末积累到 1.2 个货币单位，第 2 年末积累到 2.2 个货币单位，计算时间加权收益率与资本加权收益率的差。

12. 年初某投资基金账户有 500 万元，到 4 月 1 日其金额增加到 600 万元，到 11 月 1 日其值下降到 550 万元，此时基金又新增 30 万元，到年底，该基金账户仍有 500 万元，计算该基金年度收益率。

13. 2010 年 1 月 1 日，某项投资价值 20 万元；2010 年 5 月 1 日，该项投资价值升至 22.4 万元，同时又投入 6 万元资金；到 2010 年 11 月 1 日，投资价值降到 25 万元，同时资金被抽回 8.4 万元，年末投资价值又升为 19 万元。计算该基金的时间加权收益率。

14. 某开放式基金在 2016.3.31—2017.3.31 期间，单位基金资产净值分别为 1.040 (2016.3.31)、1.049 3(2016.6.30)、0.967 4(2016.9.30)、0.900 3(2016.12.31)、0.967 5 (2017.3.31)。甲投资者在 2016 年 3 月 31 日买入基金共 20 800 元，2016 年 6 月 30 日卖出基金 15 000 元，2016 年 9 月 30 日买入基金 9 674 元，2016 年 12 月 31 日又投入 10 000 元。求：(1) 该投资者 2016 年 6 月 30 日、2016 年 9 月 30 日、2016 年 12 月 31 日、2017 年 3 月 31 日的基金余额(不含该时点上买卖的基金份额)；(2) 投资者在 2016.3.31—2017.3.31 期间的年回报率；(3) 基金本身在 2016.3.31－2017.3.31 期间的年收益率。

15. 某股民的股票买卖和资金账户的情况如表 3.5 所示。求该股民在此投资期间的年投资收益率(利用 Excel 中单变量求解法或相关数值方法)。

表 3.5 某股民的股票买卖和资金账户情况

时间/年	交易情况	交易手续费	红利分配
0	买入 100 手股票，每股 6 元	1.5%	无
0.5	买入 50 手股票，每股 5 元，同时用分配红利买入股票(手续费另付)	1.5%	0.2 元/股
1	卖出 24 手股票，每股 5.5 元	2%	无
1.25	在分配红利后，以每股 5.4 元卖出所持有股票	2%	0.25 元/股

注：1 手＝100 股。

16. 已知某项目年收益计算方式如下：$1+i_t^y=(1.08+0.005t)^{1+0.01(y-2010)}$，$y$ 为投资年，t 为投资后第 t 年，若在 2016 年初投资 1 000 元，共持有期限为 3 年，计算该投资等价的年平均利率。

17. 某基金有甲、乙两个投资人，甲在年初投入资金 10 000 元，年中又投入 10 000 元；乙在年初投入资金 20 000 元，年中抽出资金 10 000 元。该基金上半年收益率为 10%，下半年收益率为 20%。利用投资组合法计算甲、乙应分得的收益。

18. 设某一基金设立于 2005 年初，若某投资者在 2007 年初投资 5 000 元，在 2009 年初追加投资 8 000 元，在 2012 年底取回 6 000 元(基金采用资金后进先出)，根据本书表 3.4，计算到 2015 年底该投资者的基金的总价值。

第四章　债务偿还方法

现实的经济生活离不开资金融通，而资金融通必然涉及资金借贷和债务偿还。债务偿还的方式一般有以下三种：

(1) 满期偿还。借款者在贷款期满时一次性偿还贷款的本金和利息。

(2) 分期偿还。借款者在贷款期内，按一定的时间间隔，分期偿还贷款的本金和利息。

(3) 偿债基金。借款人为偿还债务成立偿债基金并在指定期限内分期拨款存入基金，在期限届满时该基金累计起一笔足够款项以偿还到期的借款本金。如在债券市场中，一般的债券发行多附有要求借款人设立偿债基金的条款。

第一种方式十分简单，可以根据贷款额、贷款利率以及贷款期限，利用公式 $A(1+i)^n$ 计算，因此，本章主要介绍分期偿还法和偿债基金法。

第一节　等额分期偿还法

在分期偿还法中，人们需要关心以下指标的计算：每期需要偿还的金额；在每次偿还的金额中，偿还本金以及支付利息的大小；在特定时点上，未偿还的债务或未偿还的本金大小。本节主要介绍每次偿还额相等且利息换算周期与支付周期相等的分期偿还法。

一、未结贷款余额

分期偿还债务的各期偿还款形成一种年金形式。有关分期偿还的许多问题，都可以通过年金理论进行分析。按照贷款利率计算的分期偿还款额的现值就是贷款金额。这个贷款金额也可以称为时刻 0 的贷款余额。在实务中，很有必要了解各个时刻的贷款余额，这个贷款余额就是借款人在该时刻一次性偿还剩余贷款的额度，常把这个余额称作“未结贷款余额”“未还贷款本金”或“剩余贷款债务”。例如，某家庭现有一个 30 年的住房抵押贷款的分期还贷款，在付款 12 年后因为意外的一笔收入，希望一次将余款付清，应付多少？即求未结贷款余额。

一般有两种等价的方法来计算未结贷款余额，即过去法和未来法。过去法是基于已经历时间的贷款及还款额的积累值而计算贷款余额的方法。而未来法是根据未来还款额的折现值计算未结贷款余额的方法。在整个贷款期限中，若贷款利率保持不变，可以证明两种方法的结果是一致的。

首先，在贷款之初，有

原始贷款金额＝今后所有还款额的现值之和

其次，将上式两边同时累积到还款期间的某个时刻，则有

原始贷款金额在该时刻的累积值＝所有分期还款额在该时刻的价值之和

其中，等式右边又可以分成过去还款额在该时刻的累积值与未来还款额在该时刻的现值两部分，即前者为终值，后者为现值。因此，上式又可以表示为

原始贷款金额的累积值＝过去还款额的终值＋未来还款额的现值

进一步，有

原始贷款金额的累积值－过去还款额的终值＝未来还款额的现值

则上述等式的右边表示未来法下未结贷款余额，等式左边表示过去法下未结贷款余额，两者计算出的未结贷款余额相等。

用符号 B_t 表示时刻 t 的未结贷款余额，即表示第 t 次还款后瞬间的未结贷款余额。为了区别所采用的计算方法，分别用 B_t^p 和 B_t^r 表示未来法和过去法的计算结果。原始贷款金额 B_0，一般用 L 表示。下面考虑一些特殊还贷情况下的未结贷款余额的计算。

(一) 每次还款金额已知的情形

设贷款分 n 期还清，每期贷款利率为 i，每期末还款 1 个货币单位，任意时刻 $t(t=0, 1, 2, \cdots, n)$的未结贷款余额的计算公式如下：

(1) 未来法：

$$B_t^p = a_{\overline{n-t}|i} \tag{4.1}$$

(2) 过去法：

$$B_t^r = L(1+i)^t - s_{\overline{t}|i} = a_{\overline{n}|i}(1+i)^t - s_{\overline{t}|i} \tag{4.2}$$

除此之外，在该情景下未结贷款余额满足以下递推关系：

$$B_t = (1+i)B_{t-1} - 1, \quad t = 1, 2, \cdots, n \tag{4.3}$$

(二) 贷款金额已知的情形

在等额分期偿还计划中，已知原始贷款金额为 L，分 n 期还清，每期贷款利率为 i，若设 R 为每期期末还款额，则有

$$Ra_{\overline{n}|i} = L \Rightarrow R = \frac{L}{a_{\overline{n}|i}}$$

进一步，对任意时刻 $t(t=0, 1, 2, \cdots, n)$的未结贷款余额有以下结论。

结论 4.1 (1) 未来法：

$$B_t^p = Ra_{\overline{n-t}|i} = \frac{L}{a_{\overline{n}|i}} a_{\overline{n-t}|i} \tag{4.4}$$

(2) 过去法：

$$B_t^r = L(1+i)^t - Rs_{\overline{t}|i} = L(1+i)^t - \frac{L}{a_{\overline{n}|i}} s_{\overline{t}|i} = L\left[(1+i)^t - \frac{s_{\overline{t}|i}}{a_{\overline{n}|i}}\right] \tag{4.5}$$

(3) 递推关系式：

$$B_t = (1+i)B_{t-1} - R = (1+i)B_{t-1} - \frac{L}{a_{\overline{n}|i}}, \quad t = 1, 2, \cdots, n \tag{4.6}$$

在实务计算中，可根据不同的已知条件，选择利用过去法或未来法进行计算，使得计算更为简便。通常情况下：若已知每次还款额以及尚未还款次数，则用未来法较为方便；若

所需还款的次数或最后一次可能的不规则还款数未知，则用过去法较为方便。另外，公式(4.1)～(4.6)中假设贷款利率在贷款期间始终不变，若贷款利率发生变化，在使用未来法或过去法时则要根据具体情况具体分析。

例 4.1　已知某住房按揭贷款 10 万元，分 10 年还清，每月末还款 1 次，贷款利率为月换算名义利率 6%。

(1) 计算在还款 50 次后的未还本金；

(2) 在第 50 次正常还款后，借款人再一次性多还 20 000 元，还款期限不变，计算未来每次还款金额。

解　设正常还款下的每次还款金额为 R_1，提前部分还款后的每次还款金额为 R_2。

(1) 由已知可得，月实利率为 6%/12=0.5%，按月还款，还款现金流属于基本年金类型，则有

$$R_1 = \frac{10^5}{a_{\overline{120}|0.5\%}}$$

由式(4.4)，可得

$$B_{50}^p = R_1 a_{\overline{120-50}|0.5\%} = \frac{10^5}{a_{\overline{120}|0.5\%}} a_{\overline{70}|0.5\%} = 65\ 434.84(\text{元})$$

由式(4.5)，可得

$$B_{50}^r = 10^5 \times (1+0.5\%)^{50} - \frac{10^5}{a_{\overline{120}|0.5\%}} s_{\overline{50}|0.5\%} = 65\ 434.84(\text{元})$$

(2) 在第 50 次还款且借款人多还 20 000 元后，未结贷款余额为

$$B'_{50} = B_{50}^r - 20\ 000 = B_{50}^p - 20\ 000 = 45\ 434.84(\text{元})$$

进一步有，后 70 次还款中每次还款额为

$$R_2 = \frac{B'_{50}}{a_{\overline{70}|0.5\%}} = 770.87(\text{元})$$

Excel 算法公式：

(1) =PV(0.5%，70，PMT(0.5%，120，−100000))；

(2) =PMT(0.5%，70，45434.84)。

例 4.2　某贷款的还贷方式为：前 5 年每半年还 2 000 元；后 5 年每半年还 1 000 元。如果半年换算的挂牌利率为 10%。分别用未来法和过去法计算第 5 次还贷后的贷款余额。

解　(1) 根据未来法原理，可得

$$B_5^p = 2\ 000 a_{\overline{5}|5\%} + 1\ 000 a_{\overline{10}|5\%} v^5 = 14\ 709(\text{元})$$

$$\text{或}\quad B_5^p = 1\ 000(a_{\overline{15}|5\%} + a_{\overline{5}|5\%}) = 14\ 709(\text{元})$$

(2) 根据过去法原理，可得原始贷款金额为

$$L = 1\ 000(a_{\overline{20}|5\%} + a_{\overline{10}|5\%}) = 20\ 184(\text{元})$$

从而有

$$B_5^r = 20\ 184 \times 1.05^5 - 2\ 000 s_{\overline{5}|5\%} = 14\ 709(\text{元})$$

Excel 算法公式：

(1) =PV(5%，15，−1000)+PV(5%，5，−1000)；

(2) =(PV(5%，20，−1000)+PV(5%，10，−1000))*1.05^5−FV(5%,5,−2000)。

例 4.3 沈某向银行贷款 20 万元，贷款期限为 8 年，前 3 年贷款利率为 5.5%，后 5 年贷款利率为 5%，按每年末等额还款方式，求第 5 次还款后的贷款余额。

解 设沈某每年末还款金额为 R，依题意，可得

$$R[a_{\overline{3}|5.5\%}+a_{\overline{5}|5\%}(1+5.5\%)^{-3}]=200\,000$$

可解得

$$R=31\,323.54(\text{元})$$

(1) 根据未来法原理，可得

$$B_5^p=31\,323.54a_{\overline{3}|5\%}=85\,302(\text{元})$$

(2) 根据过去法原理，可得

$$B_5^r=200\,000\times1.055^3\times1.05^2-31\,323.54s_{\overline{3}|5.5\%}\times1.05^2-31323.54s_{\overline{2}|5\%}$$
$$=85\,302(\text{元})$$

Excel 算法公式：

(1) =200000/(PV(5.5%, 3, −1)+PV(5%, 5, −1) * (1+5.5%)^(−3));

(2) =PV(5%, 3, −31323.54)

二、本金和利息分解

分期偿还贷款的每期还款额中，既包括本金，又包括利息。划分每次还款额中的本金部分和利息部分具有重要意义。例如，银行贷款业务中，要根据每期所得利息来计算应缴税费，而不是基于整个贷款或整个偿还额计算应缴税费。因此，需要将每次还款额分解为本金和利息两部分，通常使用摊还法进行本息分离。所谓摊还方法，其基本原理是在贷款的分期还款中，利息偿还优先，即首先偿还应计利息，余下的部分作为本金偿还。并把包括各期偿还款中的利息和本金及每期还款后的贷款余额以列表形式展示，该表称为分期偿还表。

在分期偿还表中，记第 t 次的还款额为 R_t，第 t 次还款额中的利息部分记为 I_t，第 t 次还款额中的本金部分记为 P_t，第 t 次还款后瞬间的未结贷款余额记为 B_t，则有

$$I_t=iB_{t-1},\ P_t=R_t-I_t,\ B_t=(1+i)B_{t-1}-R=B_{t-1}+I_t-R=B_{t-1}-P_t$$

上式表明，未结贷款余额的减少只与 P_t 有关，而与利息 I_t 无关。

以分期偿还款按照标准型期末年金为例，根据摊还法原理，构建标准型分期偿还表，即针对贷款利率为 i，每次还款 1 个货币单位，共计 n 期的贷款分期偿还表，如表 4.1 所示。

表 4.1 标准型分期偿还表

时间 t	还款额 R_t	还利息 I_t	还本金 P_t	未结贷款余额 B_t
0				$a_{\overline{n}\mid i}$
1	1	$ia_{\overline{n}\mid i}=1-v^n$	v^n	$a_{\overline{n-1}\mid i}$
2	1	$ia_{\overline{n-1}\mid i}=1-v^{n-1}$	v^{n-1}	$a_{\overline{n-2}\mid i}$
…	…	…	…	…

续表

时间 t	还款额 R_t	还利息 I_t	还本金 P_t	未结贷款余额 B_t
t	1	$ia_{\overline{n-t+1}\mid i}=1-v^{n-t+1}$	v^{n-t+1}	$a_{\overline{n-t}\mid i}$
…	…	…	…	…
$n-1$	1	$ia_{\overline{2}\mid i}=1-v^2$	v^2	$a_{\overline{1}\mid i}$
n	1	$ia_{\overline{1}\mid i}=1-v$	v	0
合计	n	$n-a_{\overline{n}\mid i}$	$a_{\overline{n}\mid i}$	/

从表 4.1 标准型分期偿还表，可以得到以下结论。

结论 4.2　(1) 对任意时刻 $t(t=1, 2, \cdots, n)$，1 个货币单位还款额可以分解为利息量 I_t 和本金量 P_t，两者的计算公式分别为：$I_t=1-v^{n-t+1}$；$P_t=v^{n-t+1}$。

(2) 对任意时刻 $t(t=1, 2, \cdots, n)$，未结贷款余额 $B_t=a_{\overline{n-t}\mid i}$。

(3) 所有偿还的本金之和等于原始贷款，即

$$\sum_{t=1}^{n}P_t=\sum_{t=1}^{n}v^{n-t+1}=\sum_{t=1}^{n}v^t=a_{\overline{n}\mid i}$$

(4) 所有偿还的利息之和等于还款额总和与原始贷款金额之差，即

$$\sum_{t=1}^{n}I_t=n-a_{\overline{n}\mid i}$$

(5) 偿还本金序列依时间顺序构成递增等比数列，公比为 $1+i$。即

$$P_{t+1}=(1+i)P_t,\quad t=1, 2, \cdots, n-1$$

(6) 偿还利息序列依时间顺序构成递减数列，即

$$I_{t+1}=I_t-iP_t,\quad t=1, 2, \cdots, n-1$$

注：未结贷款余额 B_t 即可由未来法和过去法计算得出，还可通过 $B_t=B_{t-1}-P_t$ 递推关系推出。

从结论 4.2(5)和(6)中可以看出，在等额还款方式下，前期的还款主要用于偿还利息，而偿还本金部分较少。因此，前期未结贷款本金(余额)的降低幅度不大。

对于一般情况下的等额分期贷款，只要计算出每期还款金额 R，根据标准型分期偿还表，即可得到每期还款金额中偿还本金和偿还利息的金额以及各时刻的未结贷款余额。即

$$I_t=R(1-v^{n-t+1})；P_t=Rv^{n-t+1}；B_t=Ra_{\overline{n-t}\mid i}\tag{4.7}$$

在实际分期偿还表的计算中，常常采用下面这组递推公式直接推出：

$$\begin{cases}B_0=L\\ I_t=iB_{t-1}(t=1, 2, \cdots, n)\\ P_t=R_t-I_t(t=1, 2, \cdots, n)\\ B_t=B_{t-1}-P_t(t=1, 2, \cdots, n)\end{cases}\tag{4.8}$$

例 4.4 针对 10 000 元的 4 年期贷款，年利率为 8%，每年末还款，制作分期偿还表。

解 每年的还款额 R 为

$$R=\frac{10\,000}{a_{\overline{4}|8\%}}=3\,019.208(\text{元})$$

由式(4.8)中的递推关系，可以得到如表 4.2 所示的分期偿还表。

表 4.2 年利率为 8%、4 年期的 10 000 元贷款分期偿还表

年份	还款额	利息	本金	未结贷款余额
0				10 000
1	3 019.208	800.00	2 219.21	7 780.79
2	3 019.208	622.46	2 396.74	5 384.05
3	3 019.208	430.72	2 588.48	2 795.56
4	3 019.208	223.65	2 795.56	0.00

例 4.5 已知季换算名义利率为 16%，1 万元贷款通过每季度还款 1 000 元偿还，若有无法整数个季度刚好还完，允许最后一季度还款金额在 1 000～2 000 元之间，以便正好结清全部贷款。计算第 4 次还款中的本金量和利息量。

解 由已知，季实利率为 4%，则第 3 次还款后的未结贷款余额为

$$B_3^r=10\,000\times1.04^3-1\,000s_{\overline{3}|4\%}=8\,127.04(\text{元})$$

从而有

$$I_4=iB_3^r=0.04\times8\,127.04=325.08(\text{元})$$

$$P_4=1\,000-325.08=674.92(\text{元})$$

注意：在例 4.5 中，求解未结贷款余额时，使用过去法比较方便，而使用未来法需要先计算最后一次还款的金额和总还款期限，大大增加了计算难度。另外，由于最后一次还款为不规则还款，因此，无法使用式(4.7)进行计算，但可使用式(4.8)的递推关系求得第 4 次还款中的本金量和利息量。

例 4.6 甲从乙处借款 10 000 元，双方商定以季换算名义利率 8%，分 6 年按季度还清。在第 2 年底(第 8 次还款之后)乙将未到期的债务每季度收款的权利转卖给丙，乙、丙双方商定的季换算名义利率为 10%。分别计算丙和乙的利息总收入。

解 6 年中甲的每次还款额为

$$\frac{10\,000}{a_{\overline{24}|2\%}}=\frac{10\,000}{18.913\,9}=528.71(\text{元})$$

(1) 丙购买收回债务的权利的价格为

$$528.71a_{\overline{16}|2.5\%}=528.71\times13.055\,0=6\,902.31(\text{元})$$

则丙在后 4 年的利息总收入为

$$16\times528.71-6\,902.31=1\,557.05(\text{元})$$

(2) 算法一：乙在出卖收款权时的贷款余额，即乙在第 2 年底的未结贷款余额为

$$528.71a_{\overline{16}|2\%} = 528.71 \times 13.5777 = 7178.67(\text{元})$$

因此，乙在前 2 年收回的本金为

$$10000 - 7178.67 = 2821.33(\text{元})$$

而乙在前 2 年的总收入为

$$8 \times 528.71 = 4229.68(\text{元})$$

从而乙在前 2 年的利息总收入为

$$4229.68 - 2821.33 = 1408.35(\text{元})$$

算法二：由于乙、丙获得的利息收入来自甲支付的利息，甲支付的利息总和为

$$24 \times 528.71 - 10000 = 2689.04(\text{元})$$

因此，乙获得的利息收入应为

$$2689.04 - 1557.05 = 1131.99(\text{元})$$

算法三：乙在这笔贷款中的总收入为

$$8 \times 528.71 + 6902.31 = 11131.99(\text{元})$$

而乙借出本金为 10 000 元，从而利息收入应为 1 131.99 元。

算法一与算法二、算法三的结果差异为 276.36 元，这是来源于在乙、丙交易时，乙损失了一定的本金。在第 2 年末，乙未收回的本金(即未结贷款余额)为 7 178.67 元，但在与丙交易时，只得到了 6 902.31 元，即本金损失了 276.36 元。因此，算法二和算法三的结果是指乙获得的总收益(利息收入一本金损失)，而算法一的结果是指乙获得的利息收入。

例 4.7　沈某向银行贷款 20 万元，贷款期限为 8 年，贷款利率为 5.5%，按年等额还款方式还款。在沈某还款 4 次后，由于央行降息，沈某每年的还款额采用新的贷款利率 5%重新计算，求第 6 次还款额中的本金量和利息量。

解　设贷款利率调整前每年的还款额为 R_1，调整后每年的还款额为 R_2，依题意，可得

$$R_1 a_{\overline{8}|5.5\%} = 200000;\ B_4^p = R_1 a_{\overline{4}|5.5\%} = R_2 a_{\overline{4}|5\%}$$

可解得

$$R_1 = 31572.80,\ B_4 = 110667.40,\ R_2 = 31209.52$$

利率调整后，第 5 次还款后的未结贷款余额为

$$B'_5 = R_2 a_{\overline{3}|5\%} = 31209.52 a_{\overline{3}|5\%} = 84991.26(\text{元})$$

从而，第 6 次还款额中的本金量和利息量为

$$I_6 = iB'_5 = 0.05 \times 84991.26 = 4249.56(\text{元})$$

$$P_6 = R_2 - I_6 = 31209.52 - 4249.56 = 26959.96(\text{元})$$

第二节　等额偿债基金法

偿债基金是为了在贷款期末将原始贷款金额一次还清而建立的还贷(偿债)基金。该基金在整个还贷期间采取“零存整取”的方式，若每期存入基金的金额是相等的，称为等额偿

债基金，否则称为变额偿债基金。在实务中，这种偿债基金往往是贷款人(债权人)要求借款人(债务人)建立的，以保证债务的偿还，资金转移图如图 4.1 所示。本节主要介绍每期支出额相等，贷款、存款的利息换算周期与利息、存款的支付周期都相等的偿债基金法。

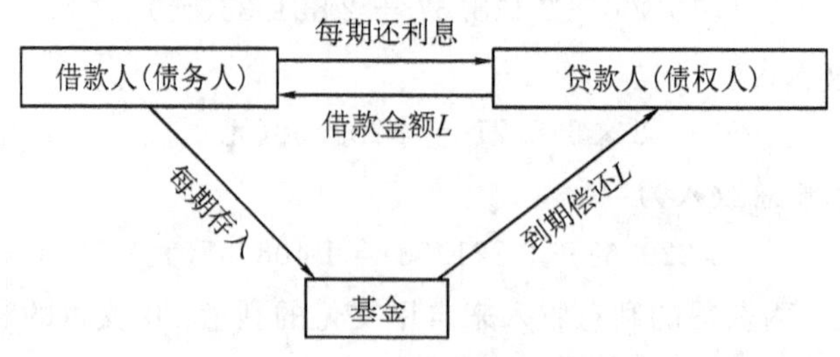

图 4.1　偿债基金法下资金转移图

偿债基金名义上归借款人(债务人)所有，供借款人(债务人)在债务到期时一次性清偿贷款本金，因此偿债基金产生的利息收入也用于偿还本金。但实际上，借款人(债务人)不能动用这笔资金，所以从本质上讲，偿债基金的积累过程即原始本金的偿还过程。换言之，借款人(债务人)在偿债基金的储蓄额及其产生的利息收入可以看作是对贷款本金的偿还。从原始贷款本金中减去偿债基金的累积值，就是借款人(债务人)尚未偿还的本金余额，可以称作未结贷款余额。

本节沿用上一节的相关符号，L 表示贷款人的贷出金额，R 表示在等额偿债基金法中每期借款人总支付的金额，包括偿还利息部分和存入基金部分，I 表示每期偿还利息金额，D 表示每期末向偿债基金存入的金额，i 表示贷款利率，j 表示偿债基金的累积利率，n 表示贷款期限。则有

$$\begin{cases} R = iL + D \\ Ds_{\overline{n}|j} = L \end{cases} \Rightarrow L = R\,\frac{s_{\overline{n}|j}}{1 + is_{\overline{n}|j}} \tag{4.9}$$

一、标准偿债基金的基本计算

标准 n 期偿债基金是指借款人以标准期末年金形式支付款项(包括偿还利息和存入基金额)，共计 n 次，同时以利率 j 累积偿债基金以偿还贷款本金。记 $a_{\overline{n}|i\&j}$ 为此种情况下的现金流现值(或原始贷款)。由式(4.9)可知

$$a_{\overline{n}|i\&j} = \frac{s_{\overline{n}|j}}{1 + is_{\overline{n}|j}} \tag{4.10}$$

若贷款金额为 1，则借款人每期末支付的金额为$\dfrac{1}{a_{\overline{n}|i\&j}} = i + \dfrac{1}{s_{\overline{n}|j}}$，即每期偿还利息为 i，每期存入基金的金额为$\dfrac{1}{s_{\overline{n}|j}}$，而$\dfrac{1}{s_{\overline{n}|j}}s_{\overline{n}|j} = 1$ 表示 n 期的存入额积累到 n 期末正好为 1，可以一次还清原始贷款。另外，由于$\dfrac{1}{a_{\overline{n}|j}} = j + \dfrac{1}{s_{\overline{n}|j}}$，可得$\dfrac{1}{a_{\overline{n}|i\&j}} = i - j + \dfrac{1}{a_{\overline{n}|j}}$，即得 $a_{\overline{n}|i\&j}$ 的另一计算公式为

$$a_{\overline{n}|i\&j} = \frac{a_{\overline{n}|j}}{1 + (i - j)a_{\overline{n}|j}} \tag{4.11}$$

若贷款金额为 L，则借款人每期末支付的金额 $R=\dfrac{L}{a_{\overline{n}|i\&j}}=iL+\dfrac{L}{s_{\overline{n}|j}}$，即每期偿还的利息为 iL，每期存入基金的金额为 $\dfrac{L}{s_{\overline{n}|j}}$，而 $\dfrac{L}{s_{\overline{n}|j}}s_{\overline{n}|j}=L$ 表示 n 期的存入额积累到 n 期末正好为 L，可以一次还清原始贷款。

进一步，比较 $a_{\overline{n}|i\&j}$ 与 $a_{\overline{n}|i}$ 的大小，则有以下结论。

结论 4.3　(1) 当 $j=i$ 时，有 $a_{\overline{n}|i\&j}=a_{\overline{n}|i}$；

(2) 当 $j<i$ 时，有 $a_{\overline{n}|i\&j}<a_{\overline{n}|i}$；

(3) 当 $j>i$ 时，有 $a_{\overline{n}|i\&j}>a_{\overline{n}|i}$。

证明　(1) 当 $j=i$ 时，

$$a_{\overline{n}|i\&j}=\frac{s_{\overline{n}|j}}{1+is_{\overline{n}|j}}=\frac{s_{\overline{n}|i}}{1+is_{\overline{n}|i}}=\frac{s_{\overline{n}|i}}{1+(1+i)^n-1}=a_{\overline{n}|i}$$

(2) 当 $j<i$ 时，

$$\frac{1}{a_{\overline{n}|i\&j}}=i+\frac{1}{s_{\overline{n}|j}}>i+\frac{1}{s_{\overline{n}|i}}=\frac{1}{a_{\overline{n}|i}}$$
$$\Rightarrow a_{\overline{n}|i\&j}<a_{\overline{n}|i}$$

(3) 当 $j>i$ 时，

$$\frac{1}{a_{\overline{n}|i\&j}}=i+\frac{1}{s_{\overline{n}|j}}<i+\frac{1}{s_{\overline{n}|i}}=\frac{1}{a_{\overline{n}|i}}$$
$$\Rightarrow a_{\overline{n}|i\&j}>a_{\overline{n}|i}$$

以上结论表明，当原贷款利率小于偿债基金累积利率时，含有偿债基金的标准期末年金的现值更大，也就是说，在这种情况下，偿债基金方式将会降低成本，即同样的还款现金流动，在 $i<j$ 下，用偿债基金方式可借贷款额更高。

例 4.8　借款人每年末支付 5 000 元，共支付 5 年，在以下两种不同的债务偿还方式下，计算借款人可贷款的金额。

(1) 分期偿还法，贷款利率为 6.5%；

(2) 偿债基金法，贷款利率为 6%，偿债基金存款利率为 5%。

解　(1) 在分期偿还法下，借款人可贷款的金额为

$$L_1=5\,000a_{\overline{5}|6.5\%}=20\,778.40(\text{元})$$

(2) 在偿债基金法下，借款人可贷款的金额为

$$L_2=5\,000a_{\overline{5}|6\%\&5\%}=5\,000\frac{s_{\overline{5}|5\%}}{1+6\%s_{\overline{5}|5\%}}=20\,749.06(\text{元})$$

在本例中，虽然在偿债基金法下原贷款利率 6%低于分期偿还法下贷款利率 6.5%，但偿债基金法下可贷款的金额小于分期偿还法，这是由于偿债基金存款利率低于原贷款利率，从而导致等价实际贷款利率升高，那么偿债基金方式下等价贷款利率如何求，这就依赖于以下偿债基金方式的收益率分析。

二、偿债基金方式的收益率分析

在偿债基金方式下，出现了两个利率(贷款利率和偿债基金利率)，那么借款方实际借

款成本该如何计算呢？如果用 r 表示偿债基金借款方实际的还款利率，则有以下关系式成立：

$$a_{\overline{n}|r}=a_{\overline{n}|i\&j}=\frac{a_{\overline{n}|j}}{1+(i-j)a_{\overline{n}|j}} \tag{4.12}$$

显然由式(4.12)不能得到 r 与 i，j 的关系式，若 n，i，j 已知，可通过数值解或借助相关软件求解得出 r。进一步，可以得出以下结论。

结论 4.4 (1) 若 $j<i$，则有 $r>i$；(2) 若 $j>i$，则有 $r<i$。

证明 (1) 当 $j<i$ 时，由结论 4.3，可推出 $a_{\overline{n}|r}<a_{\overline{n}|i}$，从而可得 $r>i$。

(2) 当 $j>i$ 时，由结论 4.3，可推出 $a_{\overline{n}|r}>a_{\overline{n}|i}$，从而可得 $r<i$。

进一步，可得出实际收益率的近似公式：

$$r\approx i+\frac{1}{2}(i-j) \tag{4.13}$$

这个近似公式的原理是：考虑 1 个货币单位的贷款，首先借款方要为所借的本金每次支付利息 i，同时要向偿债基金储蓄，这种行为相当于将定期回报中的部分金额以利率 j 进行再投资，这样就产生了新的借款过程，该过程的应付利率为 $i-j$(借款利率扣除储蓄利率)。如果用 1/2 近似表示新借款过程的总本金(小于 1)，则新借款过程的利息支出为$(i-j)/2$。

例 4.9 乙方向甲方提供 1 000 元的贷款，分 4 年还清。还贷方式为：贷款年利率为 10%，甲方每年除偿还利息外，还要以年利率 8%累积偿债基金。同时，另有丙方也可以提供相同数额的贷款，只是还贷计算方式为等额分期偿还方式。试问丙的贷款利率为何值时，以上两种贷款对甲方来说是没有差异的？

解 两种方式没有差异等价于两种方式下有相同的年还款额，若丙的贷款利率为 i，则应有

$$\frac{1\,000}{a_{\overline{4}|10\%\&8\%}}a_{\overline{4}|i}=1\,000$$

即

$$a_{\overline{4}|i}=a_{\overline{4}|10\%\&8\%}=\frac{s_{\overline{4}|8\%}}{1+10\%s_{\overline{4}|8\%}}=3.106\,4$$

可解得

$$i=10.94\%$$

Excel 算法公式：

=RATE(4, −1, 3.1064)

三、偿债基金表

与分期偿还表类似，这里给出贷款额为 1 个货币单位，期限为 n，贷款利率与偿债基金存款利率分别为 i，j 的偿债基金表，如表 4.3 所示。

表 4.3　贷款额为 1 的偿债基金表

时间 t	支付额	直接贷款利息	偿债基金			净利息 I_t	未结贷款
			存款	余额 S_t	利息		余额 B_t
0							1
1	$\frac{1}{a_{\overline{n}\mid i\&j}}$	i	$\frac{1}{s_{\overline{n}\mid j}}$	$\frac{1}{s_{\overline{n}\mid j}}$	0	i	$1-\frac{1}{s_{\overline{n}\mid j}}$
2	$\frac{1}{a_{\overline{n}\mid i\&j}}$	i	$\frac{1}{s_{\overline{n}\mid j}}$	$\frac{s_{\overline{2}\mid j}}{s_{\overline{n}\mid j}}$	$\frac{j}{s_{\overline{n}\mid j}}$	$i-\frac{j}{s_{\overline{n}\mid j}}$	$1-\frac{s_{\overline{2}\mid j}}{s_{\overline{n}\mid j}}$
…	…	…	…	…	…	…	…
t	$\frac{1}{a_{\overline{n}\mid i\&j}}$	i	$\frac{1}{s_{\overline{n}\mid j}}$	$\frac{s_{\overline{t}\mid j}}{s_{\overline{n}\mid j}}$	$\frac{js_{\overline{t-1}\mid j}}{s_{\overline{n}\mid j}}$	$i-\frac{js_{\overline{t-1}\mid j}}{s_{\overline{n}\mid j}}$	$1-\frac{s_{\overline{t}\mid j}}{s_{\overline{n}\mid j}}$
…	…	…	…	…	…	…	…
$n-1$	$\frac{1}{a_{\overline{n}\mid i\&j}}$	i	$\frac{1}{s_{\overline{n}\mid j}}$	$\frac{s_{\overline{n-1}\mid j}}{s_{\overline{n}\mid j}}$	$\frac{js_{\overline{n-2}\mid j}}{s_{\overline{n}\mid j}}$	$i-\frac{js_{\overline{n-2}\mid j}}{s_{\overline{n}\mid j}}$	$1-\frac{s_{\overline{n-1}\mid j}}{s_{\overline{n}\mid j}}$
n	$\frac{1}{a_{\overline{n}\mid i\&j}}$	i	$\frac{1}{s_{\overline{n}\mid j}}$	1	$\frac{js_{\overline{n-1}\mid j}}{s_{\overline{n}\mid j}}$	$i-\frac{js_{\overline{n-1}\mid j}}{s_{\overline{n}\mid j}}$	0

例 4.10　借款人需要在未来 5 年还清 10 万元的贷款，贷款的年利率为 10%。假设借款人用等额偿债基金方法来偿还贷款，偿债基金的年利率为 8%。计算：

(1) 借款人每年末向偿债基金的储蓄额为多少？

(2) 在等额偿债基金法中，借款人每年末支付的总金额为多少？如果借款人用等额分期偿还法偿还贷款，借款人每年末支付的总金额为多少？

(3) 借款人在第 2 年末未偿还的贷款余额为多少？

解　由贷款额为 1 的偿债基金表可知：

(1) 根据式(4.9)中 $Ds_{\overline{5}\mid 8\%}=L$，可得借款人每年末向偿债基金的储蓄额为

$$\frac{100\,000}{s_{\overline{5}\mid 8\%}}=17\,045.65(\text{元})$$

(2) 根据式(4.9)，在等额偿债基金法中，借款人每年末支付的金额 R 为

$$R=100\,000\times\left(10\%+\frac{1}{s_{\overline{5}\mid 8\%}}\right)=27\,045.65(\text{元})$$

若用等额分期偿还法偿还贷款，则借款人每年末支付的总金额为

$$\frac{100\,000}{a_{\overline{5}\mid 10\%}}=26\,379.75(\text{元})$$

因此，若偿债基金的利率小于贷款利率，则借款人每年支付的总金额要大于等额分期偿还法中支付的总金额，换言之，在等额偿债基金法中，借款人的实际借款利率要高于等额分期偿还法中的贷款利率。

(3) 可以求得借款人在第 2 年末未偿还的贷款余额 B_2 为

$$B_2=100\,000\times\left(1-\frac{s_{\overline{2}\mid 8\%}}{s_{\overline{5}\mid 8\%}}\right)=64\,545.06(\text{元})$$

第三节 其他偿还方式分析

一、广义分期偿还法

(一) 第一类标准广义期末年金

针对第一类标准广义期末年金，根据摊还法原理，构建分期偿还表，即针对贷款额为$\frac{a_{\overline{n}|i}}{s_{\overline{k}|i}}$的 n 期第一类标准广义期末年金分期偿还表，如表 4.4 所示。

表 4.4 第一类标准广义期末年金分期偿还表

时间 t	还款额 R_t	还利息 I_t	还本金 P_t	未结贷款余额 B_t
0				$\frac{a_{\overline{n}\|i}}{s_{\overline{k}\|i}}$
k	1	$[(1+i)^k-1]\frac{a_{\overline{n}\|i}}{s_{\overline{k}\|i}}=1-v^n$	v^n	$\frac{a_{\overline{n-k}\|i}}{s_{\overline{k}\|i}}$
$2k$	1	$[(1+i)^k-1]\frac{a_{\overline{n-k}\|i}}{s_{\overline{k}\|i}}=1-v^{n-k}$	v^{n-k}	$\frac{a_{\overline{n-2k}\|i}}{s_{\overline{k}\|i}}$
…	…	…	…	…
tk	1	$[(1+i)^k-1]\frac{a_{\overline{n-(t-1)k}\|i}}{s_{\overline{k}\|i}}=1-v^{n-(t-1)k}$	$v^{n-(t-1)k}$	$\frac{a_{\overline{n-tk}\|i}}{s_{\overline{k}\|i}}$
…	…	…	…	…
$n-k$	1	$[(1+i)^k-1]\frac{a_{\overline{2k}\|i}}{s_{\overline{k}\|i}}=1-v^{2k}$	v^{2k}	$\frac{a_{\overline{k}\|i}}{s_{\overline{k}\|i}}$
n	1	$[(1+i)^k-1]\frac{a_{\overline{k}\|i}}{s_{\overline{k}\|i}}=1-v^k$	v^k	0
合计	$\frac{n}{k}$	$\frac{n}{k}-\frac{a_{\overline{n}\|i}}{s_{\overline{k}\|i}}$	$\frac{a_{\overline{n}\|i}}{s_{\overline{k}\|i}}$	—

由表 4.4 可知第 t 次的 1 个货币单位还款额可以分解为利息量 I_t 和本金量 P_t，两者的计算公式分别为

$$I_{tk}=1-v^{n-(t-1)k};\ P_{tk}=v^{n-(t-1)k} \tag{4.14}$$

例 4.11 一项 10 000 元的贷款，还款期限为 5 年，每年末还款一次，若月换算的年名义利率为 9%，计算第 3 次还款中的本金部分。

解　设每次还款额为 R，由已知可知，月实利率为 $\frac{9\%}{12}=0.75\%$，则有

$$R\frac{a_{\overline{60}|0.75\%}}{s_{\overline{12}|0.75\%}}=10\,000$$

解得

$$R\approx 2\,596.37(\text{元})$$

由式(4.14)可知，第 3 次还款中的本金部分为

$$Rv^{60-(3-1)\times 12}=\frac{2\,596.37}{(1+0.75\%)^{36}}\approx 1\,984.01(\text{元})$$

(二) 第二类标准广义期末年金

针对第二类标准广义期末年金，根据摊还法原理，构建分期偿还表，即针对贷款额为 $a_{\overline{n}|i}^{(m)}$ 的 n 期第二类标准广义期末年金分期偿还表，如表 4.5 所示。

表 4.5　第二类标准广义期末年金分期偿还表

时间 t	还款额 R_t	还利息 I_t	还本金 P_t	未结贷款余额 B_t
0				$a_{\overline{n}\|i}^{(m)}$
$\frac{1}{m}$	$\frac{1}{m}$	$\frac{i^{(m)}}{m}a_{\overline{n}\|i}^{(m)}=\frac{1-v^n}{m}$	$\frac{v^n}{m}$	$a_{\overline{n}\|i}^{(m)}-\frac{v^n}{m}=a_{\overline{n-\frac{1}{m}}\|i}^{(m)}$
$\frac{2}{m}$	$\frac{1}{m}$	$\frac{i^{(m)}}{m}a_{\overline{n-\frac{1}{m}}\|i}^{(m)}=\frac{1-v^{n-\frac{1}{m}}}{m}$	$\frac{v^{n-\frac{1}{m}}}{m}$	$a_{\overline{n-\frac{1}{m}}\|i}^{(m)}-\frac{v^{n-\frac{1}{m}}}{m}=a_{\overline{n-\frac{2}{m}}\|i}^{(m)}$
…	…	…	…	…
$\frac{t}{m}$	$\frac{1}{m}$	$\frac{i^{(m)}}{m}a_{\overline{n-\frac{t-1}{m}}\|i}^{(m)}=\frac{1-v^{n-\frac{t-1}{m}}}{m}$	$\frac{v^{n-\frac{t-1}{m}}}{m}$	$a_{\overline{n-\frac{t-1}{m}}\|i}^{(m)}-\frac{v^{n-\frac{t-1}{m}}}{m}=a_{\overline{n-\frac{t}{m}}\|i}^{(m)}$
…	…	…	…	…
$n-\frac{1}{m}$	$\frac{1}{m}$	$\frac{i^{(m)}}{m}a_{\overline{\frac{2}{m}}\|i}^{(m)}=\frac{1-v^{\frac{2}{m}}}{m}$	$\frac{v^{\frac{2}{m}}}{m}$	$a_{\overline{\frac{2}{m}}\|i}^{(m)}-\frac{v^{\frac{2}{m}}}{m}=a_{\overline{\frac{1}{m}}\|i}^{(m)}$
n	$\frac{1}{m}$	$\frac{i^{(m)}}{m}a_{\overline{\frac{1}{m}}\|i}^{(m)}=\frac{1-v^{\frac{1}{m}}}{m}$	$\frac{v^{\frac{1}{m}}}{m}$	0
合计	n	$n-a_{\overline{n}\|i}^{(m)}$	$a_{\overline{n}\|i}^{(m)}$	—

注：表中 $a_{\overline{n-\frac{t}{m}}|i}^{(m)}=\frac{1-v^{n-\frac{t}{m}}}{i^{(m)}}$。

由表 4.5 可知第 t 次的 $1/m$ 个货币单位还款额可以分解为利息量 $I_{t/m}$ 和本金量 $P_{t/m}$，两者的计算公式分别为

$$I_{t/m}=\frac{1-v^{n-\frac{t-1}{m}}}{m};\ P_{t/m}=\frac{v^{n-\frac{t-1}{m}}}{m} \tag{4.15}$$

例 4.12　某债务是按月末摊还的，每月还款额为 R，年实贷款利率为 8%。如果第 3 次还款中的本金量为 1 000 元，计算第 33 次还款中本金部分的金额。

解　由式(4.15)，可知第 3、33 次还款中的本金量分别为

$$P_3=12R\frac{v^{n-\frac{3-1}{12}}}{12}$$

$$P_{33}=12R\frac{v^{n-\frac{33-1}{12}}}{12}$$

由此可得第 33 次还款中本金部分的金额为

$$P_{33}=P_3v^{-30/12}=P_3(1+i)^{30/12}=1\,000\times1.08^{2.5}=1\,212.16(\text{元})$$

例 4.13　某贷款要在每月末偿还 1 000 元，共 30 年，年实利率为 10%，计算前 5 年还款中所含的利息总额。

解　设前 5 年还款中所含的利息总额为 I，由式(4.15)，可知

$$\begin{aligned}I&=12\times1\,000\left(\frac{1-v^{30}}{12}+\frac{1-v^{30-\frac{1}{12}}}{12}+\cdots+\frac{1-v^{30-\frac{59}{12}}}{12}\right)\\&=1\,000\{60-v^{30}[1+(1+i)^{\frac{1}{12}}+\cdots+(1+i)^{\frac{59}{12}}]\}\\&=1\,000\times\left[60-v^{30}\frac{1-(1+i)^{\frac{60}{12}}}{1-(1+i)^{\frac{1}{12}}}\right]\\&=55\,612.39(\text{元})\end{aligned}$$

二、广义偿债基金法

与分期偿还法相比，广义偿债基金法涉及四个时间周期：

(1) 贷款利息换算周期；

(2) 贷款利息支付周期；

(3) 偿债基金利息换算周期；

(4) 偿债基金存款周期。

这四个周期可以部分不同，也可以全部不同，从而导致广义偿债基金法的计算较为复杂，实际应用中可以根据基本原理进行分析计算。这里不再列出标准化的广义偿债基金表，以下列举几个例子，通过例子，大家可了解和掌握这些情形下偿债基金的计算。对于广义偿债基金表，表中应体现出偿债基金的累积过程。此种情况下的广义偿债基金表是以偿债基金的利息换算周期表示的，即列出偿债基金每次利息换算的还款金额、应付利息、偿债基金存款额、偿债基金余额和未结贷款余额。

例 4.14　某人借款 20 000 元，年贷款利率为 10%，2 年内还清。借款人以偿债基金方式还款：每半年向偿债基金存款一次，而且存款利率为季换算名义利率 8%。试构造相应的偿债基金表。

解　贷款利率换算周期为 1 年，偿债基金的存款周期为半年，偿债基金利率换算周期为 1 个季度，所以应按照季度来构造偿债基金表。

借款人每年末付贷款利息为 10%×20 000=2 000(元)，设每半年末的偿债基金存款额为 D，则

$$D\frac{s_{\overline{8}|2\%}}{s_{\overline{2}|2\%}}=20\,000$$

解得

$$D\approx 4\,707(元)$$

则该广义偿债基金表如表 4.6 所示。

表 4.6　广义偿债基金表

年份	应付贷款利息	偿债基金			未结贷款余额
		存款额	存款利息	基金余额	
0					20 000
0.25	0	0	0	0	20 000
0.5	0	4 707	0	4 707	15 293
0.75	0	0	94	4 801	15 199
1	2 000	4 707	96	9 604	10 396
1.25	0	0	192	9 796	10 204
1.5	0	4 707	196	14 699	5 301
1.75	0	0	294	14 993	5 007
2	2 000	4 707	300	20 000	0

例 4.15　小李向银行贷款 10 000 元，期限为 2 年，贷款每年计息 12 次的名义利率为 12%，每季度末付息一次，同时银行要求借款人建立偿债基金，每半年末在偿债基金中等额存款一次，偿债基金每年计息 4 次的年名义利率为 8%，计算小李每次存入偿债基金的存款金额。

解　由已知可知，借款人每季度末付贷款利息为

$$10\,000\times\left[\left(1+\frac{12\%}{12}\right)^3-1\right]=303.01(元)$$

设每半年末的偿债基金存款额为 D，则有

$$D\frac{s_{\overline{8}|2\%}}{s_{\overline{2}|2\%}}=10\,000$$

可解得

$$D\approx 2\,353.50\ (元)$$

则该广义偿债基金表如表 4.7 所示。

表 4.7　广义偿债基金表

年份	应付贷款利息	偿债基金			未结贷款余额
		存款额	存款利息	基金余额	
0					10 000
0.25	303.01	0	0	0	10 000
0.5	303.01	2 353.50	0	2 353.50	7 646.50
0.75	303.01	0	47.07	2 400.57	7 599.43
1	303.01	2 353.50	48.01	4 802.08	5 197.92
1.25	303.01	0	96.04	4 898.12	5 101.88
1.5	303.01	2 353.50	97.96	7 349.58	2 650.42
1.75	303.01	0	146.99	7 496.57	2 503.43
2	303.01	2 353.50	149.93	10 000	0

三、变额分期偿还法

分期偿还贷款的每期偿还额可以不同，且随着时间的推移而变化。例如，等额分期偿还款后，存在还款额不规则及各期偿还款均不相同等情况。为了简化问题，假设利息换算周期与还款周期是一致的。设原始贷款金额为 L，各期期末还款金额分别为 R_1，R_2，…，R_n，贷款利率为 i，则有一般情形下的分期偿还现值公式：

$$L=\sum_{t=1}^{n}R_t v^t$$

根据相关数值，首先计算出贷款本金，即分期偿还款的现值，然后根据摊还法原理及式(4.16)，计算出各期还款中的本金部分、利息部分以及各期末贷款余额，从而构造出相应的分期偿还表。

$$\begin{cases}B_0=L\\ I_t=iB_{t-1}(t=1,2,\cdots,n)\\ P_t=R_t-I_t(t=1,2,\cdots,n)\\ B_t=B_{t-1}-P_t(t=1,2,\cdots,n)\end{cases}\tag{4.16}$$

在构造变额分期偿还表时，要注意以下两点：

(1) 在已知 L，n 和 R_1，R_2，…，R_n 的情况下，从第 1 次计算利息 $I_1=iB_0=iL$ 开始，按照式(4.16)逐步递推计算，计算的顺序是 $B_{t-1}\rightarrow I_t\rightarrow P_t\rightarrow B_t$。

(2) 与等额还款不同，上述递推公式的计算结果可能会出现负数，即还款额 R_t 不足以摊还未结贷款余额所产生的利息，从而需要从贷款余额中再提取一部分资金($-P_t$) 用于偿还利息。相应地，这个时刻的未结贷款余额(B_t)较前一个时刻的未结贷款余额(B_{t-1})将有所增加，增加的量为$-P_t$，即未偿还的利息部分会累积到贷款余额中。

例 4.16　甲方向乙方借款 10 000 元，10 年期，每年末还款，每次的还款金额以 20%的比例递增，设年利率为 10%。计算分期偿还表中前 3 年还款的本金部分之和。

解　题目所述还款为比例递增年金方式，如果用 R_1 表示首次还款金额，根据 n 期标准

等比变额期末年金现值的计算公式，可得

$$\mathrm{PV}=R_1\frac{1-\left(\dfrac{1+k}{1+i}\right)^n}{i-k}\Rightarrow 10\,000=R_1\frac{1-\left(\dfrac{1+0.2}{1+0.1}\right)^{10}}{0.1-0.2}$$

$$\Rightarrow R_1=720.89(\text{元})$$

根据式(4.16)，可得

$I_1=iB_0=1\,000$，$P_1=R_1-I_1=-279.11$，$B_1=B_0-P_1=10\,279.11$

$I_2=iB_1=1\,027.91$，$P_2=1.2R_1-I_2=-162.84$，$B_2=B_1-P_2=10\,441.95$

$I_3=iB_2=1\,044.20$，$P_3=1.2^2R_1-I_3=-6.12$，$B_3=B_2-P_3=10\,448.07$

因此，前 3 年还款的本金部分之和为

$$P_1+P_2+P_3=-448.07(\text{元})$$

以上结果表明，前 3 年的每次偿还额不足以偿还利息，贷款本金不仅没有降低，反而增加了 448.07 元。

例 4.17　一笔贷款的偿还方式为，第 1 年付 300 元，以后每年增加 50 元，直到年付款 1 000 元为止。如果贷款年复利率为 6%，计算第 6 次付款中偿还的利息金额和本金金额。

解　设共付款 n 年，由

$$300+50(n-1)=1\,000$$

解得

$$n=15$$

根据计算未结贷款余额的未来法，第 5 次付款后的未结贷款余额为

$$B_5=500a_{\overline{10}|6\%}+50(Ia)_{\overline{10}|6\%}=500a_{\overline{10}|6\%}+50\frac{\ddot{a}_{\overline{10}|6\%}-10v^{10}}{6\%}=5\,528.16(\text{元})$$

所以第 6 次付款中偿还的利息金额为

$$I_6=5\,528.16\times 6\%\approx 331.69(\text{元})$$

第 6 次付款中偿还的本金金额为

$$P_6=R_6-I_6=550-331.69=218.31(\text{元})$$

例 4.18　借款人从银行贷款 2 万元，双方约定，贷款期限为 20 年，贷款利率为 3%，每年末还款，还款方式采用等额本金法，即本金部分按 20 年期等额年金形式偿还，每次还本金的同时，偿还贷款的当期利息，10 年后，银行将该收款权卖给另一家公司，卖出价格为 P，使得买入公司在前 5 年可获得 5% 的年收益，而后 5 年可获得 4% 的年收益，计算 P。

解　根据等额本金还款法，每次还款中偿还的本金部分为

$$P_t=\frac{20\,000}{20}=1\,000(\text{元}),\ t=1,2,\cdots,20$$

则第 $t-1$ 次还款后未结本金(贷款)余额为

$$B_{t-1}=20\,000-1\,000(t-1)=21\,000-1\,000t,\ t=1,2,\cdots,20$$

进一步，可得第 t 次还款中偿还的利息部分为

$$I_t=iB_{t-1}=3\%(21\,000-1\,000t)=630-30t,\ t=1,2,\cdots,20$$

10 年后，银行将该收款权卖给另一家公司，则该公司未来 10 年中，每年末可获得的现金流如图 4.2 所示。则有

$$P=1\,000a_{\overline{5}|5\%}+[150a_{\overline{5}|5\%}+30(Da)_{\overline{5}|5\%}]+(1+5\%)^{-5}[1\,000a_{\overline{5}|4\%}+30(Da)_{\overline{5}|4\%}]$$

$$=1\,150\times4.329\,5+30\times\frac{5-4.329\,5}{0.05}+1.05^{-5}[1\,000\times4.451\,8+30\times\frac{5-4.451\,8}{0.05}]$$

$$=9\,191.49(\text{元})$$

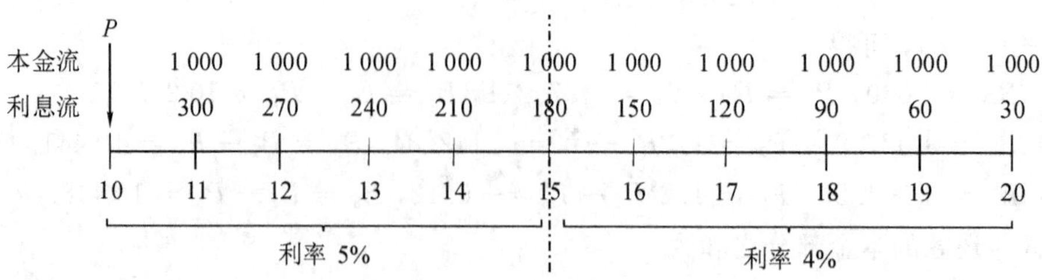

图 4.2　现金流的时间流程图

四、变额偿债基金法

偿债基金存款有时可以根据借款人的情况做出调整，使各期基金存款不尽相同，但在最终贷款期满时，偿还基金积累额要达到贷款本金的额度。这里假定各期支付利息不变，只是偿债基金每次存款额的改变，且利息换算周期与还款周期是一致的。假设借款人各次还款支出为 $R_1, R_2, \cdots, R_n$，且 $i\neq j$，贷款额为 L，则在每次还款支出中，利息部分为 iL，存入偿债基金的部分为 $R_k-iL(>0)$，$k=1, 2, \cdots, n$。因为偿债基金 n 期末积累值正好是 L，所以有

$$L=(R_1-iL)(1+j)^{n-1}+(R_2-iL)(1+j)^{n-2}+\cdots+(R_{n-1}-iL)(1+j)+(R_n-iL)$$

$$=\sum_{k=1}^{n}R_k(1+j)^{n-k}-iLs_{\overline{n}|j}$$

移项后，得

$$L=\frac{\sum_{k=1}^{n}R_k(1+j)^{n-k}}{1+is_{\overline{n}|j}}=\frac{\sum_{k=1}^{n}R_k(1+j)^{-k}}{(1+is_{\overline{n}|j})(1+j)^{-n}}$$

$$=\frac{\sum_{k=1}^{n}R_kv^k}{v^n+ia_{\overline{n}|j}}=\frac{\sum_{k=1}^{n}R_kv^k}{(v^n-1)+1+ia_{\overline{n}|j}}=\frac{\sum_{k=1}^{n}R_kv^k}{-ja_{\overline{n}|j}+1+ia_{\overline{n}|j}}$$

由此可得

$$L=\frac{\sum_{k=1}^{n}R_kv^k}{1+(i-j)a_{\overline{n}|j}},\quad \text{其中 } v=(1+j)^{-1} \tag{4.17}$$

若在式(4.17)中，$R_k=1$，变额偿债基金退化为等额偿债基金，则式(4.17)可退化为

$$L=\frac{\sum_{k=1}^{n}v^k}{1+(i-j)a_{\overline{n}|j}}=\frac{a_{\overline{n}|j}}{1+(i-j)a_{\overline{n}|j}}=a_{\overline{n}|i\&j}$$

若在式(4.17)中，$i=j$，变额偿债基金法就等价于变额分期偿还法，则式(4.17)可退化

为

$$L=\sum_{k=1}^{n}R_k v^k$$

若在变额分期偿还法中，贷款利率为 j，在变额偿债基金法中，贷款利率和基金存款利率分别为 i，j，而在两者债务偿还中借款人各次还款支出的现金流相同，都为 R_1，R_2，…，R_n，设变额分期偿还法中原始贷款为 L_1，而变额偿债基金法中原始贷款为 L_2，则有

$$L_2=\frac{L_1}{1+(i-j)a_{\overline{n}|j}} \tag{4.18}$$

在变额偿债基金法中，R_k-iL 可能为负值，表示还款不足以向偿债基金存款，反而要从未结贷款余额中提取一部分资金 $(iL-R_k)$ 用于支付本次的利息。因此，在这种情况下，未结贷款余额的金额在增加，即借款方的负债在增加，以上相关公式将不再适用。

例 4.19　某借款人向某金融机构贷款，年利率为 5%，分 10 年还清：第 1 年还款 12 000 元，随后每次减少 500 元。计算：(1) 借款总额；(2) 第 5 次还款中偿还的利息和本金金额；(3) 如果贷款利率为 6%，且借款人能够以年利率 5% 累积偿债基金，计算当初的借款总额。(附：$a_{\overline{5}|0.05}=4.329\,48$；$a_{\overline{6}|0.05}=5.075\,69$；$a_{\overline{10}|0.05}=7.721\,73$)

解　(1) 该 10 年逐年递减 500 元的还款现金流可以分解为 7 000 份标准基本期末年金和 500 份标准递减期末年金，所以借款总额为

$$\begin{aligned}L_1&=7\,000a_{\overline{10}|0.05}+500(Da)_{\overline{10}|0.05}=7\,000\times a_{\overline{10}|0.05}+500\times\frac{10-a_{\overline{10}|0.05}}{0.05}\\&=7\,000\times7.721\,73+500\times\frac{10-7.721\,73}{0.05}\\&=76\,834.81(\text{元})\end{aligned}$$

(2) 第 4 次还款后未结贷款余额为

$$\begin{aligned}B_4&=7\,000a_{\overline{6}|0.05}+500(Da)_{\overline{6}|0.05}\\&=7\,000\times a_{\overline{6}|0.05}+500\times\frac{6-a_{\overline{6}|0.05}}{0.05}\\&=7\,000\times5.075\,69+500\times\frac{6-5.075\,69}{0.05}\\&=44\,772.93(\text{元})\end{aligned}$$

则第 5 次还款额中所含的利息和本金部分分别为

$$I_5=iB_4=5\%\times44\,772.93=2\,238.65(\text{元})$$

$$P_5=R_5-I_5=12\,000-500\times4-2\,238.65=7\,761.35(\text{元})$$

(3) 根据式(4.18)，可得借款总额为

$$L_2=\frac{L_1}{1+(i-j)a_{\overline{n}|j}}=\frac{76\,834.81}{1+(6\%-5\%)a_{\overline{10}|5\%}}=71\,327.12(\text{元})$$

例 4.20　已知甲乙双方的借款协议如下：最初甲向乙借款 L 元，利率为 12%；然后甲以金额 100 元、100 元、1 000 元和 1 000 元分 4 年偿还，同时乙同意甲每年只偿还利息，到期偿还本金，甲以年利率 8% 累积偿债基金。计算 L 的可能值。

解　由已知可知，每年需偿还的利息额为 $0.12L$，每年向偿债基金存款为

$$100-0.12L、100-0.12L、1\,000-0.12L、1\,000-0.12L$$

这些存款第 4 年末积累额应达到借款额 L，即

$$(100-0.12L)s_{\overline{4}|0.08}+900s_{\overline{2}|0.08}=L$$

$$\Rightarrow L=\frac{100s_{\overline{4}|0.08}+900s_{\overline{2}|0.08}}{1+0.12s_{\overline{4}|0.08}}\approx 1\,507.47(\text{元})$$

但此结果存在一定的问题，由于前 2 年支出额过小，有可能出现支出额不足以偿还利息的情况，由于 $0.12L=0.12\times 1\,507.47=180.90$(元)，超过第 1、2 年甲每年的总支出款，从而导致未结贷款余额增加，即超出的部分作为本金的增加资本化了，而资本化了的部分的利率应是 12%，而非 8%。设 L' 为真正原始借款本金，B_2 为第 2 年末结贷款余额，根据计算未结贷款余额的过去法，则有

$$B_2=L'(1+12\%)^2-100s_{\overline{2}|12\%}=1.254\,4L'-212$$

其中，$s_{\overline{2}|12\%}$ 之所以要用 12%而非 8%，是因为 L' 所产生的利息是按照 12%的利率计算的，而前 2 次所还款又不足以支付贷款利息，因而将贷款所产生的利息的一部分本金化，所还款项没有用于偿债基金，因此，贷款本金积累值与还款积累值(按照 12%积累)之差，即本金化以后的未结贷款余额。这时 B_2 才代表甲方实际的贷款本金余额，也正是从第 2 年末开始甲方才真正向偿债基金存款。所以后 2 年的偿债基金应该是为最终一次还清 B_2 而建立的，即

$$B_2=(1\,000-0.12B_2)s_{\overline{2}|8\%}$$

可解得

$$B_2=1\,000\frac{s_{\overline{2}|8\%}}{1+0.12s_{\overline{2}|8\%}}=1\,664.53(\text{元})$$

进而有

$$L'=\frac{B_2+212}{1.254\,4}=1\,495.96(\text{元})<L$$

因此，按照双方商定的方式还贷款，甲最多可以从乙方借款 1 495.96 元。

五、贷款利率依贷款余额变化的分期偿还法

在实际的按揭贷款中，可能会遇到以下方式：将贷款余额按照金额的大小进行划分，然后对不同的部分采用不同的贷款利率。例如，某银行可能对贷款余额的前 10 000 元按照月利率 0.6%计算利息，对于超过 10 000 元的部分按照月利率 0.55%计算利息。一般称这种计息方式为本金阶梯计息方式。在本金阶梯计息方式下，每一期偿还金额的计算都是一个比较复杂的问题，本书将对此给出一些基本计算，且只考虑两种利率的情形。

设原始贷款金额为 L，事先给定一个限额 $L'(0<L'<L)$，未结贷款余额小于 L' 的部分利率为 i，未结贷款余额超过 L' 的部分利率为 j，在每期末等额还款 R，共还 n 期。

由于未结贷款余额随着时间的推移而逐渐减少(从 L 减为 0)，要计算每期还款额 R，需要找到未结贷款余额小于或等于 L' 的转折点时刻。记 m 为转折点时刻，则 m 是满足以下条件的最早时刻：$B_m\leqslant L'$。

进一步，可得 B_t 的递推公式：

$$B_t=\begin{cases}B_{t-1}-\{R-[iL'+j(B_{t-1}-L')]\}, & B_{t-1}>L' \\ B_{t-1}-(R-iB_{t-1}), & B_{t-1}\leqslant L'\end{cases}$$

在时刻 m，用未来法求解未结贷款余额(时刻 m 之后的利率为 i)有

$$B_m^p=Ra_{\overline{n-m}|i}$$

而用追溯法求解未结贷款余额(时刻 m 之前，小于 L' 的部分利率为 i，超过 L' 的部分利率为 j)有

$$\begin{aligned}
B_0^r&=L'+(L-L')\\
B_1^r&=L'(1+i)+(L-L')(1+j)-R\\
&=L'+(L-L')(1+j)-(R-iL')\\
&=L'+(L-L')(1+j)-(R-iL')s_{\overline{1}|j}\\
B_2^r&=L'+[(L-L')(1+j)-(R-iL')](1+j)-(R-iL')\\
&=L'+(L-L')(1+j)^2-(R-iL')s_{\overline{2}|j}\\
&\cdots\\
\Rightarrow B_m^r&=L'+(L-L')(1+j)^m+iL's_{\overline{m}|j}-Rs_{\overline{m}|j}
\end{aligned}$$

从而由 $B_m^p=B_m^r$ 可得每次还款额为

$$R=\frac{(L-L')(1+j)^m+L'+iL's_{\overline{m}|j}}{a_{\overline{n-m}|i}+s_{\overline{m}|j}} \tag{4.19}$$

又

$$B_m=B_m^p=Ra_{\overline{n-m}|i}\leqslant L'$$

可得

$$\frac{(L-L')(1+j)^m+L'+iL's_{\overline{m}|j}}{a_{\overline{n-m}|i}+s_{\overline{m}|j}}a_{\overline{n-m}|i}\leqslant L'$$

化简可得

$$\frac{L-L'}{L'}\leqslant\frac{a_{\overline{m}|j}}{s_{\overline{n-m}|i}} \tag{4.20}$$

从而转折时刻 m 是满足不等式(4.20)的最小正整数。

例 4.21 现有 3 000 元贷款，计划在 1 年内逐月还清，当余额低于 1 000 元时，月利率为 1.5%；当余额超过 1 000 元时，1 000 元部分的月利率仍为 1.5%，超过 1 000 元部分的月利率为 1%。计算月还款金额。

解 由已知可知 $L=3\,000$，$L''=1\,000$，$n=12$，$i=0.015$，$j=0.01$，由不等式(4.20)，可得转折时刻 m 满足：

$$\frac{3\,000-1\,000}{1\,000}\leqslant\frac{a_{\overline{m}|0.01}}{s_{\overline{12-m}|0.015}}$$

经计算求得满足上述不等式的最小正整数为 9，进而根据式(4.19)，可得

$$\begin{aligned}R&=\frac{(3\,000-1\,000)(1+0.01)^9+1\,000+0.015\times1\,000s_{\overline{9}|0.01}}{a_{\overline{12-9}|0.015}+s_{\overline{9}|0.01}}\\
&\approx 270.985\,45(\text{元})\end{aligned}$$

该债务偿还下的分期偿还表如表 4.8 所示。

表 4.8 贷款利率依贷款余额变化的分期偿还表($L=3\ 000$)

月份	还款额/元	利息/元	本金/元	未结贷款余额/元
0				3 000
1	270.985 45	35.00	235.99	2 764.01
2	270.985 45	32.64	238.35	2 525.67
3	270.985 45	30.26	240.73	2 284.94
4	270.985 45	27.85	243.14	2 041.80
5	270.985 45	25.42	245.57	1 796.24
6	270.985 45	22.96	248.02	1 548.21
7	270.985 45	20.48	250.50	1 297.71
8	270.985 45	17.98	253.01	1 044.70
9	270.985 45	15.45	255.54	789.16
10	270.985 45	11.84	259.15	530.02
11	270.985 45	7.95	263.04	266.98
12	270.985 45	4.00	266.98	0.00

注：表中第 t 个月偿还利息的计算公式为

$$I_t=\begin{cases}1\ 000\times 1.5\%+1\%\times(B_{t-1}-1\ 000), & t=1,2,\cdots,9\\ 1\%B_{t-1}, & t=10,11,12\end{cases}$$

习 题

1. 现有 10 000 元贷款通过每季度还款 1 000 元偿还(最后一次为非规则还款)，已知季换算挂牌利率为 16%。计算第 2 次还款后未结贷款余额和第 3 次还款中偿还本金的金额。

2. 某贷款在每季度末偿还 1 500 元，季换算名义利率为 10%。如果已知第 1 年底的未结贷款余额为 12 000 元，计算最初的贷款额。

3. 20 000 元抵押贷款原计划在 20 年内每年分期等额偿还，贷款利率为 8%，但在第 5 次还款后，因资金短缺，随后的 2 年内未进行正常还贷。若借款人从第 7 年底重新开始等额还贷，并在第 20 年末刚好还清贷款(贷款利率在此期间保持不变)，计算调整后的每次还款额。

4. 现有 5 年期贷款，分季度等额偿还。已知第 3 次还款中的本金为 100 元，季换算名义利率为 10%。计算最后 5 次还款中的本金量之和。

5. 现有 35 年贷款，按年度等额偿还。已知第 8 次还款中的利息为 135 元，第 22 次还款中的利息为 108 元。计算第 29 次还款中的利息量。

6. 一笔 10 年期的贷款，在每年末偿还 R 元。已知：

(1) 在最初 3 年，偿还的本金金额总和为 290.35 元；

(2) 在最后 3 年，偿还的本金金额总和为 408.55 元。

计算在整个偿还期内支付的利息金额。

7. 甲向乙借款 80 000 元，年利率为 10%，5 年内还清，借款人以偿债基金方式还款，基金存款利率为 8%。计算甲每年的支出额。

8. 乙对甲提供 10 万元贷款，贷款利率为 10%，分 20 年还清，甲每年除偿还利息外，还要以年利率 7%累积偿债基金，即在 20 年内每年底向偿债基金存入相同数量的钱，在甲完成第 5 次还款之后偿债基金的年收益率增长为 8%，同时甲调整了每期还款额以保证在新的收益率下，20 年后偿债基金累积值刚好还完债务。求：

(1) 偿债基金收益率未调整前的每次还款额；

(2) 偿债基金收益率调整后的每次还款额。

9. 现有 10 年期贷款，年利率为 5%，若贷款的一半按照摊还方式进行，另一半按照额外提供 4%年利率的偿债基金方式还贷。若按照以上还款方式，每年底总支出为 1 000 元，计算贷款额。

10. 某种贷款，要在每季末偿还 1 000 元，共 5 年，年实利率为 6%，计算第 8 次还款中偿还的本金和利息部分。

11. 某银行发放 10 年期贷款，利率为 9.9%。某借款人计划分期还款，首年末还款 4 000元，以后每年比上年减少 10%。计算贷款原始本金及第 8 次还款中的本金部分。

12. 某人以分期偿还法每年等额偿还一笔 10 年期贷款，第 5 年度末和第 8 年度末的分期付款额中偿还的本金之和恰好是年度付款额的 1.8 倍。计算贷款的年复利率。

13. 某人向银行贷了 10 年的款，年利率为 6%，每年末还款一次，首期还款 3 000 元，以后每期比前期还款增加 200 元。计算第 6 次还款中的利息与本金部分。

14. 小李借入 30 年可调利率抵押贷款 65 000 元，每月等额还款，最初约定每年计息 12 次的年名义利率为 9%，但还款 12 次后，即从第 2 年开始，每年计息 12 次的年名义利率增至 12%，计算第 15 次还款额中的本金量。

15. 甲需要 30 000 元助学贷款，分 4 年偿还，有 A、B 两家银行可提供这笔贷款：

(1) A 银行要求甲采用偿债基金法偿还贷款，贷款利率为 10%，偿债基金存款利率为 8%；

(2) B 银行要求甲采用分期偿还计划还贷。

计算 B 银行与 A 银行等价的贷款利率。

16. 王先生借款 10 万元，为期 15 年，年利率为 4%。若采用偿债基金还款方式，偿债基金存款利率为 3%，计算第 3 次付款中的净利息部分。

17. 甲借款 100 000 元，期限为 20 年，偿还贷款方式为偿债基金法，偿债基金存款利率为 3%，贷款利率为 5%，首期存入偿债基金的数额为 X 元，以后每年末均比上一次多放入偿债基金 50 元。计算 X。

18. 小李向银行贷款 10 万元，期限为 5 年，贷款每年计息 12 次的名义利率为 8%，银行要求小李建立偿债基金，每半年末在偿债基金中等额存款一次，偿债基金季换算的年名义利率为 8%，计算小李每次存入偿债基金的存款额。

19. 一项 100 000 元的贷款，还款期限为 10 年，每 2 年末还款一次，若年实利率为 9%，计算第 3 次还款中的本金部分和利息部分。

20. 某企业向银行贷款，合同约定贷款年利率为 5%，分 10 年还清，还款金额安排如下：第 1 年还款 20 000 元，随后每次减少 1 000 元。计算：

(1) 借款总额；

(2) 第 5 次还款中的利息金额；

(3) 如果贷款利率为 6%，且借款人能够以年利率 5% 累积偿债基金，计算当初的借款总额。

21. 某企业向银行借款 40 万元，合同约定贷款年利率为 3.25%，20 年还清，采用等额本金还款法，逐年还款。在第 10 年底该银行将合同中的贷款权益转卖给某资产管理公司，双方商定前 5 年的利率为 5%，后 5 年的利率为 4%。求该银行与资产管理公司间的交易价格。

22. 某 30 000 元贷款要求在 2 年内逐月分期偿还，且对未结贷款余额在 10 000 元以下的部分以月利率 1.25% 计息，对未结贷款余额在 10 000 元到 30 000 元之间的部分以月利率 1.75% 计息。计算每次的还款金额。

23. 一笔 15 年期的贷款，年还款额为 1 000 元，年实利率为 5%。在第 5 次还款之后调整了偿还方式。调整后，第 6 次的还款额为 800 元，第 7 次的还款额为 $(800+K)$ 元，以后每次的还款额均比前一次增加 K 元，偿还期限不变。求调整后的最后一次还款额。

24. 借款人从银行获得一笔贷款，期限为 4 年，年实利率为 8%。借款人采用偿债基金法偿还，每年末支付的总金额(包括当期的利息和向偿债基金的储蓄两部分)依次为 2 000 元、3 000 元、4 000 元、5 000 元，偿债基金的年实利率为 7%。计算贷款本金。

第二部分

金融工具定价

第五章　金融工具简介

第一节　金融工具的基本概念

金融工具是金融市场相关交易的载体，是以价值形态存在的资产，可以理解为金融工具持有人对发行人的债权或权益，即对金融工具的发行人而言是金融负债，对金融工具持有人而言是金融资产。

公开金融市场上的金融工具，一般以有价证券或其衍生品的形式进行交易。有价证券是具有票面价值，代表财产所有权或债务追索权，并借以取得一定收入的证书。金融工具必须具备规范化的统一格式，广泛的可接受性、可转让性和法律效力。

一、金融工具的分类

（一）按金融工具的性质划分

金融工具种类繁多，分类方法也有多种。最基本的分类方法是按照金融工具的性质不同进行分类，可分为债权凭证和所有权凭证。

债权凭证是发行人依照法定程序发行，并约定在一定期限内还本付息的有价证券。债权凭证反映了发行人与持有人之间的债权债务关系，对还本付息的条件有所约定，债权凭证中最具有代表性的就是债券(bond)。债券的发行人是债务人，持有人是债权人，持有人在债券到期前会定期收到发行人支付的利息，并在债券到期时收回债券的本金。

所有权凭证中最具有代表性的就是股票(stock)。股票是由股份有限公司发行，用以证明投资者的股东身份和权益，并据以取得股息红利的有价证券。股票反映了持有人对公司的所有权关系。

（二）按金融工具的融资方法划分

按照金融工具发行人的融资方法，金融工具可分为直接证券和间接证券。一般将公司、政府部门和金融机构在公开金融市场上发行或签署的各种股票、债券、商业票据、抵押契约、借款合同称为直接证券。之所以称其为直接证券，在于这类金融工具是通过直接融资的方式进行运作的，即这种资金融通方式中没有金融中介机构介入。

相应地，由金融机构发行的存款凭证、可转让定期存单、人寿保险单、基金收益凭证或基金份额等称为间接证券。此类金融工具在运作过程中有金融中介机构介入，因而属于间接融资。

（三）按金融工具的期限划分

按照金融工具的市场属性和期限，金融工具可分为货币市场工具和资本市场工具。

货币市场工具是指期限在一年以内的金融工具，包括短期政府债券、商业票据、银行承兑汇票、大面额可转让定期存单、同业拆借、回购协议等。货币市场工具期限短、流动性强、安全性好，是金融市场上发行量和交易量均居首位的金融工具。

资本市场工具是指期限在一年以上的金融工具，包括股票、公司债、国债、地方政府债、政府机构债、金融债、商业银行贷款、消费者贷款等。与货币市场工具相比，资本市场工具期限长、价格波动幅度较大，被视为风险较大的金融工具。

(四) 按金融工具的市场属性划分

按照金融工具的市场属性，金融工具可分为基础金融工具和金融衍生工具。

基础金融工具是指在实际金融交易中出具的能证明债权债务关系或所有权关系的合法凭证，主要有商业票据、债券等债权债务凭证和股票、基金等所有权凭证。

金融衍生工具(financial derivatives)又称金融衍生产品，是指建立在基础金融工具之上，价格变动取决于基础金融工具的派生工具。金融衍生工具是 20 世纪 70 年代全球金融创新浪潮中的创新性金融产品，它是在传统金融工具的基础上派生出来的，通过预测股价、利率、汇率等未来行情走势，采用交付少量保证金或权利金签订远期合同或互换不同金融资产为交易形式的新兴金融工具。金融衍生工具主要包括金融远期、金融期货、金融期权、金融互换等类别。

二、金融工具的特征

(一) 期限性

期限性是指金融工具一般有约定的偿还期，即规定发行人届时必须履行还本付息的义务。债券一般有明确的还本付息期限，以满足不同筹资者和投资者对融资期限和收益率的不同要求。债券的期限性具有法定约束力，是对融资双方权益的保护。除此之外，金融市场上还存在零期和无期限的金融工具，活期存款可视为零期金融工具，而股票、永续债券则可视为无期限金融工具。

(二) 收益性

收益性是指金融工具的持有人可以获得金融工具价值增值所带来的回报，这是投资者转让资本所有权或使用权的回报。金融资产的收益表现为它的股息收入、利息收入和买卖交易的价差收入。衡量收益水平高低的指标是收益率，即净收入和本金的比率，一般以年利率表示。影响收益水平的主要因素是金融工具的票面利率、股息率、市场利率，金融工具的期限及价格水平。

(三) 流动性

流动性是指金融工具能以合理的价格，在金融市场上流通转让和变现的特性。金融工具具有流动性必须满足三个条件：容易变现，变现的成本很小，本金保持相对稳定。金融工具的期限性约束了投资者的灵活偏好，但它的流动性以变通的方式满足了投资者对现金的随机需求。金融工具的流动性通过承兑、贴现、再贴现、买卖交易而实现。影响金融工具流动性的因素主要有金融工具的期限、发行人的资信水平、金融市场的完善程度和投机性等。

(四) 风险性

风险性是指金融工具的持有人面临预期收益不能实现，甚至连本金也有遭受损失的可能性。风险反映了未来经济状况的不确定性。在现代社会经济条件下，未来的经济变化有些是可预测的，有些是不可预测的，这些变化会影响金融工具发行人的经营状况和盈利能力，使金融工具具有预期收益不确定性的风险。金融工具的风险性不仅取决于发行人的信用水平、经营能力和盈利能力，还受到宏观经济状况、国际国内政治环境、金融市场完善程度等多重因素的影响。

第二节 基础金融工具简介

本节我们简要介绍基础金融工具中三个具有代表性的品种：股票、债券和证券投资基金。

一、股票

(一) 股票的基本概念

股票(stock)是有价证券的主要形式，是股份有限公司签发和证明股东按其所持股份享有权利和承担义务的凭证。

股份有限公司的全部资本被划分为等额的单位，称为“股份”，每一股份都代表着所有者(即股东)对公司财产占有一定的份额。将“股份”印制成一定的书面形式，记载表明其价值的事项及有关股权等条件的说明，就是传统的股票。随着电子技术的发展，现在的股票大多是一种电子符号，记录在证券登记结算公司的电子账簿中，而没有了实体的形式。股票和股份是形式和内容的关系，股票是形式，股份是内容。

股票就其性质来看，代表着股东对公司的所有权，是代表一定经济利益分配请求权的资本证券，是资本市场上流通的一种有价证券。

(二) 股票的特征

1. 期限的永久性

股票没有期限，没有约定的到期日。股东无权要求公司退还股本。股东要想收回投资，只能将股票转让给他人，但这种转让只改变公司资本的所有者，不涉及公司资本的增减。股份公司在破产清偿或因故解散的情况下，依照法定程序宣布结束的，不能理解为股票到期，只能理解为对公司的清理。此时，股东所获得的清偿不一定等于其投入的本金。

2. 有限的责任性

股份有限公司的性质决定了股东只负有限清偿责任，即股东仅以其所持股份为限对公司承担责任。当公司资不抵债时，股东除了认购的股金以外，无义务对公司所欠债务承担连带清偿责任。即股东的损失以购买公司股票的金额为限，这是股份有限公司能在社会公众中广泛募集资金的重要原因之一。

3. 有限的决策参与性

股票是公司所有权的证明，因此股东有权参与公司决策。但是在现实中，由于所有权和经营权两权分离，股东通过股东大会选举董事会，再由董事会聘请总经理，董事会将管理公司日常经营的权利委托给总经理。只有在面临公司重大决策时，才由股东大会投票表决。因此，在现实中，股东拥有的参与权限于参加股东大会，听取董事会提出的工作报告和财务报告，并提出自己的意见和建议；投票选举公司董事或监事；投票参与公司重大经营决策等。同时，在一股一票的投票制度安排下，只有拥有一定数量股票的股东才能真正影响公司的经营决策。

4. 流通性

股票可以在流通市场上自由转让，也可以在证券交易所或柜台市场上变现。股票的流通性弥补了股票期限上永久性的不足，这也是股份有限公司能在社会公众中广泛募集资金的一个重要原因。

5. 收益性

人们投资股票的根本目的是获利。股东的投资收益来自两个方面：一是公司派发的股息和红利；二是买卖股票获得的差价。

6. 风险性

股票投资是一项高风险的投资，通常用股票价格的波动性来衡量股票的风险性。投资者承担的风险分为系统性风险和非系统性风险两部分。市场利率变动、宏观经济状况、政治局势等引起的风险属于系统性风险，公司盈利水平、经营状况等引起的风险属于非系统性风险。

（三）股票的分类

根据股东所享有的权利不同，股票可以分为普通股和优先股。

1. 普通股

普通股(common stock)是股票中最普遍的一种形式，是股份公司最重要的股份，其持有人享有股东的基本权利和义务。普通股的股利分配不固定，在对公司盈利和剩余资产的分配顺序上列在债权人和优先股股东之后，所以普通股票是风险最大的股票。

普通股股东享有的主要权利有：

(1) 经营决策的参与权。普通股股东有权参加股东大会，听取董事会提交的工作报告和财务报告，并提出自己的意见和建议；有权选举公司董事和监事；有权对公司重大经营决策进行投票表决。

(2) 公司盈余的分配权。普通股股东有权从公司的利润分配中得到股息。

(3) 剩余资产索取权。当公司破产或清算时，若公司资产在满足了债权人的清偿权和优先股股东的索取权后还有剩余，则普通股股东具有按照持有股份的比例索取剩余资产的权利。

(4) 优先认股权。当公司增发普通股票时，现有普通股股东有权按照低于市价的某个特定价格及其持股比例购买一定数量的新发行的股票，以维持其在公司的持股比例不变。

2. 优先股

优先股(preferred stock)是相对于普通股而言的，指股东权利受到一定限制，但在公司盈余和剩余资产分配上享有优先权的股票。优先股同样可以买卖和自由转让。

优先股具有如下特征：

(1) 优先按照规定方式领取股息。公司在支付普通股票股息之前，必须先按照事先约定的方法计算优先股股息，并支付给优先股股东。

(2) 优先按照面额清偿。在公司破产或解散清算时，优先股票有权在偿还债务后，按照票面金额先于普通股票从清算资金中得到补偿。

(3) 限制参与经营决策。优先股股东一般没有投票权，从而不能参与公司的经营决策。

(4) 一般不享有公司利润增长的收益。通常情况下，优先股股东只能按照事先规定的方式领取股息，不能因为公司利润增长而增加股息收入。

二、债券

(一) 债券的基本概念

债券是发行人(也称债务人或借款人)按照法定程序发行的、在未来按照约定的时间和方式向其购买方(也称债权人或投资者)支付利息和偿还本金的一种债务凭证。

债券包含以下四层含义：首先，债券发行人(借款人)是资金的借入者；其次，债券投资者是资金的供给者；再次，发行人需要按照约定的条件还本付息；最后，债券投资者与发行者之间是一种债权债务关系，债券发行人即债务人，投资者(或债券持有人)即债权人，债券是债务的证明书，具有法律效力。

债券对资金借贷双方权责关系的约定有：借贷货币资金的数额、借贷的时间、借贷期间的资金成本或应有补偿。

(二) 债券票面的基本要素

债券票面的基本要素主要有票面价值、到期期限、票面利率，以及债券发行者名称。

1. 债券的票面价值

债券的票面价值包括两个要素：

(1) 票面价值的币种，即以何种货币作为债券价值的计量标准。币种的选择主要依其发行的对象和发行人的需要来确定。若是对国内市场发行，债券的币种就是本国货币；若在国际金融市场筹资，一般以债券发行地国家或国际通用货币(如美元、欧元等币种)作为计量标准。

(2) 债券的票面金额。票面金额大小的不同，对于债券的发行成本和持有者的分布具有不同的影响。若票面金额较小，则小额投资者也可购买，持有者分布面广，但债券印刷成本及发行工作量大，可能增加发行费用；若票面金额过大，则购买者仅为少数大投资者，一旦这些投资者认购积极性不高，可能导致发行失败。

2. 债券的到期期限

债券的到期期限即从债券发行日起至偿清本息日为止的时间。对于债券发行者来说，必须根据不同条件确定债券的期限。首先，发行人要考虑资金使用目的和周转期的长短，保证在完成筹资目的的同时有能力在规定的时间内偿还债务。其次，要考虑未来市场利率的发展趋势。一般情况下，市场利率呈下降趋势，多发行短期债券；反之，则应发行长期债券。这样既可避免利率风险，又可减少因市场利率上升引起的筹资成本增加。再次，要考虑流通市场的发达程度。若流通市场发达，则债券变现能力强，购买长期债券的投资者多，发行长期债券容易取得成功。

3. 债券的票面利率

债券的票面利率是指债券的利息与债券票面价值的比率。例如，某种债券票面利率为10%，即表示认购票面价值为100元债券，每年可得到10元利息。债券的票面利率主要受基准利率、发行者资信、偿还期限、利息计算方式和资本市场资金的供求情况等影响。

4. 债券发行者名称

债券发行者就是该债券的债务主体。债券发行者必须具备公开发行债券的法定条件，并对债券到期的还本付息承担法律责任。

（三）债券的特征

1. 偿还性

偿还性是指债券有规定的偿还期限，债务人必须按期向债权人支付利息和偿还本金。债券的偿还性使得资金筹措者不能无限期地占用债券投资者的资金，换言之，他们之间的借贷经济关系将随偿还期结束、还本付息手续完毕而消失。这一特征与股票的永久性有很大的区别。历史上，债券的偿还性也有例外，英国就曾发行过无期公债或永久性公债，这种公债无固定的偿还期，持券者不能要求政府清偿，只能按期取息。

2. 收益性

收益性是指债券能为投资者带来一定的收入。这种收入表现为三种形式：债券投资者能定期取得的利息收入；二级市场买卖债券而获取的差价收益；再投资收益，即持有债券期间将所获利息进行再投资(reinvestment)的利息收入。

债券的二级市场价格随着市场利率的变化而发生变化。当市场利率下跌时，债券的价格上涨；反之，当市场利率上升时，债券的价格则下跌，两者呈反向变化关系。投资者根据债券市场价格的变化，在价格较低时买进，价格较高时卖出，就可获得买卖差价收益。而再投资收益的高低则受再投资时市场利率高低的影响。

3. 流动性

流动性是指债券能够以其理论值或接近于理论值的价格出售的难易程度。当债券持有人急需资金时，可在市场上售出取得现金以收回投资。不同的债券在不同的情况下，流动性的强弱各不相同。若证券市场较为发达、债券发行人的资信较高，或债券期限较短、投资者购买踊跃，则该种债券的流动性就强；反之，该种债券流动性就弱。一般高流动性的债券收益率较低，两者呈反向关系。

4. 安全性

债券与股票等其他有价证券相比，投资风险低、安全性较高，主要原因是：首先，债券的发行要经过有关部门的严格审查，一般只有信誉较高的筹资人才能获准发行债券，因此债券到期的还本付息有较为可靠的保证；其次，债券票面利率固定，二级市场价格也较为稳定，可以避免因市场价格剧烈波动而遭受严重损失；再次，债券流动性较强，当投资者急需资金时，可在二级市场卖出以收回投资；最后，在企业破产时，债券持有者享有优先于股票持有者(即股东)对企业剩余资产的索取权。

（四）债券的分类

债券的种类众多，可以从不同的角度进行分类。

1. 按发行主体分类

根据债券的发行主体不同，债券可以分为政府债券、公司债券和金融债券。

政府债券的发行主体是政府，包括中央政府和地方政府。由中央政府以财政部的名义发行的债券是国家债券，简称国债，国债是国家信用的主要形式；以地方政府为发债主体的债券称为地方政府债券，发行债券募集的资金用于当地经济发展和公共设施建设，其信用仅次于国债，一般享有免税待遇。

公司债券是由公司按照法定程序发行，约定在一定期限还本付息的有价证券。公司债券的发行主体是股份公司，但有些国家也允许非股份制的企业发行债券。公司债券的风险比政府债券和金融债券要大一些。公司债券有中长期的，也有短期的，视公司的需要而定。

金融债券的发行主体是银行或非银行金融机构。金融债券是金融机构补充附属资本的主要渠道，是较为理想的筹集长期资金的工具。由于金融机构的资信度高，易为社会公众接受，因而金融债券不仅具有较高的安全性和收益性，也具有广泛的流动性。

2. 按债券的利率是否固定分类

根据债券的利率是否固定，债券可以分为固定利率债券和浮动利率债券两大类。

固定利率债券是指在偿还期内利率固定不变的债券。在偿还期内，无论市场利率如何变化，债券持有人只能按照债券票面载明利率获取债息。在偿还期内，当市场利率高于票面利率时，债券持有人就要承担收益率相对较低的风险；当市场利率低于票面利率时，债券持有人可以获得由于市场利率下降带来的额外收益。

浮动利率债券则是利率可以定期变动的债券。这种债券的利率按照预先确定的基准利率予以定期调整，一般高于基准利率一定的百分点。当市场利率上升时，债券的利率也相应上浮；反之，当市场利率下降时，债券利率就相应下调。

3. 按利息的支付方式分类

根据利息的支付方式，债券可以分为附息债券和贴现债券。

附息债券是指券面附有息票(coupon)，在规定时间内以息票兑现形式支付利息的中长期债券，也称为定息债券或剪息债券，其特点是在还本之前逐年分次支付利息。

贴现债券是以低于票面面值发行，到期按照面值兑付的债券，也称贴水债券或贴息债券。贴现债券的利息是预付的，债券的发行价格与其面额的差价即为利息。贴现债券中最具有代表性的是零息债券(zero-coupon bond)，此类债券并非字面上的“零息”，而是以贴现方式发行，到期给付面值，实际利息来自面值与发行价格之差，此类债券的期限往往在一年以内。

4. 按债券发行的区域分类

根据债券发行的区域不同，债券可以分为国内债券和国际债券。国内债券是指发行人在本国境内发行，以本国货币为面值的债券。国际债券是指发行人在国外市场发行，且不以发行人所在国货币为面值的债券。

国际债券又可分为外国债券和欧洲债券两类。其中外国债券是指发行人在外国证券市场发行的、以市场所在国货币为面值的债券；欧洲债券则是指发行人在外国证券市场发行的、以市场所在国以外的第三国货币为面值的债券，又称境外债券。需要说明的是，欧洲债券虽起源于欧洲，但现在其市场所在地早已不限于欧洲。

三、证券投资基金

（一）证券投资基金的概念

证券投资基金是指通过发售基金份额，将众多投资者分散的资金集中起来，形成独立财产，由基金托管人托管，由基金管理人分散投资于股票、债券或其他金融资产，并将投资收益分配给基金份额持有人的集合投资方式。

世界各国和地区对证券投资基金的称谓有所不同。在美国，证券投资基金被称为共同基金(mutual fund)或投资公司(investment company)；在英国和中国香港，被称为单位信托基金(unit trust)；在欧洲一些国家，被称为集合投资基金或集合投资计划(collective investment scheme)；在日本和韩国则被称为证券投资信托基金(securities investment trust)。

证券投资基金是一种金融工具，同时又是证券市场的机构投资者，可以说，它集投资主体、投资客体和金融中介于一身。

（二）证券投资基金的特征

尽管世界各国和地区对证券投资基金的称谓不同，但是它们具有一些共同的特点，主要有以下几点。

1. 集合投资，体现规模优势

证券投资基金将众多投资者的小额资金集中起来，表现出集合投资的特点。单个投资者由于资金规模较小，因此在投资时往往交易量较小，导致交易成本较高。而证券投资基金可以发挥资金的规模优势，显著地降低了交易成本，从而使中小投资者也能实现与机构投资者类似的规模收益。

2. 组合投资，分散非系统风险

现代证券投资理论表明，单个证券的风险包括系统风险和非系统风险，不同证券的非系统风险不尽相同，如果能构造一个充分分散化的证券组合，那么组合中各证券的非系统风险就可以相互抵消，从而使证券组合的总风险大大低于单个证券的风险。中小投资者如果要投资多种证券，或者会被资金规模所限，或者会有高额的交易成本。证券投资基金则可以同时投资于数十种，甚至上百种证券，使基金所持有的证券组合的非系统风险充分分散。中小投资者若投资于证券投资基金，就相当于使用少量的资金购买了一篮子证券，从而能够降低投资的非系统风险。

3. 专家管理，服务专业化

证券投资基金由专业的基金管理人进行投资管理。基金管理人比一般的中小投资者在信息、经验、时间、研究能力和投资技巧等方面更具有优势。同时，证券投资基金从发行、交易、申购赎回到收益分配和再投资都有专门的机构负责办理，因此，基金投资者能够享受到专业化的投资管理和服务所带来的好处。

4. 监管严格，信息披露透明

证券投资基金拥有较大的资金量，其交易行为会对市场产生一定的影响，因此各国的法律、法规都对基金业实行严格的监管。基金发起人、管理人、托管人的资格和职责，基金的投资对象和数量，基金的交易行为都有一定的限制。同时，关于证券投资基金的多种信息都会被要求进行及时规范的披露，从而有效地保护基金持有人的利益。

5. 资产管理和财产保管相分离

证券投资基金的管理人只负责基金的投资运作，并不处理基金财产的保管。基金财产则由独立于基金管理人的基金托管人负责保管。资产管理和财产保管相分离，使基金管理人和基金托管人能够相互监督、相互制衡，从而减少损害基金持有人利益的行为。

（三）证券投资基金的分类

证券投资基金按照不同的分类标准有不同的分类方法，下文仅列举常见的几种分类方式。

1. 按组织形式划分

根据组织形式的不同，分为契约型基金和公司型基金。契约型基金是基于一定的信托契约进行代理投资的组织形式，通过基金投资者和基金管理人、基金托管人签订基金契约而设立的，这里的基金契约是一种信托合同。公司型基金是依据公司法和基金公司章程，通过向基金投资人募集基金股份而设立的。在公司型基金中，投资者是基金公司的股东，享有股东权，按照所持基金股份分享投资收益，并承担有限责任。

2. 按基金运作方式划分

根据基金运作方式不同，分为封闭式基金和开放式基金。封闭式基金是指经核准的基金份额总额在基金合同期限内固定不变，基金份额可以在依法设立的证券交易场所交易，但基金份额持有人不得申请赎回的基金运作方式。开放式基金是指基金份额总额不固定，基金份额可以在基金合同约定的时间和场所申购或赎回的基金运作方式。

3. 按募集方式划分

根据募集方式的不同，分为公募基金和私募基金。公募基金是指面向社会公开发售基金份额的基金；私募基金则是指采取非公开方式向特定投资者发行的基金。

第三节　金融衍生工具简介

在第一节，我们提到了金融衍生工具的概念。由于具备规避风险的功能，金融衍生工具在现代金融市场中最具发展前景。本节简要介绍金融衍生工具中具有代表性的品种：金融期货、金融远期、金融期权和金融互换。

一、金融期货

金融期货是指交易买卖的双方在期货交易所以公开竞价的方式成交，承诺在未来某一日期或某一段时间内，以事先约定的价格交割某种特定标准数量金融工具的契约。金融期货是各类金融衍生工具中人们较为熟悉的一个品种。金融期货的出现改变了传统的现货交易的模式，为风险的转移和规避提供了新的方式和手段。

与商品期货不同，金融期货的标的物是金融工具或金融指数，如国债、外汇、股票、股票价格指数等。虽然金融期货的产生大大晚于商品期货，但发展却极为迅速。目前，金融期货占西方期货市场交易量的比重已达 60%以上。

当今世界上的金融期货按照交易对象的不同大致可分为货币期货、利率期货和股权类期货三种。

（一）货币期货

货币期货以各种可以自由兑换的货币作为交易对象，如英镑、日元、欧元、加拿大元、澳大利亚元、瑞士法郎和美元等。作为最早出现的金融期货品种，其诞生伴随着固定汇率制转向浮动汇率制的重大变革。在浮动汇率制度下，国际金融市场上各种货币之间的汇率波动既频繁又剧烈。因而广大投资者、生产经营者及各种金融机构普遍面临着日益严重的汇率风险的威胁。在这种情形下，人们自然迫切需要一种既便利、又能有效地防范或化解汇率风险的工具。货币期货正是在这种条件下应运而生的。

1972 年 5 月，在货币学派领袖米尔顿·弗里德曼(Milton Friedman)的建议下，美国芝加哥商业交易所(CME)设立了国际货币市场(IMM)分部，推出了 7 种货币的期货合约，开始了货币期货的交易。货币期货的产生，满足了人们规避汇率风险的强烈需求，一经推出就受到了极大的欢迎。

（二）利率期货

利率期货则是以各种利率的载体作为合约标的物。债券是利率的主要载体，故利率期货主要是指附有利率的债券期货，如短期国库券、中期国债、长期国债、存款凭证、90 天商业票据和欧洲美元债券等。目前，利率期货交易量在全世界衍生工具场内交易量的占比多于一半。

自 20 世纪 70 年代起，石油危机的冲击和通货膨胀的日益严重，使得金融风险越来越大，金融创新层出不穷，原来的利率管制很难有效。于是，很多国家和地区纷纷放松或取消利率管制，从而实行利率自由化。在利率自由化后，利率波动不仅越来越频繁，而且波动的幅度也越来越大。利率频繁而又大幅度的波动，使得各种经济主体，尤其是各类金融机构面临着日益严重的利率风险。为管理利率风险，就需要利用各种适用于利率风险管理的工具。利率期货正是人们管理利率风险的既简便、又有效的工具。

1975 年 10 月，芝加哥期货交易所推出了有史以来第一张利率期货合约——政府国民抵押协会(Government National Mortgage Association，GNMA)抵押凭证期货合约，虽然该合约在后来未能得到进一步的发展，但是由此开启了利率期货品种的新纪元。

目前，我国上市交易的利率期货品种均是国债期货，包含三大品种，分别是两年期、五年期和十年期国债期货。

（三）股权类期货

股权类期货是以单只股票、股票组合或者股票价格指数为基础资产的期货合约，主要包括股指期货、单只股票期货和股票组合期货三种。股指期货是以股票价格指数为基础变量的期货交易；单只股票期货是以单只股票为基础变量的期货；股票组合期货是金融期货中最新的一类，是以标准化的股票组合为基础资产的金融期货。

目前，我国上市交易的股指期货合约有三大品种，分别是沪深 300、上证 50、中证 500 股指期货。另外，在中国香港，上市交易的除了以恒生指数期货为代表的股指期货合约外，还有股票期货品种上市交易，其中包含的股票期货标的物有长江实业、汇丰控股、和记黄埔、中国电信、中国联通、中国石油等。

二、金融远期

金融远期是指由交易双方约定于未来某日期以成交时所确定的价格，交割一定数量的某种金融商品的协议或合约，如远期外汇合约、远期利率协议、远期股票合约、远期债券合约等。在金融远期的有效期内，合约的价值随标的资产市场价格的波动而变化。

金融远期与前文所述的金融期货在交易方式上有着一定的相似性，尤其是这两种交易均具有先成交、后交割的特点。因此人们很容易将这两种交易形式混为一谈。但是与期货交易不同，远期交易是一种在场外进行的、非标准化的远期合约的交易，它在很多方面都与期货交易大不相同。

金融远期采用的是一对一的交易方式，交易事项可以协商确定，较为灵活，金融机构或大型工商企业通常利用远期交易作为风险管理手段，但是非集中性的交易也带来了交易对手搜索困难、交易成本较高、存在违约风险等缺点。相比之下，金融期货合约则在交易所进行，由于合约的标准化和期货保证金制度的保障，交易双方不存在违约风险，并且合约易于流通和转让。

在作为衍生金融工具的金融远期合约中，目前最常见的是远期外汇合约和远期利率协议，这两类衍生金融工具分别用于防范汇率和利率变动的风险。

三、金融期权

(一) 金融期权的概念

金融期权是指期权合同的买方具有在期满日或期满日以前，按照合同约定的价格买进或卖出某种约定数量金融工具的选择权。金融期权同其他衍生工具交易一样，具有套期保值、回避风险和进行投机，以高风险谋取高额利润的双重功能。

具体而言，金融期权是买卖双方订立合约，由买方向卖方支付一定数额的权利金后，即赋予买方在规定时间内按照双方事先约定的价格购买或出售一定数量某种金融资产的权利。对期权买方来讲，合约赋予的只有权利而无义务，条件是在购买时必须支付一定数额的期权费给卖方。对期权的卖方来讲，合约赋予的只有义务而无权利，在收取买方付给的期权费后，有义务按照合同事先规定的要求履约。

(二) 金融期权的特征

金融期权最显著的特点是交易的对象(即标的物)不是任何金融资产实物，而是一种在规定的有效期内行使买进或卖出某种金融资产的权利。期权合约一旦订立，买方须事先向卖方支付期权费，作为获得选择权的代价，不论买方是否行使期权，期权费均不退还。由于卖方承受的风险很大，为取得平衡，在期权的设计上，卖方获利的概率要比买方大得多。期权的设计满足了对风险和收益有不同要求的各类投资者的需要，它比期货交易更能吸引众多投资者。

(三) 金融期权合约的构成要素

金融期权合约是金融期权交易的对象。与期货交易不同，期权交易不仅有场内交易市场，还有一个规模庞大的场外交易市场。场内交易的是标准化合约，场外交易的合约则是非标准化的，但目前为节约时间取得更大效率，场外交易也在努力使期权合同达到一定标准。在此主要介绍场内交易的标准化合约。标准化金融期权合约主要由以下要素构成。

1. 行权价

行权价又称履约价格、执行价格、协定价格、敲定价格等，是指在期权合约中事先确定，在履行合约时买入(或卖出)该期权标的物的价格，履约价格一旦敲定，不容更改。对于同一种期权合约商品，履约价格有所不同。值得注意的是，在期权合约中，履约价格仅相当于一般商品的"品质""等级"，而非买卖合约价格，买卖合约价格是权利金。

2. 合约金额

合约金额是指在期权合约中规定的交易金额。该金额标准固定，其数额由交易所制定。

3. 合约有效期限

金融期权合约有效期限一般不超过 9 个月，以 3 个月或 6 个月最常见。但对股票期权、股票指数期权来说，由于股票价格变化频繁，走势难以预期，合约有效期也比较短，一般为 1 个月、2 个月或 3 个月。

4. 期权费

期权费又称期权价格、权利金、保险费或保证金等，是指期权买方为取得合约所赋予的权利，而向卖方支付的费用，通常是预先支付的。对买方来说，其可利用权利金买到期权，又可以把可能遭受的损失控制在权利金范围内；对卖方来说，权利金是其卖出期权所得的报酬。

5. 合约格式

在金融期权合约中，一般要规定合约的交易单位、最小变动单位、每日最高波动幅度、合约月份、最后交易日、履约日、交割方式等。

四、金融互换

金融互换是 20 世纪 80 年代初世界汇率和利率剧烈波动条件下的产物，是国际金融衍生市场的重要组成部分。当今，全球金融互换市场已集外汇市场、证券市场、短期货币市场、长期资本市场于一身，既是融资工具的创新，又是金融风险管理的新手段。

(一) 金融互换的概念

金融互换是指以金融机构为中介人，为两个或两个以上的当事人按照商定的条件，在约定的时间内交换一系列支付款项的金融交易。它可以使互换双方获得低成本、高收益的融资，并可避免利率与汇率风险。

这里需要注意的是，虽然互换和掉期使用的都是同一个英文名称 Swap，但是互换作为一种新兴的金融衍生工具，与外汇买卖中的掉期截然不同。

(二) 金融互换的种类

金融互换的基本种类可概括为货币互换和利率互换两种。

1. 货币互换

货币互换是指互换交易的双方将自己所持有的以一种货币表示的资产或负债调换成以

另一种货币表示的资产或负债的业务。货币互换的前提是要存在两个在期限和金额上相同，而对货币需求相反的交易对手方，双方按照预先约定的汇率进行资本额互换，而后每年以约定的利率和资本额进行利息支付和互换，协议到期时则按原约定汇率再将资本额换回。

2. 利率互换

利率互换是指交易双方在债务币种相同的情况下，互相交换不同形式利率的一种预约性业务。利率互换一般不进行本金交换，只是互换以不同利率为基础的资本筹集所产生的一连串利息，包括计息方法不同(一方以固定利率计息，另一方以浮动利率计息)或计息方法相同但利率水平不一致的互换。利率互换由于双方交换的利率币种是相同的，故一般采取净额支付的方法来结算。

(三) 互换的功能与作用

1. 降低筹资成本

互换交易的双方利用各自的筹资优势，可以大幅度降低筹资成本，这是其他金融衍生工具所不具备的一个优势。

2. 优化资产负债结构

互换交易可以使筹资者很方便地筹措到任何期限、币种、利率的资金，方便资产和负债的货币结构管理，实现资产负债的最佳搭配，从而减少中长期利率和汇率变化的风险。

3. 可在难以涉足的市场上低成本获得资金

通过互换交易可以在尚未涉足的市场上获得成本优惠的资金。例如，中国银行若要在欧洲市场上通过发行债券筹措一亿欧洲美元资金，由于中国银行从未在欧洲市场上发行过债券，且知名度不高，则发行成本较高。因此，该银行可先在东京市场发行武士债券(日元计价的外国债券)，随后通过日元和美元货币互换，获得所需欧洲美元资金，核算下来筹资成本十分优惠。

4. 不增加举债总额

互换交易不计入资产负债表，其交易额不增加举债总额，被称为受欢迎的表外业务。有时，它还可以被用来规避各项法令的限制，如规避外汇管制、利率管理、税收限制等。

习　题

1. 与基础金融工具相比，金融衍生工具有何特点？
2. 股票和债券有何区别？
3. 金融期货与金融期权有何区别？
4. 请说明期权的行权价与期权费有何区别？

第六章　债券定价及相关的计算

第五章简要介绍了金融工具的基本概念，本章着重介绍债券这一金融工具的定价和计算问题。

第一节　债券的定价原理

任何金融资产的理论价格都等于其预期现金流量的现值。由此，确定证券价格的条件是：事先知道预期现金流量的估计值，使证券所有现金流的现值等于证券市价的利率(必要的、合理的到期收益率)。债券预期现金流量一般是确定的，计算简单，但不同类型的债券的现金流量并不相同。附息债券的现金收入流量由到期日之前的周期息票利息支付和到期票面价值两项构成。无息票债券不进行任何的周期性息票支付，而是将到期价值和购买价格的差额作为投资者得到的利息，它的现金流量即为债券的面值或到期价值。必要的或合理的到期收益率是指通过对市场上一些信用等级和偿还期限相同债券的收益率加以比较而确定的收益率。通常以国债的收益率作为基准利率加上一定的风险升水，这一收益率是投资者在一定的风险条件下对债券投资的期望收益率。

一、债券定价公式

债券价格是其预期的现金流量的现值，因此债券的定价原理就是将其预期现金流量序列加以折现。根据现值计算原理，可以得出不同计息方式和计息次数的债券定价模型。

为方便说明，定义以下符号：

P——债券的价格。

M——债券的名义价值或面值，一般是债券到期时支付给债券持有人的金额。

F——债券到期时或赎回时的兑现金额，即在债券兑现时，债券的持有者一次性得到的回报。一般情况下，债券是在到期日以面值进行兑现的，即 $F=M$，但当债券在到期日前被兑现，或发行人破产或其他情况时，F 与 M 不一致。

r——债券票面利率或息票率，用于计算债券每次支付的利息金额或息票金额。

C——债券每次支付的利息或息票金额，息票金额＝债券面值×息票率，即 $C=Mr$。

g——债券的修正息票率，表示每 1 个货币单位兑现金额的息票金额，即 $g=\frac{Mr}{F}=\frac{C}{F}$。一般情况下，当 $M=F$ 时，$g=r$，即票面利率或息票率与修正息票率相等。

n——从计算日期到债券兑现日或到期日之间息票的兑现次数。

i——计算债券价格时进行现金流贴现所使用的利率，可以理解为市场利率或投资者购买债券所要求的收益率，也称为债券的到期收益率，即债券投资人在债券到期时可以获得的收益率。除非特别声明，到期收益率的周期与息票率的周期是一样的。

K——债券兑现金额(F)以到期收益率(i)计算的现值，即

$$K=\frac{F}{(1+i)^n}=Fv^n$$

G——债券的基值或基价，表示用收益率 i 和息票金额推算的原始本金，即债券基值 G 按照收益率 i 投资，每期产生的利息收入等于债券的息票收入，即 $Gi=Mr=C$。

(一) 附息债券的价格定价公式

对附息债券来说，其预期收入有两个来源：到期日前定期收到的息票金额和到期时收到的兑现金额。债券的价格有不同的计算方法，最常见的是基本公式法，即债券价格等于未来息票金额的现值与到期兑现值的现值之和，其他计算方法是基本公式的变形。

1. 基本公式

根据债券价格等于未来息票金额的现值与到期兑现值的现值之和，债券定价的基本公式可以表示为

$$P=\sum_{t=1}^{n}\frac{Mr}{(1+i)^t}+\frac{F}{(1+i)^n}=\sum_{t=1}^{n}Mr\cdot v^t+Fv^n$$

由此可得，债券价格的基本公式为

$$P=Mra_{\overline{n}|i}+Fv^n=Ca_{\overline{n}|i}+K \tag{6.1}$$

2. 溢价折价公式

将债券定价的基本公式经过适当变形，可以得到债券定价的溢价折价公式为

$$P=F[1+(g-i)a_{\overline{n}|i}] \tag{6.2}$$

证明　对债券定价的基本公式变形有

$$\begin{aligned}P&=Ca_{\overline{n}|i}+Fv^n=Ca_{\overline{n}|i}+F(1-ia_{\overline{n}|i})\\&=F+(C-iF)a_{\overline{n}|i}=F+(Fg-iF)a_{\overline{n}|i}\\&=F[1+(g-i)a_{\overline{n}|i}]\end{aligned}$$

由债券定价的溢价折价公式可知，当修正息票率大于到期收益率(或市场利率)时，债券的价格超过债券的兑现金额，称为债券溢价发行；当修正息票率小于到期收益率(或市场利率)时，称为债券折价发行；当修正息票率等于到期收益率(或市场利率)时，称为债券平价发行。由于一般情况下债券兑现金额为债券面值，这时修正息票率等于票面利率/息票率，因此，当市场利率大于票面利率/息票率时，债券折价发行，当市场利率小于票面利率/息票率时，债券溢价发行，当市场利率等于票面利率/息票率时，债券平价发行。

3. 基值公式

将债券定价的基本公式经过适当变形，可以得到债券定价的基值公式为

$$P=G+(F-G)v^n \tag{6.3}$$

证明　对债券定价的基本公式变形有

$$\begin{aligned}P&=Ca_{\overline{n}|i}+Fv^n=Gia_{\overline{n}|i}+Fv^n\\&=G(1-v^n)+Fv^n\\&=G+(F-G)v^n\end{aligned}$$

债券定价的基值公式可以解释如下：投资者若将基价 G 按照收益率 i 投资 n 年，每年

末可以获得与息票收入 C 相等的周期性收益(即 $Gi=Mr$)，到期时还可以获得 G 元的偿还值(本金)；而投资者若将 P 元用于购买 n 年期债券，每年末可以获得周期性的息票金额 C，到期时还可以获得 F 元的偿还值。由此可见，投资者购买债券可以在到期时多获得 $F-G$ 元的偿还值。这个偿还值的现值为 $(F-G)V^n$ 元，所以投资者购买债券的价格 P 应比基价 G 多支付 $(F-G)V^n$ 元。

4. Makeham 公式

将债券定价的基本公式经过适当变形，可以得到债券定价的 Makeham 公式为

$$P=\frac{g}{i}(F-K)+K \tag{6.4}$$

证明　对债券定价的基本公式变形有

$$\begin{aligned}P&=Ca_{\overline{n}|i}+Fv^n=Fg\,\frac{1-v^n}{i}+Fv^n\\&=\frac{g}{i}(F-Fv^n)+Fv^n\\&=\frac{g}{i}(F-K)+K\end{aligned}$$

对于常见附息债券，发行者的还款方式是每期偿还利息，债券到期或兑现时一次性偿还债券面值或兑现金额。若一次性兑现金额较大，会给发行者造成较大的资金压力。因此，在实务上常见的处理方式是将债券改为分期偿还的债券(也称系列债券)，即将一次性兑现金额分散在不同兑付日期进行偿还或兑付，这相当于把债券分解为不同到期期限的附息债券。

对于分期偿还债券(即原债券可以分解为 m 个不同期限的普通附息债券)，分解后债券对应的兑现金额设为 $F_s(s=1,2,\cdots,m)$，兑现金额的现值为 $K_s(s=1,2,\cdots,m)$，设原债券的修正息率为 g，到期收益率为 i。根据分解后每个债券定价的 Makeham 公式，而原债券价格等于每个债券价格之和，可得分期偿还债券的 Makeham 公式为

$$P=\frac{g}{i}\left(\sum_{s=1}^{m}F_s-\sum_{s=1}^{m}K_s\right)+\sum_{s=1}^{m}K_s \tag{6.5}$$

例 6.1　10 年期面值 1 000 元的美式债券，每半年付息一次，息票率为 8%，到期时按面值兑现。若以市场利率为半年名义利率 10%认购，分别用四种公式计算该债券的认购价格。

解　由已知可知

$$M=F=1\,000,\ g=r=\frac{8\%}{2}=4\%,\ i=\frac{10\%}{2}=5\%,\ n=20$$

进一步有

$$a_{\overline{20}|5\%}=12.462\,2,\ v^{20}=1.05^{-20}=0.376\,89,\ G=\frac{Mr}{i}=800,\ K=376.89$$

由式(6.1)，可得

$$P=Mra_{\overline{n}|i}+K=498.49+376.89=875.38(\text{元})$$

由式(6.2)，可得

$$P=F[1+(g-i)a_{\overline{n}|i}]=1\,000(1-0.01\times 12.462\,2)=875.38(\text{元})$$

由式(6.3)，可得

$$P = G + (F - G)v^n = 800 + 200 \times 0.37689 = 875.38(\text{元})$$

由式(6.4)，可得

$$P = \frac{g}{i}(F - K) + K = 0.8 \times 623.11 + 376.89 = 875.38(\text{元})$$

Excel 算法公式：

=PV(10%/2，10 * 2，-1 000 * 8%/2，-1 000)

例 6.2 某债券的面值为 1 000 元，年度息票率为 5%，从第 6 年末开始，发行人每年末偿还 205 元，直至第 10 年末还清。假设债券的到期收益率为 6%，计算该债券的价格。

解 由已知可知，题中债券是一种分期偿还债券，可根据式(6.5)计算。

已知 $m=5$，$F_s=205$，$M_s=1\,000/5=200$，$r=5\%$，$i=6\%$，$g=\frac{M_s r}{F_s}=4.878\%$，兑现金额 $F_s(s=1, 2, \cdots, 5)$的时间流程如图 6.1 所示，兑现金额 $F_s(s=1, 2, \cdots, 5)$构成延期 5 年的 5 年期期末年金，其现值

$$\sum_{s=1}^{5} K_s = 205 \times (a_{\overline{10}|6\%} - a_{\overline{5}|6\%}) = 645.28$$

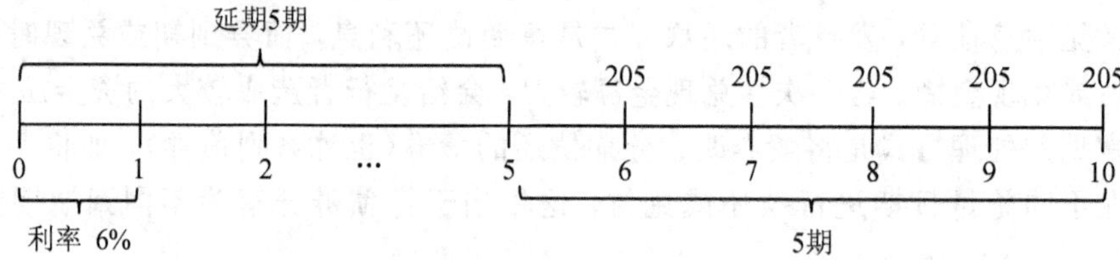

图 6.1 例 6.2 中现金流的时间流程图

综上，可得

$$\begin{aligned} P &= \frac{g}{i}\left(\sum_{s=1}^{5} F_s - \sum_{s=1}^{5} K_s\right) + \sum_{s=1}^{5} K_s \\ &= \frac{4.878\%}{6\%} \times (205 \times 5 - 645.28) + 645.28 \\ &= 953.99(\text{元}) \end{aligned}$$

Excel 算法公式：

=PV(6%，6，-200 * 5%，-205)+PV(6%，7，-200 * 5%，-205)+PV(6%，8，-200 * 5%，-205)+PV(6%，9，-200 * 5%，-205)+PV(6%，10，-200 * 5%，-205)

(二) 一次性还本付息债券的定价公式

对于一次性还本付息债券来说，其预期收入是债券到期时一次性支付的利息和债券面值。根据债券定价原理，可得相应的债券定价公式为

$$P = \begin{cases} \dfrac{M(1 + r \cdot n)}{(1 + i)^n}, & \text{若债券的息票率按单利计息} \\ \dfrac{M(1 + r)^n}{(1 + i)^n}, & \text{若债券的息票率按复利计息} \end{cases} \tag{6.6}$$

(三) 零息债券的定价公式

零息债券可看作一次性还本付息债券的特殊形式，而利息的支付按照债券贴现发行、到期按面值偿还的方式，在债券到期时发生，所以可把面值视为零息债券到期的本息之和，对应的债券定价公式为

$$P=\frac{M}{(1+i)^n} \tag{6.7}$$

二、马基尔债券定价规律

从债券定价模型可知，引起债券市场价格不断波动的主要原因是到期收益率的变动。但是当市场利率变动时，不同债券对市场利率变化的反应程度不尽相同。马基尔(Burfan G. Malkiel)研究了债券价格波动的五条规律：

(1) 债券的市场价格与到期收益率呈反方向变动，债券到期收益率上升，价格下降；债券到期收益率下降，价格上升。

(2) 当债券的到期收益率与息票率不相等时，债券价格必然与债券面值不等，到期期限越长，两者的差距越大。

(3) 若债券的收益率在整个有效期内不变，则其折价或溢价减少的速度将随着到期日的临近而逐渐加快，直至到期日时债券价格等于债券兑现金额。

(4) 债券收益率的下降会引起债券价格上升，且上升幅度要超过债券收益率以同样比率上升而引起的债券价格下跌的幅度。

(5) 债券的息票率越高，则由其收益率变化引起的债券价格变化的百分比就越小。

对于债券分析人员来说，透彻地理解债券价格的上述特性是十分重要的，因为它们对预测债券价格如何随利率变动很有价值。对这五条规律的认识，我们将在第四节久期和凸性部分予以说明。

第二节　债券价值评估

债券常常作为一种长期投资产品，所以其价值不只体现在发行价格上。债券一旦被售出，就进入了生存期。特别是进入二级市场后，债券价格可能随时变化，这种变化一般由两部分组成：内在(长期投资)价值和市场供求形成的临时附加价值。前者一般用于资产(负债)的账面价值计算，不同于市场上重新出售的相同债券的交易价格，这种价值一般是以发行时约定的收益水平计算的未来投(融)资价值，常称之为账面价值；后者是非常复杂和不确定的，一般由市场的交易情况和资本市场的宏观情况决定，同时随着债务市场利率的变化而变化，一般称这样形成的价格为市场价值。下面以附息债券为例，探讨此类债券的账面价值评估。

一、支付息票金额时点的债券价值评估

如果用 BV_k 表示 k 时刻(第 k 次支付息票后)的账面价值，其价值等于未来现金流量的

现值(这里所使用的贴现因子可以与发行时的不同)，则有

$$\mathrm{BV}_k = Ca_{\overline{n-k}|i} + Fv^{n-k} = F[1+(g-i)a_{\overline{n-k}|i}], \quad k=0,1,2,\cdots,n \tag{6.8}$$

进一步，可得相邻时刻的债券账面价值之间的关系：

$$\mathrm{BV}_{k+1} = (1+i)\mathrm{BV}_k - C, \quad k=0,1,2,\cdots,n \tag{6.9}$$

一般情况下，债券在发行和兑现时的账面价值是确定的，即

$$\mathrm{BV}_0 = P,\ \mathrm{BV}_n = F$$

账面价值的计算为债券提供了一种合理的、渐变的赋值过程，被许多投资者所采用。例如，保险公司和养老金管理者可以在计算财务报表时表示债券部分的资产价值。

二、两次息票金额间账面价值的调整

前面介绍了每次息票领取后账面价值的计算方法。有时因为某些债券是在两次息票领取之间某个时刻被转卖的，这就需要将后一次的息票收入在新旧两个债券持有者之间合理分配，所以需要了解在两次息票领取之间债券价值的变化过程。为方便说明，定义以下符号：

$t+k$——债券转卖的时刻，其中 $t=0, 1, 2, \cdots, n-1$，$0\leqslant k\leqslant 1$。

B_{t+k}——$t+k$ 时刻债券的账面价值。

C_k——应计息票，从上一次息票支付日直到转卖日为止的时间内应得的息票金额，这部分金额是由债券的新持有者补偿给转卖者的，其大小与 k 和 C 有关。由定义有 $C_0=0$，$C_1=C=Mr$。

B_{t+k}^f——债券的平价(或称债券的全价)，指债券转手时的实际交易价格。

B_{t+k}^m——债券的市场价格(也称债券的牌价或净价)，指债券交易时的市场报价。它是针对债券面值形成的债券市场价格，不包括应计利息部分，所以有时也称之为该时刻的账面价值。

根据上述记号的说明，则有关系式

$$B_{t+k}^f = B_{t+k}^m + C_k \tag{6.10}$$

与应计息票的计算方法相对应，债券的市场价格(账面价值)有下述三种计算方法。

1. 理论法

这种方法将 $t(t=0, 1, 2, \cdots, n-1)$ 时刻的账面价值按照复利方式累积，有

$$B_{t+k}^f = B_t(1+i)^k$$

同样采用复利方式计算的应计息票为

$$C_k = Cs_{\overline{k}|i} = C\frac{(1+i)^k-1}{i}$$

于是债券的市场价格为

$$B_{t+k}^m = B_t(1+i)^k - C\frac{(1+i)^k-1}{i} \tag{6.11}$$

2. 实用法

这种方法将 $t(t=0, 1, 2, \cdots, n-1)$ 时刻的账面价值按照单利累积，有

$$B_{t+k}^f = B_t(1+ik)$$

同样采用单利方式计算的应计息票为

$$C_k = kC$$

于是债券的市场价格为

$$B_{t+k}^{m} = B_t(1 + ik) - kC \tag{6.12}$$

3. 半理论法

这种方法是前面两种方法的混合，其中债券的平价按照复利方式计算而得，而应计息票则按照单利方式计算而得，所以债券的市场价为

$$B_{t+k}^{m} = B_t\,(1+i)^k - kC \tag{6.13}$$

例 6.3　现有面值 1 000 元的 2 年期债券，半年换算名义息率为 8%，半年换算名义收益率为 6%。计算债券发行 5 个月后的市场价格(账面价值)。

解　由已知，可得债券的发行价格为

$$P = B_0 = \frac{1\,000 \times 8\%}{2} a_{\overline{4}|3\%} + 1\,000\,(1+3\%)^{-4} = 1\,037.17(\text{元})$$

又有 $t=0$，$k=5/6$(用月份表示时间，半年为 1 个标准计息周期)。

(1) 采用理论法计算：

$$B_{5/6}^{m} = B_0(1+i)^{5/6} - C\,\frac{(1+i)^{5/6}-1}{i}$$

$$= 1\,037.17(1+3\%)^{5/6} - 1\,000 \times \frac{8\%}{2} \times \frac{(1+3\%)^{5/6}-1}{3\%} = 1\,029.78(\text{元})$$

(2) 采用实用法计算：

$$B_{5/6}^{m} = B_0\left(1+\frac{5}{6}i\right) - \frac{5}{6}C$$

$$= 1\,037.17\left(1+3\% \times \frac{5}{6}\right) - \frac{5}{6} \times 1\,000 \times \frac{8\%}{2} = 1\,029.77(\text{元})$$

(3) 采用半理论法计算：

$$B_{5/6}^{m} = B_0(1+i)^{5/6} - \frac{5}{6}C$$

$$= 1\,037.17(1+3\%)^{5/6} - \frac{5}{6} \times 1\,000 \times \frac{8\%}{2} = 1\,029.70(\text{元})$$

第三节　债券的收益率

一般来说，债券收益率有多种形式，本节主要介绍债券的当前收益率、到期收益率和持有期收益率。

一、当前收益率

当前收益率为债券的年利息收入与买入债券的实际价格的比率，其计算公式为

$$Y = \frac{C}{P} \times 100\% \tag{6.14}$$

其中，Y 为当前收益率，C 为每次债券利息金额或息票金额，P 为债券的买入价格。

当前收益率度量的是债券利息收益占购买价格的百分比，反映每单位投资能够获得的债券年利息收益，但无法反映债券投资的资本损益(即债券市价变动所带来的损益)。

二、到期收益率

到期收益率(yield-to-maturity，YTM)是使债券现金流量的现值等于当前债券市场价格的利率。对于附息债券(债券到期时按面值兑现)来说，可以用下列公式得出到期收益率(i)与债券价格之间的关系式：

$$P=\sum_{t=1}^{n}\frac{C}{(1+i)^t}+\frac{M}{(1+i)^n} \tag{6.15}$$

当已知 P、M、C 和 n 的值并代入式(6.15)时，用试错法、财务计算器或 Excel 算法便可算出 i 的数值。

与当前收益率不同，到期收益率既考虑了利息收入，也考虑了资本损益和再投资收益。然而，暗含在到期收益率计算中的一个假设条件是债券的息票利息能够按照到期收益率再投资。也就是说，到期收益率的实现依赖于以下条件：将债券一直持有至期满，且息票利息可以到期收益率进行再投资。若不能同时满足这两个条件，则投资者的实际收益率就会与到期收益率产生偏差。例如，若投资者的利息收入再投资所取得的收益率低于到期收益率，则实际收益率将低于到期收益率；反之，则高于到期收益率。

例 6.4 某附息债券的息票率是 4%，每半年支付一次，债券的面值为 1 000 元，当前距离到期还有 10 年，到期按面值兑换，当前时刻债券的价格是 1 030 元。求债券的到期收益率。

解 由于是半年付息一次，因此每次付息的数额为 1 000×4%/2=20 元，可得

$$P=\sum_{t=1}^{2n}\frac{C}{(1+i/2)^t}+\frac{M}{(1+i/2)^{2n}}\Rightarrow 1\,030=\sum_{t=1}^{20}\frac{20}{(1+i/2)^t}+\frac{1\,000}{(1+i/2)^{20}}$$

关于到期收益率的求解，可以通过试错法，利用线性插值的方法得出近似结果。以本题为例，由于债券的价格高于面值(即溢价)，因而到期收益率要低于债券的息票率。正因如此，到期收益率的取值要小于 4%，这里假设到期收益率取 3.5%，计算出的结果为

$$\sum_{t=1}^{20}\frac{20}{(1+3.5\%/2)^t}+\frac{1\,000}{(1+3.5\%/2)^{20}}=1\,041.88(\text{元})$$

而到期收益率取 4%时，到期收益率等于息票率，债券平价发行，即

$$\sum_{t=1}^{20}\frac{20}{(1+4\%/2)^t}+\frac{1\,000}{(1+4\%/2)^{20}}=1\,000(\text{元})$$

实际的债券市价(1 030 元)介于两者之间。接下来运用线性插值的方法进行近似求解。该方法假定债券与利率的变动呈线性关系，因此可以利用三角学的相关知识求解到期收益率(如图 6.2 所示)。

因此，有

$$\frac{1\,041.88-1\,000}{4\%-3.5\%}=\frac{1\,041.88-1\,030}{i-3.5\%}\Rightarrow i=3.64\%$$

最终求得到期收益率约为 3.64%。

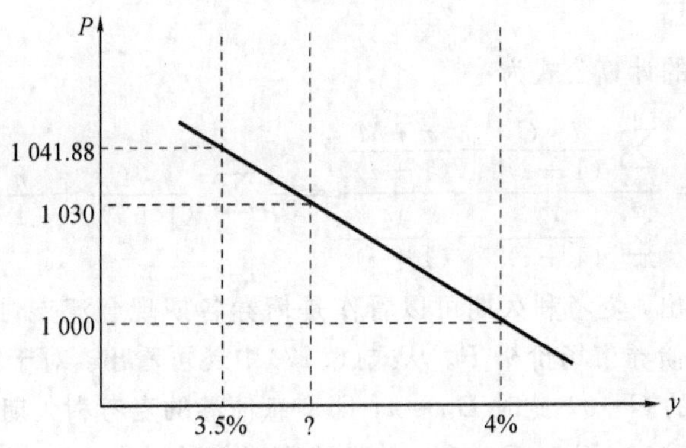

图 6.2　线性插值方法示意图

需要说明的是，到期收益率的精确计算，需要使用财务计算器或计算机程序实现。本章附录中介绍了如何利用 Matlab 软件，使用牛顿二分法进行到期收益率的精确求解。同时本书还附带了专门的债券计算器，可以在 Windows 7 以上的操作系统平台使用，软件的使用简介参见本章附录。

Excel 算法：在一个空白单元格中输入“=RATE(10 * 2，1 000 * 4%/2，－1030，1 000)”后按回车键，可得 1.819 7%(单元格的格式为百分比，小数位数保留 4 位)，该数值为半年到期实利率，从而可得到期收益率(半年换算名义利率)为 1.819 7%×2=3.639 4%，到期收益率(实利率)为(1+1.819 7%)^2－1=3.672 5%。

三、持有期收益率

持有期收益率是指从买入债券到卖出债券期间所获得的年平均收益(包括当期发生的利息收益和资本利得)与买入债券的实际价格的比率。其计算公式为

$$Y = \frac{C + (P_1 - P_0)/N}{P_0} \times 100\% \tag{6.16}$$

其中，Y 为持有期收益率，C 为每年的息票金额，P_1 为债券的卖出价格，P_0 为债券的买入价格，N 为债券的持有年限。

持有期收益率度量的是持有债券期间的收益占购买价格的百分比，反映了每单位投资能够获得的全部收益，但是该方法刻画的收益率未考虑到利息再投资所产生的收益。

第四节　债券的久期和凸性

一、债券的久期

债券投资者需要对债券价格变动和债券利率变动的关系进行计算，通常采用久期对其进行度量。久期(duration)是测量债券价格相对于收益率变动的敏感性指标。最重要的一种久期是 1938 年由弗雷德里克·麦考利(Frederic Macaulay)首先提出的麦考利久期(Macaulay duration)，其次是修正久期(modified duration)。

(一) 麦考利久期

麦考利久期 D_M 的计算公式为

$$D_M = \frac{\sum_{t=1}^{n} \frac{t \cdot C}{(1+i)^t} + \frac{n \cdot M}{(1+i)^n}}{\sum_{t=1}^{n} \frac{C}{(1+i)^t} + \frac{M}{(1+i)^n}} = \frac{1}{P} \sum_{t=1}^{n} \frac{t \cdot C}{(1+i)^t} + \frac{n \cdot M}{(1+i)^n} \tag{6.17}$$

从公式(6.17)不难看出，麦考利久期可以看作是债券各期现金流支付时间的加权平均值，其中的分母部分就是债券市场价格 P。从式(6.17)中还可看出，对于零息债券来说，各期均不支付利息，相应的 $C=0$，此时 $D_M=n$，即零息债券的麦考利久期等于其剩余期限；而对于附息债券而言，$C>0$，此时 $D_M<n$，并且随着 C 值的增大，D_M 会不断减小。因此，麦考利久期与息票率呈反向变动关系，息票率越高，麦考利久期越小。

(二) 修正久期

修正久期的计算公式为

$$D_{mod} = \frac{\sum_{t=1}^{n} \frac{t \cdot C}{(1+i)^{t+1}} + \frac{n \cdot M}{(1+i)^{n+1}}}{\sum_{t=1}^{n} \frac{C}{(1+i)^t} + \frac{M}{(1+i)^n}} = \frac{1}{P} \sum_{t=1}^{n} \frac{t \cdot C}{(1+i)^{t+1}} + \frac{n \cdot M}{(1+i)^{n+1}} = \frac{D_M}{1+i} \tag{6.18}$$

与麦考利久期类似，修正久期与息票率之间也呈反向变动关系。

(三) 利率变动与债券价格变动的关系

根据第三节的内容，债券的定价公式为

$$P = \sum_{t=1}^{n} \frac{C}{(1+i)^t} + \frac{M}{(1+i)^n} \tag{6.19}$$

接下来考查利率 i 的变动与债券价格 P 的变动之间的关系。在数学中通过对 P 关于 i 求导的方式进行运算，其结果为

$$\frac{dP}{di} = -\sum_{t=1}^{n} \frac{t \cdot C}{(1+i)^{t+1}} - \frac{n \cdot M}{(1+i)^{n+1}} \tag{6.20}$$

注意到该式与前面提及的修正久期公式(6.18)的分子项有相似之处，两者合并可得

$$\frac{dP}{di} = -D_{mod} \cdot P \tag{6.21}$$

经过整理，可得

$$dP = (-D_{mod} \cdot P) \cdot di \tag{6.22}$$

从中不难看出，利率的变动与债券价格变动之间类似于线性关系，并且该线性关系中的直线斜率是 $-D_{mod} \cdot P$。这充分说明了：修正久期可以用来刻画利率与债券价格变动之间的线性关系，并且修正久期越大，相对应的斜率的绝对值越大，利率变动对债券价格变动的影响也就越大；反之亦然。

如图 6.3 所示，其中的曲线是债券的价格收益率曲线。当到期收益率由 4%变动至 7%时，实际的债券价格会由 2 100 元变动至 1 500 元附近。若使用久期来衡量价格的变动，则测量出的债券价格将会变动至 1 400 元附近，两者之间有非常大的差距。这意味着如果只考

虑线性关系而忽略非线性关系是存在问题的。

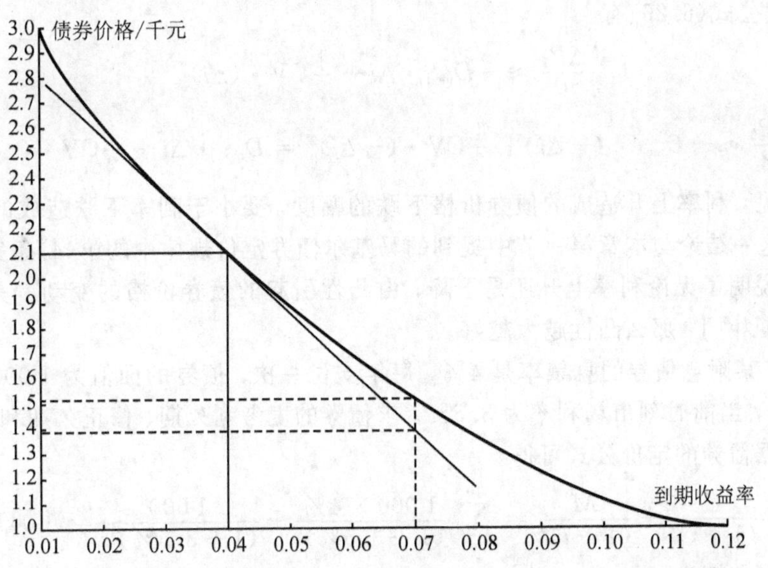

图 6.3　久期的缺陷示例

从债券的定价公式(6.19)和图 6.3 中可以看出，利率变动与债券价格变动之间并非单纯的线性关系。从数学的角度看，两者的关系应该呈现出双曲线的形状。正因如此，应当在原先线性关系的基础上，引入利率与债券价格之间的非线性关系。结合数学中所介绍的泰勒展开式的知识，有

$$\frac{\mathrm{d}P}{P} \approx \frac{\mathrm{d}P}{\mathrm{d}i}\mathrm{d}i + \frac{1}{2}\frac{\mathrm{d}^2 P}{\mathrm{d}i^2}(\mathrm{d}i)^2 \tag{6.23}$$

其中，第一项衡量线性关系，而第二项则衡量非线性关系。对第二项中的二阶求导进行进一步计算，可得

$$\frac{\mathrm{d}^2 P}{\mathrm{d}i^2} = \sum_{t=1}^{n} \frac{t(t+1)\cdot C}{(1+i)^{t+2}} + \frac{n(n+1)\cdot M}{(1+i)^{n+2}} \tag{6.24}$$

由此引出凸性的概念。

二、债券的凸性

债券凸性(convexity)的计算公式为

$$\mathrm{CV} = \frac{1}{P}\sum_{t=1}^{n} \frac{t(t+1)\cdot C}{(1+i)^{t+2}} + \frac{n(n+1)\cdot M}{(1+i)^{n+2}} \tag{6.25}$$

将该式与式(6.22)～式(6.25)进行合并，可得

$$\frac{\mathrm{d}P}{P} \approx -D_{\mathrm{mod}}\cdot \mathrm{d}i + \frac{1}{2}\mathrm{CV}\cdot(\mathrm{d}i)^2 \tag{6.26}$$

由此可见，凸性是对债券价格利率敏感性的二阶估计。在利率出现大幅度变动时，债券价格的变动呈非线性关系。由久期所做出的预测将会产生较大偏差，而凸性则是对这种偏差的相应修正。

假设利率向上和向下变动的数额均为 Δi，相应债券价格的变动数额分别记为 ΔP_1 和 ΔP_2，则根据公式(6.26)有

$$\frac{\Delta P_1}{P} \approx -D_{\text{mod}} \cdot \Delta i + \frac{1}{2}\text{CV} \cdot (\Delta i)^2$$

$$\frac{\Delta P_2}{P} \approx -D_{\text{mod}} \cdot (-\Delta i) + \frac{1}{2}\text{CV} \cdot (-\Delta i)^2 = D_{\text{mod}} \cdot \Delta i + \frac{1}{2}\text{CV} \cdot (\Delta i)^2 \quad (6.27)$$

由此可见，利率上升造成的债券价格下跌的幅度，要小于利率下跌造成的债券价格上升的幅度。这一结论与本章第一节中提到的马基尔债券定价规律中的第(4)条完全对应。公式(6.27)也说明了无论利率上升还是下降，由凸性引起的债券价格的变动都是正的。因此如果修正久期相同，那么凸性越大越好。

例 6.5 某附息债券的息票率是 4%，每年支付一次，债券的面值为 1 000 元，距离到期还有 10 年，当前时刻市场利率为 3.5%。求债券的麦考利久期、修正久期和凸性。

解 根据债券的定价公式可得

$$P = \sum_{t=1}^{n} \frac{C}{(1+i)^t} + \frac{M}{(1+i)^n} = \sum_{t=1}^{10} \frac{1\,000 \times 4\%}{(1+3.5\%)^t} + \frac{1\,000}{(1+3.5\%)^{10}} = 1\,041.58(\text{元})$$

债券的麦考利久期为

$$D_{\text{M}} = \frac{1}{P}\sum_{t=1}^{n} \frac{t \cdot C}{(1+i)^t} + \frac{n \cdot M}{(1+i)^n} = \frac{1}{P}\sum_{t=1}^{10} \frac{t \cdot 40}{(1+3.5\%)^t} + \frac{10 \cdot 1\,000}{(1+3.5\%)^{10}} = 8.472\,3(\text{年})$$

修正久期为

$$D_{\text{mod}} = \frac{D_{\text{M}}}{1+i} = \frac{8.472\,3}{1+3.5\%} = 8.186(\text{年})$$

凸性为

$$\text{CV} = \frac{1}{P}\sum_{t=1}^{n} \frac{t(t+1) \cdot C}{(1+i)^{t+2}} + \frac{n(n+1) \cdot M}{(1+i)^{n+2}} = \frac{1}{P}\sum_{t=1}^{10} \frac{t(t+1) \cdot 40}{(1+3.5\%)^{t+2}} + \frac{10 \times 11 \times 1\,000}{(1+3.5\%)^{12}} = 82$$

Excel 算法：

(1) 对于债券的麦考利久期的计算，使用函数为

DURATION(settlement，maturity，coupon，yld，frequency，[basis])

其中，参数 settlement 是指有价证券卖给购买者的日期，maturity 是指有价证券的到期日，coupon 是指有价证券的年息票利率，yld 是指有价证券的年收益率，frequency 是指年付息次数(如果按年支付，frequency=1；按半年期支付，frequency=2；按季支付，frequency=4)，basis 表示要使用的日计数基准类型(0 或省略表示 US (NASD) 30/360；1 表示实际天数/实际天数；2 表示实际天数/360；3 表示实际天数/365；4 表示欧洲 30/360)。

(2) 对于债券的修正久期的计算，使用函数为

MDURATION(settlement，maturity，coupon，yld，frequency，[basis])

其中，参数与函数 DURATION()中的含义相同。

例 6.5 的 Excel 公式①：

(1) =DURATION(DATE(2015，5，1)，DATE(2025，5，1)，4%，3.5%，1)；

① 假设该有价证券卖给购买者的日期为 2015 年 5 月 1 日。

(2) =MDURATION(DATE(2015，5，1)，DATE(2025，5，1)，4%，3.5%，1)。

例 6.6　基于例 6.5 的信息，假设市场利率变动了 0.1%，债券的价格会发生多大的变动？如果变动了 1%呢？

解　(1) 若市场利率由 3.5%变动为 3.4%，则变化后的债券价格为

$$P=\sum_{t=1}^{n}\frac{C}{(1+i)^t}+\frac{M}{(1+i)^n}=\sum_{t=1}^{10}\frac{1\,000\times 4\%}{(1+3.4\%)^t}+\frac{1\,000}{(1+3.4\%)^{10}}=1\,050.15(\text{元})$$

债券价格的变动额为

$$\Delta P_1=1\,050.15-1\,041.58=8.57(\text{元})$$

(2) 若市场利率由 3.5%变动为 3.6%，则变化后的债券价格为

$$P=\sum_{t=1}^{n}\frac{C}{(1+i)^t}+\frac{M}{(1+i)^n}=\sum_{t=1}^{10}\frac{1\,000\times 4\%}{(1+3.6\%)^t}+\frac{1\,000}{(1+3.6\%)^{10}}=1\,033.1(\text{元})$$

债券价格的变动额为

$$\Delta P_2=1\,033.1-1\,041.58=-8.48(\text{元})$$

(3) 若市场利率由 3.5%变动为 2.5%，则变化后的债券价格为

$$P=\sum_{t=1}^{n}\frac{C}{(1+i)^t}+\frac{M}{(1+i)^n}=\sum_{t=1}^{10}\frac{1\,000\times 4\%}{(1+2.5\%)^t}+\frac{1\,000}{(1+2.5\%)^{10}}=1\,131.28(\text{元})$$

债券价格的变动额为

$$\Delta P_3=1\,131.28-1\,041.58=89.7(\text{元})$$

(4) 若市场利率由 3.5%变动为 4.5%，则变化后的债券价格为

$$P=\sum_{t=1}^{n}\frac{C}{(1+i)^t}+\frac{M}{(1+i)^n}=\sum_{t=1}^{10}\frac{1\,000\times 4\%}{(1+4.5\%)^t}+\frac{1\,000}{(1+4.5\%)^{10}}=960.44(\text{元})$$

债券价格的变动额为

$$\Delta P_4=960.44-1\,041.58=-81.14(\text{元})$$

基于前面介绍的债券久期和凸性分别用来刻画利率变动与债券价格变动的线性和非线性关系，接下来我们分别利用前面已经求出的修正久期和凸性，对债券价格的变动进行近似计算，从中体会两者的作用。

根据公式(6.15)，可得

$$\Delta P=(-D_{\text{mod}}\cdot P)\cdot\Delta i$$

当市场利率变动 0.1%时：

$$\Delta P_{11}=(-D_{\text{mod}}\cdot P)\cdot\Delta i=(-8.186\times 1\,041.58)\times(-0.1\%)=8.526(\text{元})$$

$$\Delta P_{21}=(-D_{\text{mod}}\cdot P)\cdot\Delta i=(-8.186\times 1\,041.58)\times 0.1\%=-8.526(\text{元})$$

与前面算出的结果 ΔP_1 和 ΔP_2 相比，债券价格变动的差别不大。

当市场利率变动 1%时：

$$\Delta P_{31}=(-D_{\text{mod}}\cdot P)\cdot\Delta i=(-8.186\times 1\,041.58)\times(-1\%)=85.26(\text{元})$$

$$\Delta P_{41}=(-D_{\text{mod}}\cdot P)\cdot\Delta i=(-8.186\times 1\,041.58)\times 1\%=-85.26(\text{元})$$

与前面算出的结果 ΔP_3 和 ΔP_4 相比，债券价格变动的差别较大。

根据公式(6.16)，可得

$$\Delta P=\left[-D_{\text{mod}}\cdot\Delta i+\frac{1}{2}\text{CV}\cdot(\Delta i)^2\right]P \qquad (6.28)$$

当市场利率变动0.1%时：

$$\Delta P_{12}=\left[-D_{\text{mod}}\cdot\Delta i+\frac{1}{2}\text{CV}\cdot(\Delta i)^2\right]P$$

$$=\left[-8.186\times(-0.1\%)+\frac{1}{2}\times 82\times(-0.1\%)^2\right]\times 1\,041.58=8.569(\text{元})$$

$$\Delta P_{22}=\left[-D_{\text{mod}}\cdot\Delta i+\frac{1}{2}\text{CV}\cdot(\Delta i)^2\right]P$$

$$=\left[-8.186\times 0.1\%+\frac{1}{2}\times 82\times(0.1\%)^2\right]\times 1\,041.58=-8.483(\text{元})$$

与前面算出的结果 ΔP_1 和 ΔP_2 相比，债券价格变动的差别非常小。

当市场利率变动1%时：

$$\Delta P_{32}=\left[-D_{\text{mod}}\cdot\Delta i+\frac{1}{2}\text{CV}\cdot(\Delta i)^2\right]P$$

$$=\left[-8.186\times(-1\%)+\frac{1}{2}\times 82\times(-1\%)^2\right]\times 1\,041.58=89.533(\text{元})$$

$$\Delta P_{42}=\left[-D_{\text{mod}}\cdot\Delta i+\frac{1}{2}\text{CV}\cdot(\Delta i)^2\right]P$$

$$=\left[-8.186\times 1\%+\frac{1}{2}\times 82\times(1\%)^2\right]\times 1\,041.58=-80.99(\text{元})$$

与前面算出的结果 ΔP_3 和 ΔP_4 相比，债券价格变动的差别已经非常小了。可见，在利率变动幅度较大时，使用凸性可以提高债券价格变动近似计算的精确度；利率变动幅度很小时，使用凸性对债券价格变动的近似计算影响不大。

第五节　可赎回债券的价格

有些公司在发行债券时会选择使用赎回条款，该条款规定，在特定条件下，债券发行人有权要求债券持有人将已经发行的债券回售给发行人。含有赎回条款的债券称为可赎回债券(callable bond)。

赎回条款是有利于债券发行人的条款，为了保护债券持有人的利益，赎回条款中通常会规定一个赎回保护期(如5～10年)，即债券发行一定时期以后，债券发行人才能行使赎回权。债券发行人在赎回债券时支付给债券持有人的金额通常等于或略高于债券的面值，高于面值的部分通常为1年期的利息成本。譬如，面值为1 000元、息票率为10%的债券，其赎回价格可能为1 100元。

公司发行可赎回债券的原因之一是控制融资成本。当市场利率下降时，债券的价格会上升。当市场利率足够低时，债券的市场价格将高于债券的赎回价格。此时，债券发行人如果赎回原来发行的债券，并发行较低利率的新债券，就可以降低融资成本。赎回条款限制了债券持有人从债券价格上升中所能获得的收益，因此与其他债券相比，可赎回债券具有相对较高的预期收益率。

公司债券往往会对发行公司的管理规定若干限制性条款，如对公司支付红利的数额或发行新债的规模进行限制，或对公司的财务政策(如公司合并等)进行限制。公司债券中使用赎回条款的一个重要原因就是方便解除对债券发行人的各种限制。

对于债券的发行公司而言，可赎回债券也有利于调整公司的资产结构。譬如，对于一家拥有过多现金流的公司，如果没有合适的投资机会，就可以考虑可赎回债券，以减轻公司的债务负担。

例 6.7　可赎回债券的面值为 1 000 元，息票率为 12%，期限为 8 年，赎回保护期为 5 年。如果发行人在第 5 年末赎回，则赎回价格为 1 050 元；如果在第 6 年末赎回，则赎回价格为 1 030 元；如果在第 7 年末赎回，则赎回价格为 1 010 元；如果到期偿还，则偿还值为1 000元。假设债券发行人从第 5 年末开始可以在任意一年末行使赎回权，如果投资者所要求的最低收益率为 10%，计算投资者所愿意支付的最高价格。

解　由于债券发行人从第 5 年末开始可以在任意一年末行使赎回权，因此，投资者愿意支付的最高价格应该按发行人最有可能行使赎回权的日期计算。发行人最有可能行使赎回权的日期应该是债券价格最低的日期。

如果债券发行人在第 5 年末行使赎回权，则有 $M=1\,000$，$F=1050$，$r=12\%$，$i=10\%$，$n=5$，应用债券定价的基本公式，债券的价格为

$$\begin{aligned}P_5 &= Mra_{\overline{n}|i}+Fv^n\\ &=1\,000\times 12\%a_{\overline{5}|10\%}+\frac{1050}{(1+10\%)^5}\\ &=1\,106.86(\text{元})\end{aligned}$$

同理，可得债券发行人在第 6、7、8 年末行使赎回权，其对应债券的价格分别为

$$P_6=1\,000\times 12\%a_{\overline{6}|10\%}+\frac{1\,030}{(1+10\%)^6}=1\,104.04(\text{元})$$

$$P_7=1\,000\times 12\%a_{\overline{7}|10\%}+\frac{1\,010}{(1+10\%)^7}=1\,102.50(\text{元})$$

$$P_8=1\,000\times 12\%a_{\overline{8}|10\%}+\frac{1000}{(1+10\%)^8}=1\,106.70(\text{元})$$

由此可见，债券的价格在第 7 年末最低，所以投资者愿意支付的最高价格应该是1 102.50元。如果投资者的出价高于 1 102.50 元，则当发行人在第 7 年末行使赎回权时，投资者的收益率将达不到其所要求的 10%。如果投资者按 1 106.70 元的价格购买债券（即假设发行人不行使赎回权），则当发行人实际在第 7 年末行使赎回权时，投资者的实际收益率将为 9.92%。它是下述方程的解：

$$1\,000\times 12\%a_{\overline{7}|i}+\frac{1010}{(1+i)^7}=1\,106.70$$

式中，右边是投资者实际支付的债券价格，左边是应用债券定价的基本公式计算的债券价格。

本例表明，当债券包含赎回条款时，债券的价格将低于不包含赎回条款的同类债券。如在本例中，如果债券不包含赎回条款，则债券的价格应该是 1 106.70 元。

如前所述，对于可赎回债券，其价格等于在各种可能赎回时点上的最低价格。如果债券可以在赎回保护期以后的任意时间点上行使赎回权，就需要在每个可能的赎回时点上分别计算一个债券的价格，但这种时间点显然有无穷多个。若债券的兑现金额 F 在各种可能的赎回时点上保持不变，在这种情况下，可以通过债券的溢价折价公式直接找出最低价格

对应的时间点。债券的溢价折价公式为

$$P = F[1+(g-i)a_{\overline{n}|i}]$$

从上式可以看出，当债券的修正息票率 g 大于债券的到期收益率 i 时，债券的期限 n 越短，债券的价格越低；反之，当债券的修正息票率 g 小于债券的到期收益率 i 时，债券的期限 n 越长，债券的价格越低。基于债券价格的上述特点，就很容易找到可赎回债券的最低价格。

例 6.8 10 年期可赎回债券的年息票率为 6%，每半年支付一次利息。债券的面值为 1 000元，赎回保护期为 5 年。从第 5 年末开始，债券发行人有权随时赎回债券，赎回价格为 1 020元。如果投资者要求每半年复利一次的年收益率为 5%，计算该赎回债券的发行价格。

解 债券每半年的息票收入为 30 元，每半年的修正息票率为

$$g = \frac{C}{F} = 2.941\,2\%$$

而投资者所要求的每半年的到期收益率为 $i=2.5\%$，则修正息票率大于到期收益率，即 $g>i$，所以债券的期限越短，即 n 越小，债券的价格越低。由于债券的赎回保护期为 5 年，所以最小的 $n=10$。

根据债券定价的溢价折价公式，可得该赎回债券的发行价格为

$$\begin{aligned} P &= F[1+(g-i)a_{\overline{n}|i}] \\ &= 1\,020 \times [1+(2.941\,2\% - 2.5\%)a_{\overline{10}|2.5\%}] \\ &= 1\,059.39(\text{元}) \end{aligned}$$

本章附录

附录 A 使用牛顿二分法进行到期收益率计算的思路

债券价格与其到期收益率呈反向的关系。如果用数学的语言来表达，就是债券价格与到期收益率之间的函数关系是单调递减的。基于这一结论，可以对债券的到期收益率进行数值求解。其中最为简单且高效的方法就是牛顿二分法(Newton’s bisection method)。

为了便于说明牛顿二分法的基本原理，假设所要求解的到期收益率是 y^*(未知)，对应的债券价格是 P(已知)。

第一步，确定迭代运算的初始值。给出到期收益率下限的初值 A，以及上限的初值 B。两值所对应的债券价格分别为 P_A 和 P_B，并且这两个值应当刚好在已知的债券价格 P 的两端，即 $P_B<P<P_A$。

第二步，选取上下限的中间值 Mid$=0.5(A+B)$，并求出中间值 Mid 对应的债券价格 P_{Mid}。

第三步，若债券价格 P 落在区间$[P_{\text{Mid}}, P_A]$内，则将到期收益率上限值改为 Mid(将 Mid 的数值赋予 B)，下限值不变；若债券价格 P 落在区间$[P_B, P_{\text{Mid}}]$内，则到期收益率下限值改为 Mid(将 Mid 的数值赋予 A)，上限值不变。最终求解到期收益率的区间宽度缩小到原先的一半。

重复第二步和第三步，直到最终 P_{Mid} 的数值与债券价格 P 之差的绝对值达到设定的误差值(如 0.000 001)，此时取到期收益率上下限数值的平均值，就是我们希望获得的隐含波动率的数值结果，即 $y^*=0.5(A+B)$。

从上面的步骤中不难看出，牛顿二分法通过不断地二等分到期收益率的可能区间，最终逼近到期收益率的真实数值。

为了实现该算法，下面以债券价格为 1 030、年息票率为 4%且半年付息一次、到期期限为 10 年、面值为 1 000 元的附息债券为例，求它的到期收益率。这里设定运算的精度是 0.000 001(即10^{-6})[①]，迭代初始的上、下限分别为 1 和 0。相关 Matlab 代码如下：

```
%债券价格计算的函数
function price=bond_price(c, M, y, t, n)
%c：年息票率 M：债券面值 y：年到期收益率
%t：债券的期限 n：每年付息次数
    C=(c.*M./n)*ones(n*t, 1);
        for i=1:(n*t)
        C(i)=C(i)./(1+y./n).^i;
        end
    price=sum(C)+M./(1+y./n).^(n.*t);
end
%到期收益率运算代码
c=0.04; M=1000; t=10; n=2; P=1030;
A=0; %设定迭代下限的初值
B=1; %设定迭代上限的初值
Mid=(B+A)/2; %迭代区间的中值
precision=1e-6; %设定运算的精度
% 无解判定
if (bond_price(c, M, A, t, n)-P)*(bond_price(c, M, B, t, n)-P)>0
    disp("无解！请重新输入。")
    return
end
% 使用条件循环实现牛顿二分法
while abs(P- bond_price(c, M, Mid, t, n))> precision
    if P > bond_price(c, M, Mid, t, n)
        B=Mid;
        Mid=(B+A)/2;
    else
        A=Mid;
        Mid=(B+A)/2;
    end
```

① 理论上，精度取值越小越好，但是在实际操作中，如果精度过高(如达到 10^{-15})，会因软件无法处理精度过高的迭代而造成死循环。

```
end
M=(B+A)/2
```

最终算出的到期收益率为 $y^{*}=0.036\ 394$。表 6.1 反映了每次迭代后上下限的数值变动情况。从表 6.1 中可以看出，随着迭代次数的增加，上下限的区间范围越来越小，并且我们只进行了 31 次循环迭代，就得到了比较精确的隐含波动率的数值解。

表 6.1 每次迭代后上下限的数值变动情况

迭代次数	迭代的下限值	迭代的上限值	迭代次数	迭代的下限值	迭代的上限值
1	0	0.5	17	0.036 392 211 9	0.036 399 841 3
2	0	0.25	18	0.036 392 211 9	0.036 396 026 6
3	0	0.125	19	0.036 394 119 3	0.036 396 026 6
4	0	0.062 5	20	0.036 394 119 3	0.036 395 072 9
5	0.031 25	0.062 5	21	0.036 394 119 3	0.036 394 596 1
6	0.031 25	0.046 875	22	0.036 394 119 3	0.036 394 357 7
7	0.031 25	0.039 062 5	23	0.036 394 119 3	0.036 394 238 5
8	0.035 156 25	0.039 062 5	24	0.036 394 119 3	0.036 394 178 9
9	0.035 156 25	0.037 109 375	25	0.036 394 119 3	0.036 394 149 1
10	0.036 132 812 5	0.037 109 375	26	0.036 394 119 3	0.036 394 134 2
11	0.036 132 812 5	0.036 621 093 8	27	0.036 394 126 7	0.036 394 134 2
12	0.036 376 953 1	0.036 621 093 8	28	0.036 394 126 7	0.036 394 130 4
13	0.036 376 953 1	0.036 499 023 4	29	0.036 394 128 6	0.036 394 130 4
14	0.036 376 953 1	0.036 437 988 3	30	0.036 394 129 5	0.036 394 130 4
15	0.036 376 953 1	0.036 407 470 7	31	0.036 394 129 5	0.036 394 130 0
16	0.036 392 211 9	0.036 407 470 7			

需要说明的是，对于非单调函数，应用牛顿二分法有可能出现求解问题。另外，该方法对初始值的设定有要求，如果设定的上下限数值在真实数值解之外，则会弹出错误提示，同时程序终止运行。

附录 B 债券计算器的使用简介

本书配套给出了编者所编写的债券计算器，可供读者在学习本章内容的过程中，通过软件加以验证。由于软件是基于.NET 框架编写的，因此最好在 Windows 7 以上的操作系统中打开并运行。如果安装了.NET 4.5 框架的 Windows XP 系统，亦有可能执行该应用程序。债券计算机器的图标如图 6.4 所示。

图 6.4 债券计算器的图标

双击软件图标后，就会弹出软件的主界面，如图 6.5 所示。

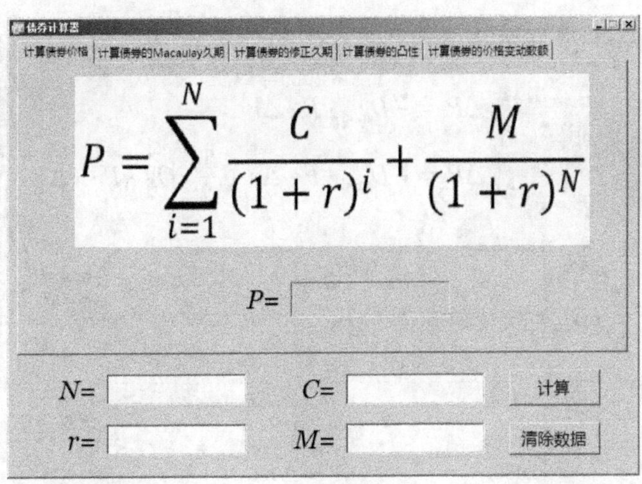

图 6.5　债券计算器的界面 1

使用该软件可以计算出债券的价格、麦考利久期、修正久期和凸性，还能根据给定的利率变动额计算债券价格的变动额。以例 6.5 为例，在下方的输入框内依次填入面值 1 000、期限 10 年、贴现率 3.5%、息票 1 000×4%＝40，并点击“计算”按钮，结果如图 6.6 所示。

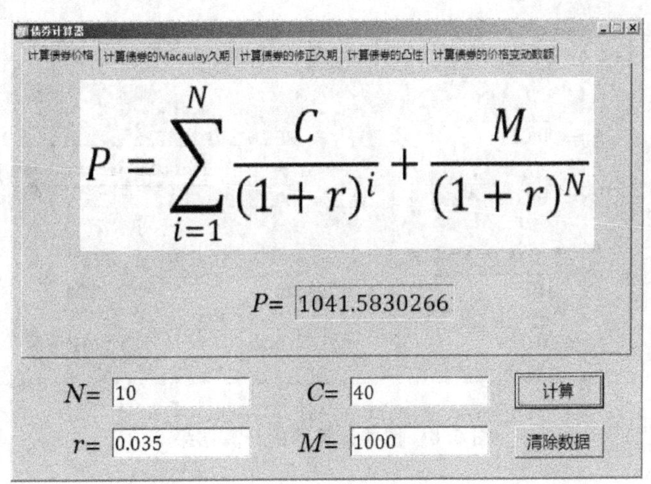

图 6.6　债券计算器的计算结果 1

分别点击上方的前四个选项卡，可以依次看到计算出的债券价格、麦考利久期、修正久期和凸性的计算结果。这里不再展示相关图片。更进一步，如果要按照例 6.6 计算贴现率变动造成的债券价格变动，则需要将软件切换到最后一个选项卡处，如图 6.7 所示。

例如，计算贴现率下降 1%，债券价格的变化，则应当首先选择利率的变动方向，然后输入贴现率的变动额，最后点击右侧中间的“计算债券价格变动”按钮，结果如图 6.8 所示。

输出的三个结果分别代表债券理论价格的变动、使用久期计算的价格变动和经凸性调整的价格变动。当鼠标指针指向对应的文本框时，会有气球提示给出说明性文字，读者可自行体会。

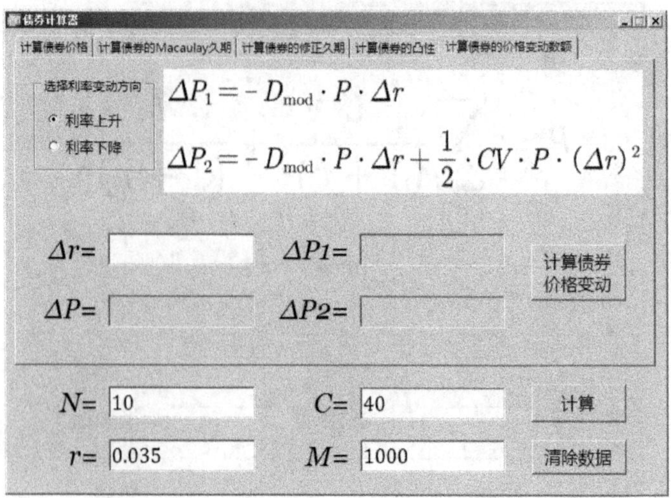

图 6.7　债券计算器的界面 2

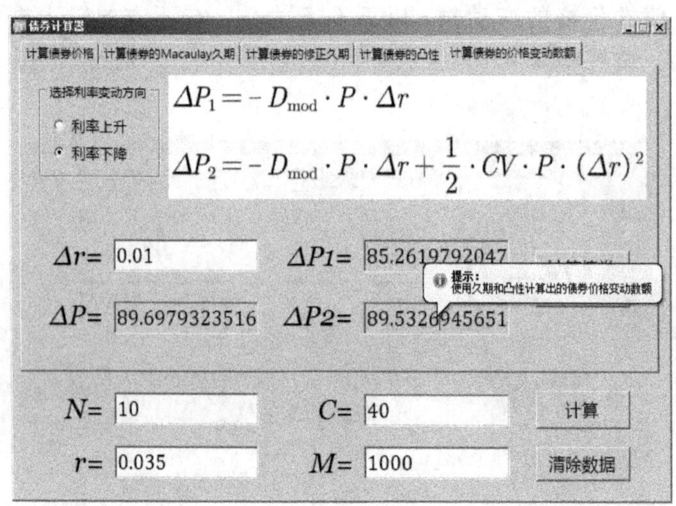

图 6.8　债券计算器的计算结果 2

习　题

1. 试简要说明马基尔债券定价规律。

2. 试说明久期与凸性之间的联系和区别。

3. 债券的面值为 1 000 元，年息票率为 5%，期限为 5 年，到期按面值偿还，到期收益率为 6%。计算债券的价格。

4. 已知某债券期限为 15 年，到期按面值偿还，如果年息票率为年收益率的 1.5 倍，该债券价格为 99 元，如果年息票率为年收益率的 1.25 倍，该债券价格为 93 元，计算债券年收益率。

5. 面值为 1 000 元的 n 年期债券，以面值赎回，息票率为 10%，K 为 500，购买价为 1 100元，计算基值 G。

6. 10 年期债券的息票率为每季度 2%，到期以 1 600 元赎回。投资者以 860.4 元的价格购买该债券，相应的收益率为每季度 3%，计算债券的面值。

7. 现有面值 1 000 元的 2 年期美式债券，每半年付息一次，其中名义息率为 8%，名义收益率为 10%，根据理论法、实用法、半理论法，计算债券发行 5 个月后的账面价值。

8. 现有 10 年期面值 1 000 元的债券，半年换算名义息率为 8.4%，兑现值为 1 050 元。若前 5 年的半年换算名义收益率为 10%，后 5 年的半年换算名义收益率为 9%，计算该债券的价格。

9. 10 000 元的系列债券在发行后第 6～25 年每年末赎回本金 500 元，对余额按年利率 6%计算利息，要使投资者的实际收益率为 10%，计算该债券价格。

10. 现有面值为 1 000 元的系列债券，年息率为 5.25%，并且以 105 元的兑现值在发行后的第 11～20 年每年底分期兑现。若已知收益率为 7%，计算发行价格。

11. 以下两个半年付息一次的债券 1 和债券 2 的相关指标如表 6.2 所示。

表 6.2　债券 1 和债券 2 的相关指标

相关指标	债券 1	债券 2
息票率	8%	9%
到期收益率	8%	8%
期限(年)	2	5
面值	100 元	100 元
价格	100 元	104.055 元

(1) 分别计算两个债券的麦考利久期和修正久期。

(2) 分别计算两个债券的凸性。

(3) 计算利率上升 1%(即 100 个基点)时，两个债券的实际价格变动数额。

(4) 利用久期估算利率上升 1%时，两个债券的价格变动数额。

(5) 利用久期和凸性估算利率上升 1%时，两个债券的价格变动数额。

第七章　期权的定价——二项式模型

自从期权交易(尤其是股票期权交易)产生以来，人们就一直致力于对期权定价问题的探讨。但在1973年之前，这种探讨始终没有得出令人满意的结果，其中一个最难解决的问题是无法适当地描述期权标的物的价格波动性及其对期权价格的影响。

1973年，美国芝加哥大学教授费希尔·布莱克(Fischer Black)和迈伦·斯科尔斯(Myron Scholes)发表了《期权定价与公司负债》一文，提出了有史以来的第一个期权定价模型，在学术界和实务界引起了强烈的反响。然而该模型涉及比较复杂的数学运算，并且假设前提过于严格，因而在实务中的运用受到了很大的限制。

有鉴于此，考克斯(John C. Cox)、罗斯(Stephen A. Ross)和鲁宾斯坦(Mark E. Rubinstein)三位学者(如图7.1所示)于1979年发表了《期权定价：一种被简化的方法》一文，用一种较浅显的方法导出了期权定价模型。他们的这一模型被称为二项式模型(binomial model)。

图7.1　期权二项式定价模型的提出者(从左到右分别为John C. Cox，Stephen A. Ross和Mark E. Rubinstein)

本章主要介绍期权定价的二项式模型，至于布莱克-斯科尔斯模型及其相关的预备知识，将在后面几章予以介绍。

第一节　期权的价格分析

前面章节简要介绍了期权的相关概念。在对期权的定价进行研究之前，需要对其中的一些概念进行细致分析。

看涨期权(call options)的买方在未来具有按照行权价买入标的资产的权利。假设S表示标的资产在未来期权到期时的市价，K表示期权的行权价，对于看涨期权买方而言，其未来到期时的回报数额(payoff)为

$$V_C = (S-K)^+ = \max[S-K, 0] = \begin{cases} S-K, & S \geqslant K \\ 0, & S < K \end{cases}$$

需要说明的是，对于看涨期权而言，只有当$S \geqslant K$时，期权才有必要行权，因此行权后的回报数额即为标的资产价格与行权价之差；否则期权将放弃行权，相应的回报数额为零。另外，当$S=K$时，看涨期权是平值(in-the-money，ITM)期权；当$S>K$时，看涨期权是实值(at-the-money，ATM)期权；当$S<K$时，看涨期权是虚值(out-of-the-money，OTM)期权。对于看涨期权而言，实值期权的回报数额为正；虚值和平值期权的回报数额则为零。

类似地，看跌期权(put options)的买方在未来具有按照行权价卖出标的资产的权利。因此其未来到期时的回报数额为

$$V_P = (K-S)^+ = \max[K-S, 0] = \begin{cases} 0, & S > K \\ K-S, & S \leqslant K \end{cases}$$

类似地，当$S=K$时，看跌期权是平值期权；当$S<K$时，看跌期权是实值期权；当$S>K$时，看跌期权是虚值期权。

由此，我们可得到期权的回报数额与实虚值的对应关系如表 7.1 所示。

表 7.1　期权的回报数额与实虚值的对应关系

实虚值	看涨期权	回报额	看跌期权	回报额
实值	$S>K$	$S-K$	$S<K$	$K-S$
虚值	$S<K$	0	$S>K$	0
平值	$S=K$	0	$S=K$	0

第二节　无套利分析法

一、欧式看涨期权的定价

首先通过一个简单的例子来介绍二项式模型的定价方法。

例 7.1　一只股票当前价格为＄20，3 个月后股价有可能涨至＄22，也有可能跌至＄18。其 3 个月后到期的看涨期权的行权价格为＄21，无风险利率为 12%。问：该看涨期权的当前价格应为多少？

可将例 7.1 中的信息反映在图 7.2 的二叉树中。

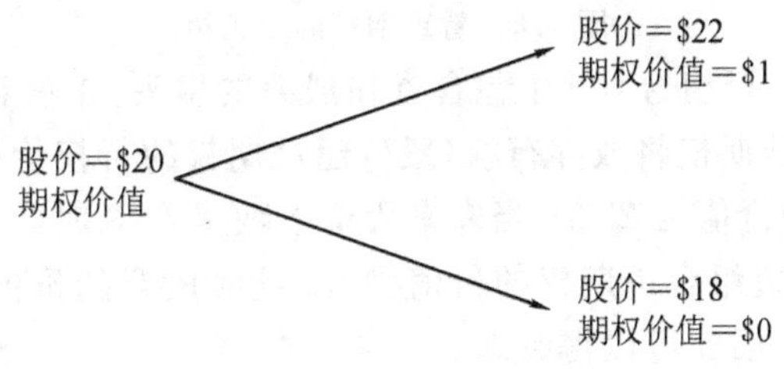

图 7.2　看涨期权的二叉树

为了对当前期权的价值进行计算，我们要构造一个由股票和期权组成的投资组合，并使得该组合的价值在未来3个月后不变。这样的组合就是无风险投资组合。

考虑持有一个投资组合，其中包含Δ份股票的多头，1份看涨期权的空头。当未来股价上涨至＄22时，所卖出的看涨期权空头将被执行(股价超过期权的行权价格)，投资组合中的期权将损失－＄1，而此时股票的价值为22Δ；当未来股价下跌至＄18时，所卖出的看涨期权将不被执行(股价低于期权的行权价格)，投资组合中期权的价值为0，此时股票的价值为18Δ。由于此处所构造的是无风险投资组合，意味着不管未来股价是上涨还是下跌，投资组合的价值均不变，可以得到

$$22\Delta - 1 = 18\Delta$$

也就是$\Delta=0.25$。因此，得到的无风险投资组合中就包含0.25份股票的多头和1份该股票看涨期权的空头；并且这个投资组合在3个月后的价值就是$18\Delta=18\times 0.25=4.5$。这里的$\Delta$就是用于对冲1份期权风险所需的股票数量，这是后面要提到的期权价格敏感性指标中的一个。

对于无风险投资组合来说，应当获得无风险收益率。因此，该组合在当前时刻的价值应该是3个月后价值的贴现，并且贴现利率就是无风险收益率12％，即

$$4.5e^{-0.12\times 3/12} = 4.367$$

而股票当前的价格是＄20，将其从组合的总价值中予以扣除，最终可以得到

$$20\times 0.25 - 4.367 = 0.633$$

可见，在没有套利机会的情况下，这份看涨期权的当前价格应当等于0.633。

二、欧式看跌期权的定价

如果要使用同样的方法对行权价格为＄21的看跌期权进行定价，又应该如何构造组合呢?

看跌期权的二叉树如图7.3所示。

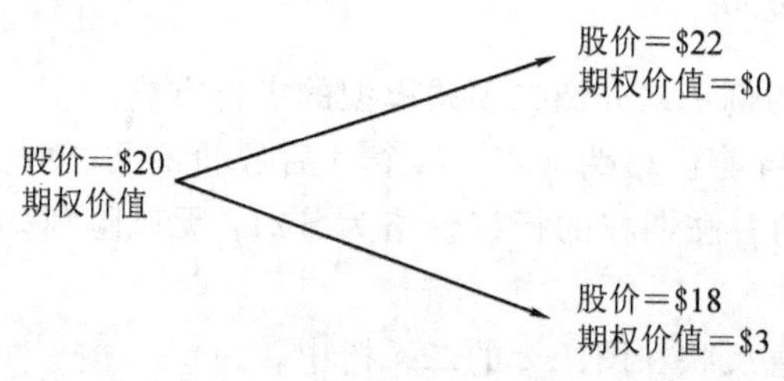

图7.3 看跌期权的二叉树

可以考虑持有一个投资组合，其中包含Δ份股票的多头，1份看跌期权的多头。当未来股价上涨至＄22时，看跌期权将放弃行权(股价超过期权的行权价格)，投资组合中的期权价值为0，而此时股票的价值为22Δ；当未来股价下跌至＄18时，看跌期权将行权(股价低于期权的行权价格)，投资组合中期权的价值为3，此时股票的价值为18Δ。由于此处所构造的是无风险投资组合，因此可以得到

$$22\Delta = 18\Delta + 3$$

也就是$\Delta=0.75$。因此，得到的无风险投资组合中就包含0.75份股票的多头和1份该股票

看跌期权的多头；并且这个投资组合在 3 个月后的价值就是 $22\Delta=22\times0.75=16.5$。该组合在当前时刻的价值应该为

$$16.5e^{-0.12\times3/12}=16.012$$

股票当前的价格是＄20，将其从组合的总价值中予以扣除，最终可以得到

$$16.01-20\times0.75=1.012$$

可见，在没有套利机会的情况下，这份看跌期权的当前价格应当等于 1.012。

三、定价方法的公式推导

前文通过例子介绍了一期二项式模型在欧式看涨期权和看跌期权定价上的应用。接下来，将前面所述的内容使用数学公式进行表述，从中得到更有价值的信息。

假设衍生品的期初价格为 V_0，未来价格有两种可能：$V_t(U)$ 和 $V_t(D)$。衍生品和股票的二叉树如图 7.4 所示。

图 7.4　衍生品和股票的二叉树

假设投资者在 0 时刻购买了 Δ_0 股的股票（当前价格为 S_0），剩下的资金用于购买当前价格为 V_0 的衍生品。该组合当前的价值 X_0 为

$$X_0=\Delta_0S_0+V_0 \tag{7.1}$$

在未来 t 时刻，该组合的可能价值 X_1 分别为

$$\begin{aligned}X_t(U)&=\Delta_0S_t(U)+V_t(U)\\X_t(D)&=\Delta_0S_t(D)+V_t(D)\end{aligned} \tag{7.2}$$

此处希望得到满足条件的 V_0 和 Δ_0，使得未来时刻组合的价值保持不变，因此要满足 $X_t(U)=X_t(D)$。又因为组合价值不随股价的变动而发生改变，因此该组合相当于无风险资产，对应的组合在 0 时刻的价值应当等于其 t 时刻价值的贴现，且贴现率就是无风险利率。于是可得 $X_0=X_t\cdot e^{-rt}$。综合上面各式，有

$$\begin{aligned}X_0\cdot e^{rt}&=\Delta_0S_t(U)+V_t(U)\\X_0\cdot e^{rt}&=\Delta_0S_t(D)+V_t(D)\end{aligned} \tag{7.3}$$

取 $0<q<1$，对上面等式的两端分别同乘 q 和$(1-q)$，并进行相加操作，可得

$$X_0\cdot e^{rt}=\Delta_0[qS_t(U)+(1-q)S_t(D)]+[qV_t(U)+(1-q)V_t(D)] \tag{7.4}$$

将式(7.1)代入式(7.4)，可得

$$\begin{aligned}&(\Delta_0S_0+V_0)\cdot e^{rt}=\Delta_0[qS_t(U)+(1-q)S_t(D)]+[qV_t(U)+(1-q)V_t(D)]\\&\Rightarrow\Delta_0[qS_t(U)+(1-q)S_t(D)-S_0\cdot e^{rt}]=V_0\cdot e^{rt}-[qV_t(U)+(1-q)V_t(D)]\end{aligned} \tag{7.5}$$

若令式(7.5)的左右两侧均等于零，则有

$$\begin{cases} qS_t(U)+(1-q)S_t(D)-S_0\cdot \mathrm{e}^{rt}=0 \\ V_0\cdot \mathrm{e}^{rt}-[qV_t(U)+(1-q)V_t(D)]=0 \end{cases} \Rightarrow \begin{cases} S_0=[qS_t(U)+(1-q)S_t(D)]\cdot \mathrm{e}^{-rt} \\ V_0=[qV_t(U)+(1-q)V_t(D)]\cdot \mathrm{e}^{-rt} \end{cases} \tag{7.6}$$

由于 $0<q<1$，从式(7.6)不难看出，若将 q 看成一个人为构造的概率，则当前股票的价格 S_0 可以看作是未来股票价格期望值的贴现；类似地，当前衍生品的价格 V_0 也可以看作是衍生品未来可能价格期望值的贴现。因此：

$$\begin{cases} S_0=[qS_t(U)+(1-q)S_t(D)]\mathrm{e}^{-rt}=[E_q(S_t)]\mathrm{e}^{-rt} \\ V_0=[qV_t(U)+(1-q)V_t(D)]\mathrm{e}^{-rt}=[E_q(V_t)]\mathrm{e}^{-rt} \end{cases} \tag{7.7}$$

需要说明的是，这里的概率 q 并不是真实市场上的概率，是在推导过程中“合成的概率”，称为风险中性概率(risk-neutral probabilities)。

若进一步假设未来时刻股票价格上涨的倍数为 u，$u>1$；下跌的倍数为 d，$0<d<1$，则有

$$S_t(U)=u\cdot S_0,\ S_t(D)=d\cdot S_0$$

将上式代入式(7.7)，最终可得

$$q=\frac{\mathrm{e}^{rt}-d}{u-d} \tag{7.8}$$

由此可见，风险中性概率 q 只与无风险利率 r、期限 t、上涨倍数 u 和下跌倍数 d 有关，而与股票的价格 S_0 无关。

第三节　风险中性定价法

在第二节的最后，通过数学推导的方式，将无套利分析方法求期权价格的思路进行了拓展，得到了风险中性概率，并且在风险中性概率的测度下，股票和衍生品当前的价格均是其各自未来可能价格期望值的贴现。在此基础上，本节开始介绍风险中性定价法在二项式期权定价中的具体应用。遵循从易到难的顺序，先介绍一期二项式定价模型，再推广到多期二项式定价模型。

一、一期二项式定价模型

风险中性定价法主要有以下三个步骤：

(1) 求出风险中性概率；

(2) 利用风险中性概率，求出未来两种状态下期权价值的期望值；

(3) 将求出的期望值进行贴现，从而得到期权的当前价格。

此处接着使用例 7.1 来具体说明如何使用风险中性定价法进行期权的定价。股票价格的二叉树如图 7.5 所示。

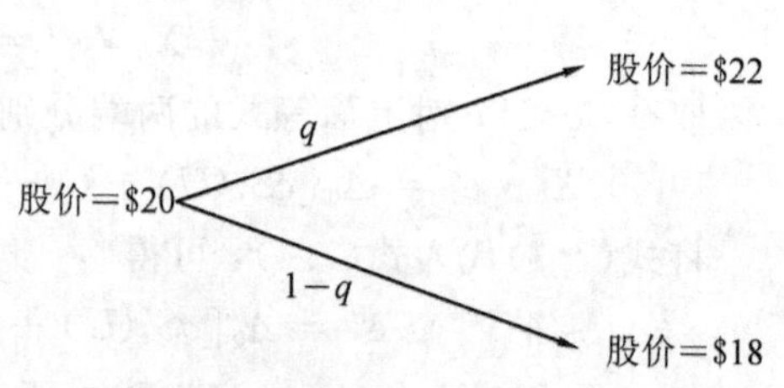

图 7.5　股票价格的二叉树

首先求出风险中性概率 q，该概率使得未来股票价格期望值的贴现等于当前股票价格，于是可得

$$[22q + 18(1 - q)]e^{-0.12\times 3/12} = 20$$

从而可以求出风险中性概率 $q=65.23\%$。

接下来，利用风险中性概率，分别求出两种状态下期权价值的期望值。期权的二叉树如图 7.6 所示。

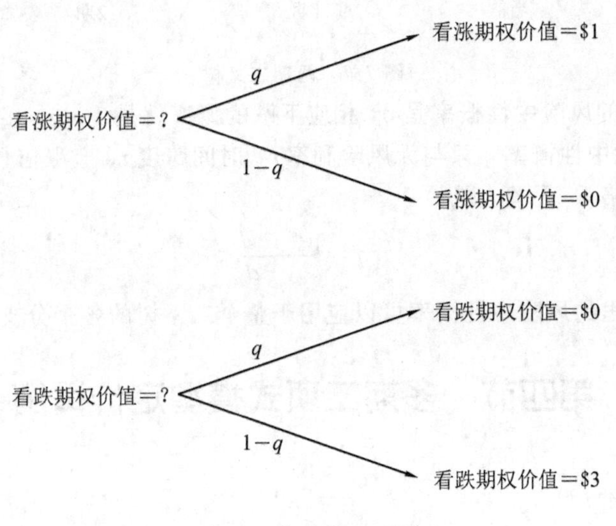

图 7.6　期权的二叉树

对于看涨期权：

$$1 \times q + 0 \times (1 - q) = 0.6523$$

对于看跌期权：

$$0 \times q + 3 \times (1 - q) = 3 \times (1 - 0.6523) = 1.0432$$

最后，对求出的数值进行贴现，可得

$$C = 0.6523 \times e^{-0.12\times 3/12} = 0.633$$

$$P = 1.0432 \times e^{-0.12\times 3/12} = 1.012$$

对比前面无套利分析的结果，此处得到的结果与之完全相同。

二、二项式模型的拓展

要使二项式模型所得的结果尽可能符合或接近实际，只要将标的物价格变动的这一期间(period)增加到两个或两个以上，从而使单期间模型变为多期间模型(multi-period model)。

现在考虑在到期前有两个期间的看涨期权，假设标的股票的当前价格为 S，每期的时间跨度为 t，未来每期结束时，价格有两种可能的变化：要么上涨至原来的 u 倍($u>1$)，要么下跌至原来的 d($0<d<1$)倍。根据这一假设，可以画出该股票的二叉树(如图 7.7 所示)。

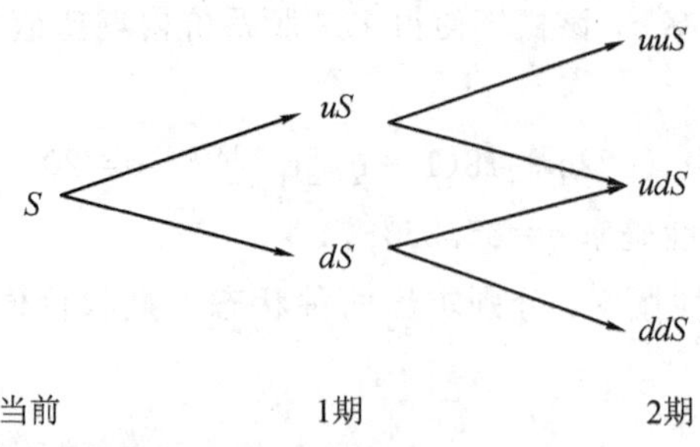

图 7.7　两期二叉树

假设股价上涨的风险中性概率是 q，相应下跌的概率就是 $1-q$，接下来，计算 q 的值。根据式(7.8)，风险中性概率 q 只与无风险利率 r、时间跨度 t、上涨倍数 u 和下跌倍数 d 有关，而与股票的价格 S_0 无关。即

$$q=\frac{e^{rt}-d}{u-d}$$

正因如此，这里的风险中性概率可以应用于整个二叉树的各个分支。

第四节　多期二项式模型定价举例

一、欧式期权定价

为了说明如何使用多期二项式模型对期权进行定价，先从最简单的欧式期权定价阐述计算的基本流程和方法。

例 7.2　假设标的股票的当前价格为 100，每期的时间跨度为 1 年。未来每年结束时，价格有两种可能的变化：要么上涨至原来的 1.1 倍，要么下跌至原来的 0.9 倍。当前距离期权到期还有两期，已知每期的无风险利率均为 5%。求行权价格为 105 的欧式看涨期权的当前价格。

解　首先构造股票价格的二叉树，如图 7.8 所示。同时计算出第 2 期看涨期权的可能价值，计算结果反映在括号内。

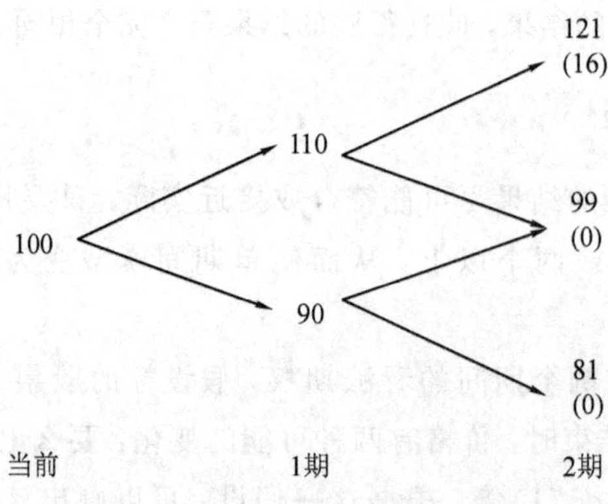

图 7.8　两期二叉树看涨期权的例子

已知：$u=1.1$，$d=0.9$，$X=105$，$r=5\%$。可以计算得到风险中性概率为

$$q=\frac{e^{rt}-d}{u-d}=\frac{e^{5\%}-0.9}{1.1-0.9}=0.756$$

接下来，使用风险中性概率，结合第 2 期看涨期权的可能价值①（图中括号标注的数值），计算第 1 期期权的价值分别为

$$C_{11}=[0.756\times 16+(1-0.756)\times 0]e^{-5\%}=11.51$$

$$C_{12}=0$$

最后，使用求得的第 1 期期权的价值 C_{11} 和 C_{12}，计算当前期权的价格为

$$C_0=[0.756\times 11.51+(1-0.756)\times 0]e^{-5\%}=8.27$$

例 7.3　相关数据同例 7.2，求行权价格为 105 的欧式看跌期权的当前价格。

解　首先构造股票价格的二叉树，如图 7.9 所示，同时计算出第 2 期看跌期权的可能价值，计算结果反映在括号内。

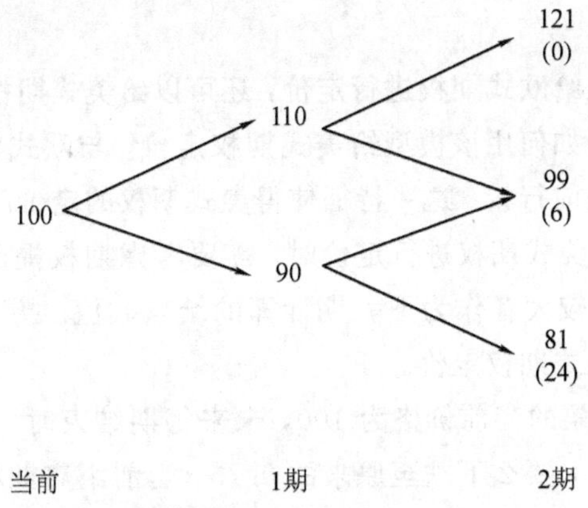

图 7.9　两期二叉树看跌期权的例子

已知：$u=1.1$，$d=0.9$，$X=105$，$r=5\%$。可以计算得到风险中性概率为

$$q=\frac{e^{rt}-d}{u-d}=\frac{e^{5\%}-0.9}{1.1-0.9}=0.756$$

接下来，使用风险中性概率，结合第 2 期看跌期权的可能价值②（图中括号标注的数值），计算第 1 期期权的价值分别为

$$P_{11}=[0.756\times 0+(1-0.756)\times 6]e^{-5\%}=1.39$$

$$P_{12}=[0.756\times 6+(1-0.756)\times 24]e^{-5\%}=9.89$$

最后，使用求得的第 1 期期权的价值 P_{11} 和 P_{12}，计算当前期权的价格为

$$P_0=[0.756\times 1.39+(1-0.756)\times 9.89]e^{-5\%}=3.3$$

---

① 由于此处是看涨期权，其到期时的价值是 max（$S-X$，0），如股价为 121 时，其价值为 max(121－105，0)＝16，其他情形下的计算与此类似。

② 由于此处是看跌期权，其到期时的价值是 max($X-S$，0)，如股价为 121 时，其价值为 max(105－121，0)＝0，其他情形下的计算与此类似。

前面两个例子说明了如何对多期二项式模型进行求解，求解采用的方式是从期权的到期日开始，逐级往前递推(backward induction)，直到求得当期期权的价格为止。

对于 n 期二项式模型，还可以通过下面的两个公式计算出欧式看涨期权和看跌期权的价格：

$$C = e^{-rn} \cdot \sum_{i=1}^{n} \begin{pmatrix} n \\ k \end{pmatrix} q^k (1-q)^{n-k} \max[0, (u^k d^{n-k} S - X)] \tag{7.9}$$

$$P = e^{-rn} \cdot \sum_{i=1}^{n} \begin{pmatrix} n \\ k \end{pmatrix} q^k (1-q)^{n-k} \max[0, (X - u^k d^{n-k} S)] \tag{7.10}$$

其中，$\begin{pmatrix} n \\ k \end{pmatrix}$是组合数(number of combinations)，此处是指 n 次价格变动中，价格上涨次数为 k 次的所有可能情形。

二、美式期权定价

二项式模型不仅可以给欧式期权进行定价，还可以给美式期权、奇异期权等进行定价，这里通过一个例子来说明如何用该模型给美式期权定价。与欧式期权不同，美式期权在到期前的任何一天均可以提前行权。这一特征使得美式期权的定价问题比欧式期权要复杂。

在二项式模型中，对美式期权进行定价时，需要考虑期权提前行权的收益与期权价值之间的差异，取两者中的较大者作为下一期计算的结点数值。接下来，我们通过一个例子来说明如何用该模型给美式期权定价。

例 7.4 假设标的股票的当前价格为 100，未来每期结束时，价格有两种可能的变化：要么上涨至原来的 1.5 倍，要么下跌至原来的 0.75。当前距离期权到期还有两期，已知每期的无风险利率均为 5%。求行权价格为 110 的美式看涨期权的当前价格。

解 首先构造股票价格的二叉树，如图 7.10 所示，同时计算出各期看涨期权的可能价值，计算结果反映在括号内。

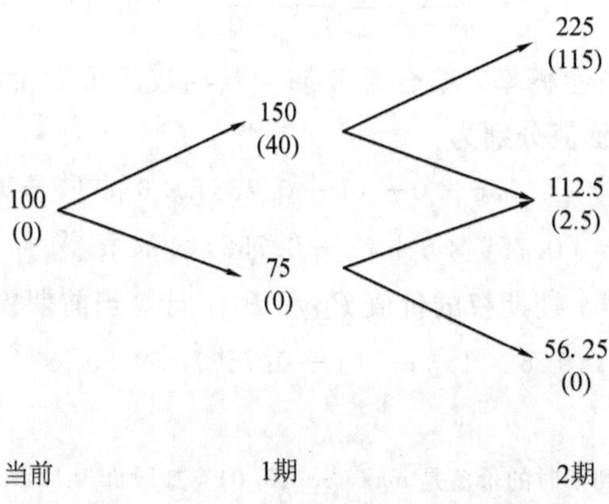

图 7.10 两期二叉树美式看涨期权的例子

已知：$u=1.5$，$d=0.75$，$X=110$，$r=5\%$。可以计算得到风险中性概率为

$$q=\frac{e^{rt}-d}{u-d}=\frac{e^{5\%}-0.75}{1.5-0.75}=0.402$$

接下来，使用风险中性概率，结合第 2 期看涨期权的可能价值(图中第 2 期括号标注的数值)，计算第 1 期期权的价值分别为

$$C_1=[0.402\times 115+(1-0.402)\times 2.5]e^{-5\%}=45.4$$

$$C_2=[0.402\times 2.5+(1-0.402)\times 0]e^{-5\%}=0.96$$

由于美式期权可在到期日之前的任意时刻行权，因此，要将求得的结果与第 1 期美式期权的价值(图中第 1 期括号标注的数值)进行比较，并取较大者，有

$$C_{11}=\max[45.4,\ 40]=45.4$$

$$C_{12}=\max[0.96,\ 0]=0.96$$

最后，使用求得的第 1 期期权的价值 C_{11} 和 C_{12}，计算出当前期权的价格为

$$C_0=\max(0,\ [0.402\times 45.4+(1-0.402)\times 0.96]e^{-5\%})=17.91$$

三、障碍期权定价

(一) 障碍期权的概念和分类

1. 障碍期权的概念

障碍期权(barrier options)是指在期权的期限内，当标的资产价格达到某一水平时，既可以被启动也可以被取消的期权。在障碍期权中，除了协定价格，还增设一个障碍价格。障碍期权总是比普通期权便宜。障碍期权的收益依赖于标的资产的价格在一段特定时期内是否达到一个特定水平。其与标准期权不同的是在期权有效期内，当基础资产的价格达到某一水平时，期权就生效或失效。

2. 障碍期权的分类

障碍期权一般分为两类，即敲出期权(knock-out options)和敲入期权(knock-in options)。敲出期权是指当标的资产价格达到一个特定障碍水平时，该期权作废。敲入期权是指只有标的资产价格达到一个特定障碍水平时，该期权才有效。敲出期权既可向上敲出(up-and-out)，也可向下敲出(down-and-out)。同样，敲入期权也既可向上敲入(up-and-in)，又可向下敲入(down-and-in)。于是障碍期权可分为四种敲出期权和四种敲入期权。

如图 7.11 所示，障碍期权的障碍价格为 22 元。对于向上敲入期权而言，其生效日是在股票价格上升且达到 22 元之时，意味着期权的实际期限为生效日到期权的到期日；对于向上敲出期权而言，这一天也是其失效日，意味着期权的实际期限为开始日到期权的失效日，之后时段的期权已经作废。由此不难看出，向上敲入和敲出期权实际期限的加总，刚好就是普通期权的整个期限。同样，向下敲入和敲出期权也具有类似的特征(如图 7.12 所示)。

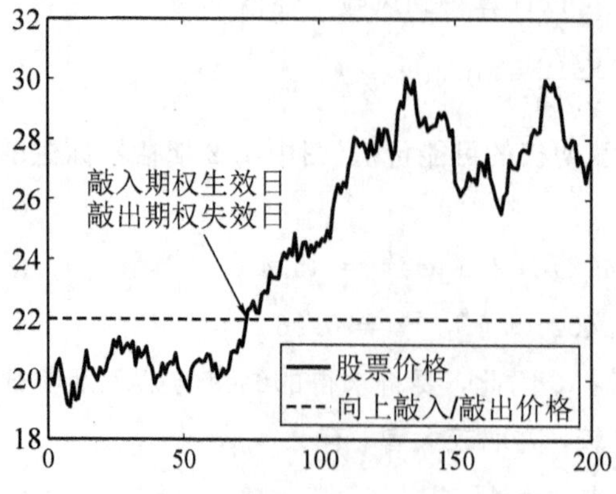

图 7.11　向上敲入/敲出期权示意图

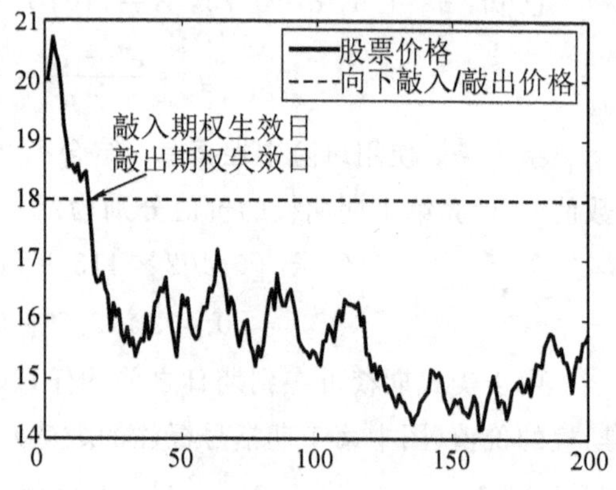

图 7.12　向下敲入/敲出期权示意图

（二）障碍期权的定价原理

由于障碍期权具有可以提前中止的特征，使用二项式模型进行定价时，需要关注标的资产二叉树的各结点与障碍价格之间的大小关系。为了说明障碍期权的定价，通过一个例子加以说明。

例 7.5　假设标的股票的当前价格为 100，未来每期结束时，价格有两种可能的变化：要么上涨至原来的 1.1 倍，要么下跌至原来的 0.9。当前距离期权到期还有三期，已知每期的无风险利率均为 5%。求行权价格为 105、障碍敲出价格为 95 的看涨期权的当前价格。

解　首先绘制出该期权的对应标的股票二叉树，如图 7.13 所示。

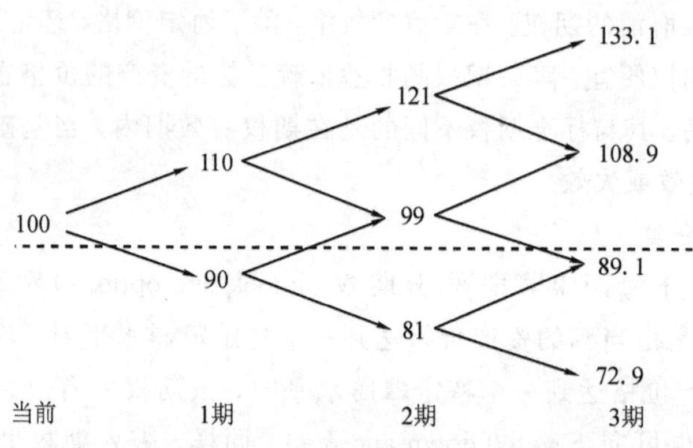

图 7.13　股票价格的二叉树

图 7.13 中的虚线位置对应的是期权的障碍价格 95，当标的资产的价格低于此值时，期权自动作废，对应的期权二叉树相应节点取值为零。由此得到的期权二叉树如图 7.14 所示。

相应的风险中性概率为

$$q = \frac{e^{rt} - d}{u - d} = \frac{e^{5\%} - 0.9}{1.1 - 0.9} = 0.756$$

接下来，使用后向推导法，依次计算出各期的期权价值，结果分别为

$$C_{21} = [0.756 \times 28.1 + (1 - 0.756) \times 3.9]e^{-5\%} = 21.12$$

$$C_{22} = [0.756 \times 3.9 + (1 - 0.756) \times 0]e^{-5\%} = 2.806$$

$$C_{11} = [0.756 \times 21.12 + (1 - 0.756) \times 2.806]e^{-5\%} = 15.85$$

$$C_0 = [0.756 \times 15.85 + (1 - 0.756) \times 0]e^{-5\%} = 11.4$$

因此最终得到该敲出期权的价格为 11.4。

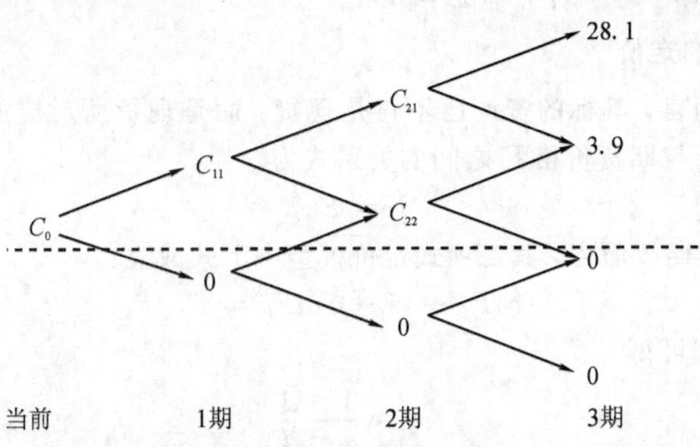

图 7.14　期权价格的二叉树

需要说明的是，例 7.5 中并未涉及向上/向下敲出这样的复杂情形。在计算的二叉树期数和路径较少的情况下，该方法是简单易行的，但是如果期数 N 过大，需要仔细分辨 2^N 条可能路径下期权生效和失效的情形，这将是非常费力的。

四、其他期权品种的定价简介

前面所介绍的期权，通常假定其标的资产是不分红的股票。如果是其他的期权标的资产，或者考虑资产分红的情形时，相应的二项式定价模型也需进行相应的修正。

（一）连续分红的股票期权定价

考虑一个股票，其连续分红的股息收益率为 q^*。在风险中性测度下，该股票未来时刻价格期望值的贴现应当等于其前一期股票价格关于股息收益率的贴现值，即

$$S_0 e^{-q^* t} = [quS_0 + (1-q)dS_0]e^{-rt}$$

对上式进行整理可得

$$q = \frac{\exp[(r - q^*)t] - d}{u - d} \tag{7.11}$$

与式(7.8)相比，风险中性概率 q 的分子项的指数部分多了 q^* 项。因此在对连续分红的股票期权进行定价时，要使用式(7.11)来计算风险中性概率。

（二）股票指数期权的定价

对于由一组股票所构成的股票指数而言，由于股票指数中包含的各成分股具有不同的股息支付日，可以将其近似地看作是一个有连续分红的股票组合。对于这样的股票组合所对应的期权进行二项式定价，可以沿用式(7.11)来计算风险中性概率。

（三）外汇期权的定价

外汇期权的标的物是外国货币(即外汇)，根据金融工程的知识可知，外汇可以看作是获得外币利率 r_f 的资产。与连续分红的股票期权和股票指数期权相似，风险中性概率仍然

可以参照式(7.11)进行计算。修正后的计算公式为

$$q=\frac{\exp[(r-r_f)t]-d}{u-d} \tag{7.12}$$

其中，r 表示本币的无风险利率，r_f 表示外币的无风险利率，并且此处的外汇汇率采用直接报价法(即一个单位外币等于若干单位本币)。

(四) 期货期权的定价

对于期货期权而言，其标的资产已不再是现货，而是现货所对应的期货合约，在金融工程中，现货价格 S 与期货价格 F 之间的关系式为

$$F=Se^{rt}$$

因此，对于期货期权而言，其二项式定价模型中下式成立：

$$quF_0+(1-q)dF_0=F_0$$

对上式进行整理可得

$$q=\frac{1-d}{u-d} \tag{7.13}$$

在实务中，根据所采用的模型不同，需要选择不同的模型公式来计算标的资产价格上涨和下跌的倍数 u 和 d。例如，在 Cox-Ross-Rubinstein(CRR)模型中，u 和 d 的计算公式为

$$u=\exp(\sigma\sqrt{\Delta t}),\ d=\exp(-\sigma\sqrt{\Delta t}) \tag{7.14}$$

而在 Jarrow-Rudd 模型中，相应的 u 和 d 的计算公式为

$$u=\exp\left[\left(r-\frac{\sigma^2}{2}\right)\Delta t+\sigma\sqrt{\Delta t}\right],\ d=\exp\left[\left(r-\frac{\sigma^2}{2}\right)\Delta t-\sigma\sqrt{\Delta t}\right] \tag{7.15}$$

在计算出相应的 u 和 d 之后，继续计算期权价格的其他步骤如前所述，此处不再赘述。本书附带的软件可以用于计算 CRR 模型和 Jarrow-Rudd 模型下的欧式和美式期权价格，感兴趣的读者可以根据本章附录 B 自行尝试。

本章附录

附录 A　CRR 模型的 Matlab 实现

从二项式模型的定价问题中不难看出，如果基于 N 个期间，使用后向推导法求解期权的当前价格，需要计算的次数为

$$1+2+3+\cdots+N=\frac{1}{2}N(N+1)$$

当 N 的取值非常大时，采用人工计算是不现实的，因此可以考虑借助计算机编程来解决问题。这里采用 Matlab 软件来实现 CRR 模型的定价。

关于欧式期权 CRR 模型定价的实现，通常有两种方法：其一是运用诸如式(7.9)和式(7.10)，利用二项分布的相关函数进行求解；其二则是运用后向推导法，从后往前逐级计算得到结果。这两种方法得到的结果是完全一致的。

以下所给出的两个函数 CRR1 和 CRR2，分别是依据这两种方法得到的欧式期权的定价函数。

```
function P=CRR1(S0, K, r, T, sig, N, tag)
%模型的参数设定
dt=T/N;
u=exp(sig * sqrt(dt));
d=1/u;
q=(exp(r * dt)-d)/(u-d);
S=zeros(N+1, 1);
%使用二项分布的方法求解
if tag==1                %tag 取值为 1 时，计算欧式看涨期权的价格
    for i=0: N
        S(i+1)=max(S0 . * d.^(N-i). * u.^i-K, 0). * binopdf(i, N, q);
    end
else
if tag==0                %tag 取值为 0 时，计算欧式看跌期权的价格
    for i=0: N
        S(i+1)=max(K-S0 . * d.^(N-i). * u.^i, 0). * binopdf(i, N, q);
    end
end
end
P=exp(-r. * T). * sum(S);
end
function P=CRR2(S0, K, r, T, sig, N, tag)
%模型的参数设定
dt=T/N;
u=exp(sig * sqrt(dt));
d=1/u;
q=(exp(r * dt)-d)/(u-d);
S=zeros(N+1, 1);
%使用后向推导法求解
if tag==1                %tag 取值为 1 时，计算欧式看涨期权的价格
    for i=0: N
        S(i+1)=max(S0. * u.^(N-i). * d.^i-K, 0);
    end
else
if tag==0                %tag 取值为 0 时，计算欧式看跌期权的价格
    for i=0: N
        S(i+1)=max(K-S0 . * u.^(N-i). * d.^i, 0);
    end
end
end
for i=1: N
    for j=1: (N+1-i)
```

```
        S(j)=(q. * S(j)+(1-q). * S(j+1)). * exp(-r. * dt);
    end
end
P=S(1);
end
```

两个函数在编辑完成后，需要保存在工作目录中，使用的时候直接引用即可。例如，输入的参数为

$$S_0 = 40, K = 38, r = 0.05, T = 1, \sigma = 0.5, N = 10\,000$$

这表示要求的欧式看涨期权，行权价为 38；标的资产当前价格为 40；1 年后到期；无风险利率为 5%；标的资产波动率为 0.5；CRR 模型的期间数为 10 000。我们可以通过输入以下代码，计算出相应的欧式看涨期权的价格：

```
S0=40; K=38; r=0.05;
T=1; sig=0.5; N=10000;
C1=CRR1(S0, K, r, T, sig, N, 1)
C2=CRR2(S0, K, r, T, sig, N, 1)
```

经过若干秒的运算，最终得到的结果如下。其中输出的 C_1 变量结果通过二项分布的方法计算得到；C_2 的结果则由后向推导法求出。两种方法的结果是完全一致的。

$C_1=9.5932$

$C_2=9.5932$

需要说明的是，两种方法计算的效率有一定的差别，在实践中面对多种可行的求解方法时，应当选择效率最高、精度最佳的方法。当然，除了欧式期权，美式期权也可以使用类似的方法进行定价求解，只不过还需要考虑期权提前行权的可能性。Matlab 的金融工具箱也提供了对应的求解函数：binprice。感兴趣的读者可以根据软件的帮助文档尝试求解，这里不再赘述。

附录 B　期权二项式定价程序的使用

本书提供了期权二项式定价的计算程序。软件的图标和操作界面如图 7.15、图 7.16 所示。需要说明的是，软件的输入、输出框均有对应的提示信息，读者可根据弹出的提示填入相应的数值。

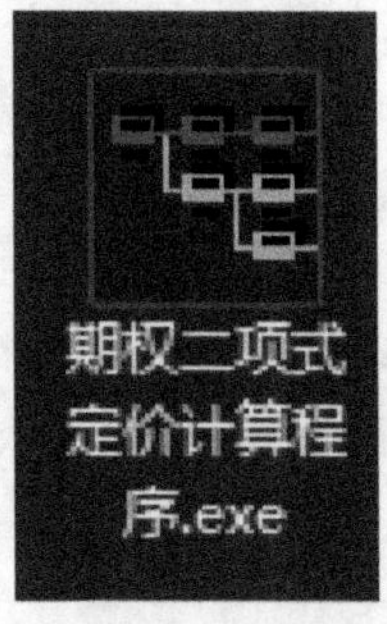

图 7.15　期权二项式定价计算程序的图标

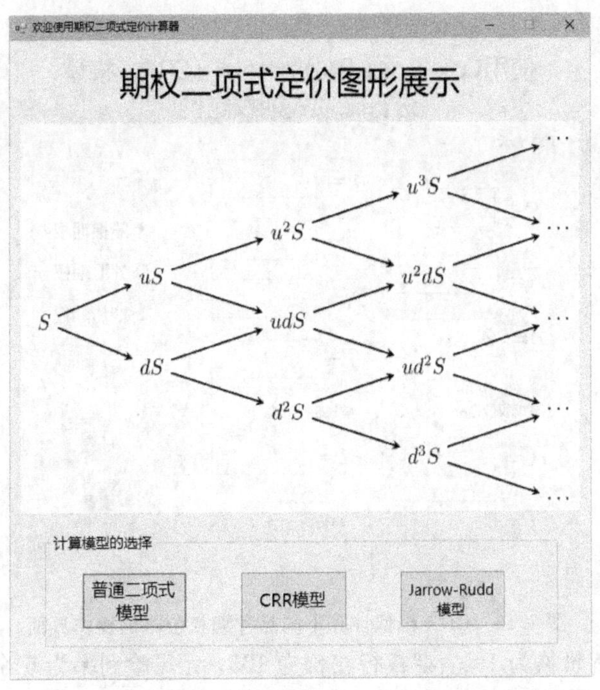

图 7.16 期权二项式定价计算程序的操作界面

若要计算例 7.1、例 7.2 中期权的价格，可点击“普通二项式模型”按钮，在白色文本框内填入对应的输入参数，点击“计算”按钮，得到的结果如图 7.17 所示。

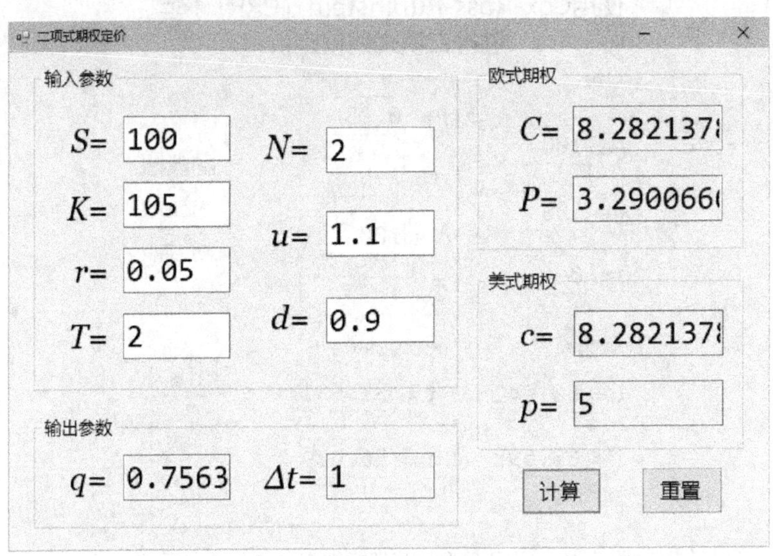

图 7.17 期权二项式定价计算程序的操作界面

若要使用 CRR 模型展示不同品种期权的价格，可点击“CRR 模型”按钮。弹出的操作界面如图 7.18 所示。在该界面下，可以为股指期权、外汇期权和期货期权进行定价，输出的结果包含了欧式和美式期权价格。

Cox-Ross-Rubinstein模型

使用Cox-Ross-Rubinstein（CRR）模型
进行二项式期权定价

输入参数
$S=$
$K=$
$q=$ 0
$r=$
$\sigma=$
$N=$
$T=$

选项
股指期权
外汇期权
期货期权

欧式期权价格
$C=$
$P=$

美式期权价格
$c=$
$p=$

计算
重置

图 7.18 CRR 模型计算不同品种期权价格的操作界面

示例：标的期货价格为 100，期权行权价为 105，无风险利率为 5%，剩余期限为 1 年，年波动率为 1.5，计算 100 期 CRR 模型下二叉树的价格。将上述信息填入该计算模块，点击“计算”后，显示的结果如图 7.19 所示。

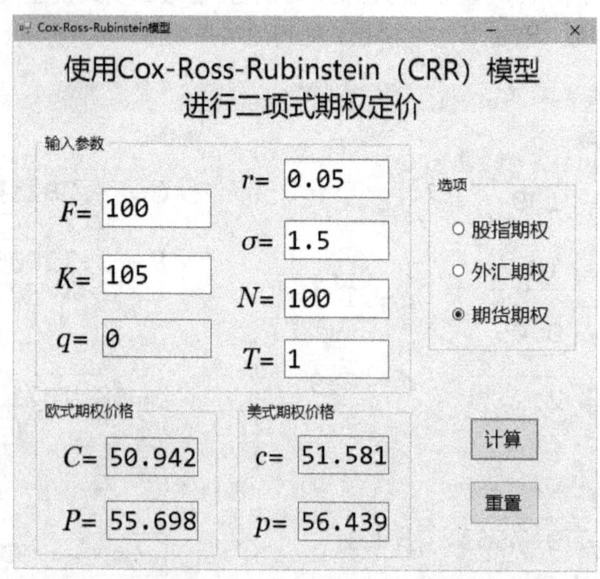

图 7.19 CRR 模型计算期货期权价格的结果示例

若要使用 Jarrow-Rudd 模型计算不同品种期权价格，可在软件主界面点击“Jarrow-Rudd 模型”按钮。相应的操作界面与图 7.18 类似。操作界面下的参数输入要求与 CRR 模型的操作界面相同，这里不再赘述。

示例：标的外汇的汇率为 1.5(直接标价法)，期权行权价为 1.3，本币无风险利率为

4%，外币无风险利率为 5%，剩余期限为 1 年，年波动率为 1.5，计算 100 期 Jarrow-Rudd 模型下二叉树的价格。将上述信息填入该计算模块，点击“计算”后，显示的结果如图 7.20 所示。

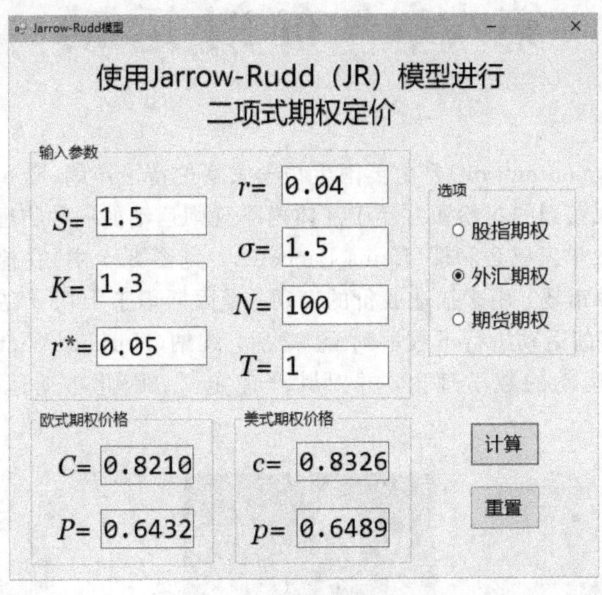

图 7.20　Jarrow-Rudd 模型计算外汇期权价格的结果示例

习　题

1. 股票现价 100 元，有 2 个连续时间步，每个时间步的步长为 6 个月，每个单步二叉树预期上涨 10%或下跌 10%。无风险年利率为 8%(按连续复利计)。执行价格为 100 元，1 年期的欧式看涨期权和看跌期权的价值分别是多少?

2. 假设某股票的当前市价为 22 元，且 1 个月后股价可能变成 24 元或 20 元。无风险利率为 8%，按照复利计息方法。执行价格为 21 元、1 个月期限的欧式看涨期权的价值是多少?

3. 某股票的当前价格为 50 元，已知在 6 个月后这只股票的价格将变为 45 元或 55 元，无风险利率为 10%(按连续复利计)。执行价格为 50 元，6 个月期限的欧式看跌期权的价值为多少?

4. 某股票的价格为 40 元，在今后两个 3 个月的时间段内，股票价格或上涨 10%或下跌 10%，无风险利率为每年 12%(按连续复利计)。执行价格为 42 元，6 个月期限的美式看涨和看跌期权的价值分别为多少?

第八章 布朗运动

布朗运动(Brownian motion)是由英国生物学家罗伯特·布朗(Robert Brown，见图8.1左)于1828年首先观察到的花粉颗粒浮于液体内不规则运动的一种物理现象。

1900年，法国数学家巴舍利耶(Louis Bachelier，见图8.1中)在他的博士论文中正式将布朗运动引入证券市场，用来描述股价的变动。爱因斯坦于1905年在研究狭义相对论的过程中，独立地对布朗运动进行了数学刻画。之后，维纳(Norbert Wiener，见图8.1右)在1923年研究了布朗运动的数学理论，并对其严谨定义，因此布朗运动也称为维纳过程(Wiener process)。

图8.1 罗伯特·布朗(Robert Brown)、巴舍利耶(Louis Bachelier)和维纳(Norbert Wiener)

美国经济学家保罗·萨缪尔森(Paul Samuelson)于1969年将布朗运动再度引入金融经济学模型，至此，布朗运动在研究金融经济学及金融工程学中的重要地位稳固建立。

本章从随机游走开始，并由其过渡到对布朗运动的正式介绍。

第一节 随机游走

一、随机游走的含义

假设一个粒子每隔 Δt 时间做一次向上或向下的运动，其中向上运动的概率为 p，移动的距离为1个单位；向下运动的概率为 $q=1-p$，移动的距离也为1个单位。将粒子向上运动的方向记为正值，则相应粒子向下运动的位移即为 -1 个单位。将每次粒子的位移记作随机变量 Z_i，其中 i 表示移动的次数。相应粒子的上下运动称作随机游走(random walk)。因此有

$$P(Z_i=1)=p,\ P(Z_i=-1)=q=1-p \tag{8.1}$$

假设随机变量 Z_i 是独立同分布的，当 $t=n\Delta t$ 时，将 t 时间段内粒子的位移记作 $X(t)$，

则有

$$X(t) = Z_1 + Z_2 + \cdots + Z_n \tag{8.2}$$

根据概率统计的知识，不难得到

$$E(Z_i) = 1 \cdot P(Z_i = 1) + (-1) \cdot P(Z_i = -1) = p - q$$

$$E(Z_i^2) = 1^2 \cdot P(Z_i = 1) + (-1)^2 \cdot P(Z_i = -1) = 1$$

$$\mathrm{Var}(Z_i) = E(Z_i^2) - [E(Z_i)]^2 = 4pq$$

由于期望具有线性性质，因此

$$E[X(t)] = E(Z_1) + E(Z_2) + \cdots + E(Z_n) = n(p-q) \tag{8.3}$$

另外，根据随机变量 Z_i 是独立同分布的前提假设，有

$$\mathrm{Var}[X(t)] = \mathrm{Var}(Z_1) + \mathrm{Var}(Z_2) + \cdots + \mathrm{Var}(Z_n) = 4npq \tag{8.4}$$

图 8.2 展示的是随机游走的一条模拟路径。

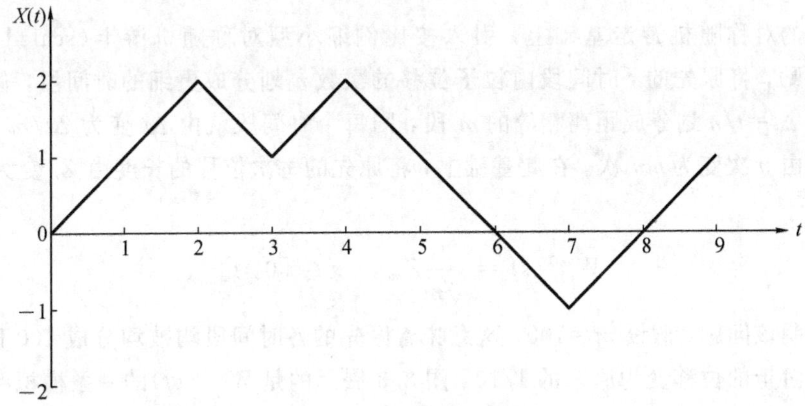

图 8.2　随机游走示意图

二、对称随机游走

根据前面所描述的随机游走，若粒子上下运动的概率均为 1/2，即 $p=q=1/2$，可以得到粒子位移 $X(t)$的均值和方差分别为

$$\begin{aligned} E[X(t)] &= n(p-q) = 0 \\ \mathrm{Var}[X(t)] &= 4npq = n \end{aligned} \tag{8.5}$$

对应地，每次粒子位移 Z_i 的均值和方差分别为

$$E(Z_i) = 0, \quad \mathrm{Var}(Z_i) = 1 \tag{8.6}$$

此时的随机游走称作对称随机游走(symmetric random walk)。其中，$n=t/\Delta t$，也就是 t 时间段内粒子位移的次数。从式(8.5)中不难看出，位移的期望为零，方差则与位移次数 n 有关。

三、对称随机游走的二次变差

截至 t 时刻的对称随机游走的二次变差(quadratic variation)定义如下：

$$\langle X, X\rangle(t) = \sum_{i=1}^{n} (X_i - X_{i-1})^2 \tag{8.7}$$

由于增量 $Z_i = X_i - X_{i-1} = \pm 1$，因此，有

$$\langle X, X\rangle(t) = n \tag{8.8}$$

由此不难看出，对称随机游走的二次变差在数值上等于其方差，即

$$\mathrm{Var}[X(t)] = n = \langle X, X\rangle(t) \tag{8.9}$$

需要特别注意的是，$\langle X, X\rangle(t)=n$ 与随机游走中上下运动的概率无关；而 $\mathrm{Var}[X(t)]=n$ 成立的前提是随机游走是对称的，即 $p=q=1/2$。正因如此，二次变差$\langle X, X\rangle(t)$是沿着随机游走的单条路径计算的，而方差 $\mathrm{Var}[X(t)]$则是对所有的路径以其概率权重求平均得到的。

四、按比例缩小型对称随机游走

在原先的对称随机游走基础上，引入按比例缩小型对称随机游走(scaled symmetric random walk)，将原先的 t 时间段内粒子位移的次数 n 划分成更细的时间段，假设这里将每个时间段 $\Delta t=t/n$ 划分成距离相等的 m 段，则每个时间段就由 Δt 变为 $\Delta t/m$，相应粒子位移的次数由 n 次变为 mn 次。在此基础上，将原先的每次位移的长度由 Z_i 变为 $W^{(m)}(s)$，从而可得

$$W^{(m)}(s) = \frac{1}{\sqrt{m}} Z_{ms}, \quad s \in [0, t] \tag{8.10}$$

为了说明该问题，假设 $m=100$，这意味着原先的各时间段均被均分成 100 段，对应的时间段粒子游走的位移变为原来的 1/10。图 8.3 展示的是 $W^{(100)}(t)$的一条模拟路径。

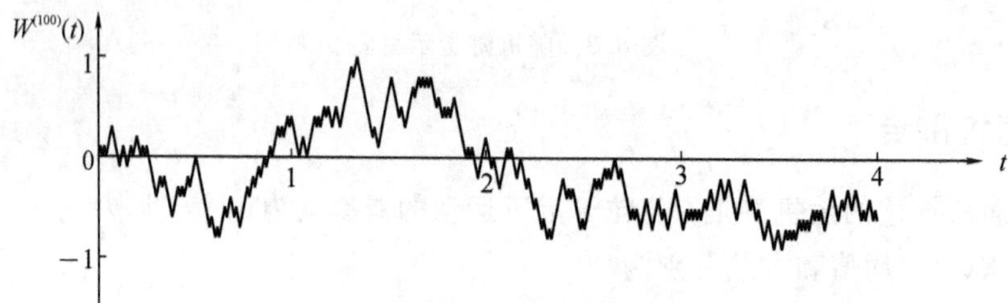

图 8.3 按比例缩小型对称随机游走的示意图

根据式(8.6)，可得

$$E[W^{(m)}(s)] = 0, \quad \mathrm{Var}[W^{(m)}(s)] = \left(\frac{1}{\sqrt{m}}\right)^2 \cdot 1 = \frac{1}{m} \tag{8.11}$$

对于$[s, t]$时间段内的增量 $W^{(m)}(t)-W^{(m)}(s)$而言，粒子发生了 $m(t-s)$次位移，根据独立增量的性质可得

$$\begin{gathered} E[W^{(m)}(t) - W^{(m)}(s)] = 0 \\ \mathrm{Var}[W^{(m)}(t) - W^{(m)}(s)] = \frac{1}{m} \cdot m(t-s) = t-s \end{gathered} \tag{8.12}$$

接下来考虑二次变差，可得

$$\langle W^{(m)}, W^{(m)}\rangle(t)=\sum_{j=1}^{mt}\left[W^{(m)}\left(\frac{j}{m}\right)-W^{(m)}\left(\frac{j-1}{m}\right)\right]^2$$
$$=\sum_{j=1}^{mt}\left[\frac{1}{\sqrt{m}}Z_j\right]^2=\sum_{j=1}^{mt}\frac{1}{m}=\frac{1}{m}\cdot mt=t \tag{8.13}$$

因此，按比例缩小型的对称随机游走，其均值、方差和二次变差分别为

$$E[W^{(m)}(t)]=0,\quad \mathrm{Var}[W^{(m)}(t)]=t,\quad \langle W^{(m)}, W^{(m)}\rangle(t)=t \tag{8.14}$$

当比例缩小型对称随机游走的参数 $m\to\infty$ 时，随机游走就变成了布朗运动。根据中心极限定理，当固定 $t\geqslant 0$ 时，$W^{(m)}(t)$ 在时刻 t 取值的分布将收敛于均值为零、方差为 t 的正态分布。这一结论的证明需要使用正态分布的矩母函数及其相关性质，这里不作证明，感兴趣的读者可查阅 Steven Shreve《金融随机分析(第二卷)》的第三章。

阅读材料：爱因斯坦推导布朗运动的思路

爱因斯坦证明的粒子在 t 时刻位于 x 处这一问题，可以使用以下偏微分方程加以刻画：

$$\frac{\partial f(x,t)}{\partial t}=\frac{1}{2}\frac{\partial^2 f(x,t)}{\partial t^2}$$

其中，$f(x,t)$ 代表单位体积内粒子的数量，也就是 t 时刻 x 处粒子的密度。该方程的解为

$$f(x,t)=\frac{1}{\sqrt{2\pi t}}\exp\left(-\frac{x^2}{2t}\right)$$

不难看出，这就是均值为 0、方差为 t 的正态分布之概率密度函数。

第二节 布朗运动及其性质

一、布朗运动的定义

定义 8.1 对于随机过程 $\{W(t), t\geqslant 0\}$，若满足以下四个条件，则 $W(t)$ 称为标准布朗运动(standard Brownian motion)，简称为布朗运动(Brownian motion)：

(1) $W(t)$ 连续且 $W(0)=0$；

(2) $W(t)\sim N(0,t)$；

(3) $W(s+t)-W(s)\sim N(0,t)$；

(4) $W(t)$ 是独立增量(independent increments)过程。

从上述定义中的条件(2)可以看出，布朗运动 $W(t)$ 服从均值为 0、方差为 t 的正态分布；条件(3)中，布朗运动的增量 $W(s+t)-W(s)$ 服从的分布与其初始时间 s 无关，只与增量中的时间变化 t 有关；结合条件(2)和条件(3)可知，布朗运动具有平稳增量(stationary increment)；关于条件(4)，若 $0\leqslant s_1<t_1\leqslant s_2<t_2$，则 $W(t_1)-W(s_1)$ 和 $W(t_2)-W(s_2)$ 两个增量是独立的。根据协方差的定义以及条件(4)，可以进一步得到

$$\begin{aligned}\mathrm{Cov}[W(t_1)-W(s_1), W(t_2)-W(s_2)]&=\mathrm{Cov}[W(t_1-s_1), W(t_2-s_2)]\\&=E[W(t_1-s_1)W(t_2-s_2)]-\\&\quad E[W(t_1-s_1)]E[W(t_2-s_2)]\end{aligned}$$

由于独立意味着不相关，因此 $\mathrm{Cov}[W(t_1)-W(s_1), W(t_2)-W(s_2)]=0$，又由于布朗运动的增量均值为零。从而可得

$$E[W(t_1-s_1)W(t_2-s_2)]=0$$

关于独立增量性，通过图 8.4 的时间轴可以形象地展示出该性质的含义。泊松过程与布朗运动有一定的相似之处，例如，两者均具有独立增量和平稳增量的性质。

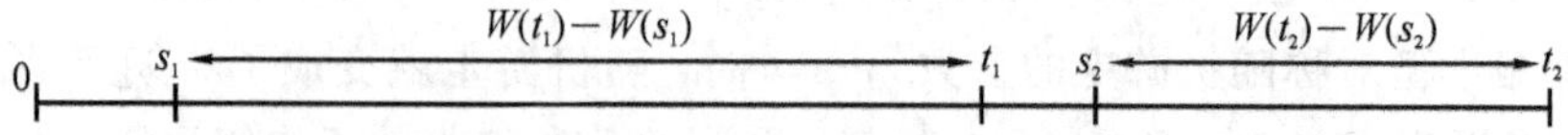

图 8.4　布朗运动统计特征的时间轴展示

二、布朗运动的性质

根据前面的定义，布朗运动具有如下性质：

(1) $E[W(t)]=0$

(2) $\mathrm{Var}[W(t)]=t=E[W^2(t)]$

(3) 若 $s<t$，则 $\mathrm{Cov}[W(s), W(t)]=E[W(s)W(t)]=s\wedge t=s$

以上性质中，性质(1)来自布朗运动的定义；性质(2)和性质(3)的证明过程如下。

证明　由于布朗运动 $\{W(t)\}$ 具有独立增量特征，并且均值为 0，因此可知

$$\mathrm{Var}[W(t)]=E[W^2(t)]-[E[W(t)]]^2=E[W^2(t)]=t$$

所以有

$$\begin{aligned}\mathrm{Cov}[W(s), W(t)]&=E[W(s)W(t)]-E[W(s)]E[W(t)]\\&=E[W(s)W(t)]=E\{W(s)[W(t)-W(s)+W(s)]\}\\&=E[W(s)[W(t)-W(s)]]+E[W^2(s)]\end{aligned}$$

根据独立增量特征，$E[W(s)[W(t)-W(s)]]=0$，可得

$$\mathrm{Cov}[W(s), W(t)]=E[W^2(s)]=s$$

更进一步，上式可以表示为

$$\mathrm{Cov}[W(s), W(t)]=\min(s, t)=s\wedge t$$

其中，符号 $\wedge$ 表示取两值中的较小值。

例 8.1　假设 $0<s<t$，求 $W(s)+W(t)$ 的均值和方差。

解　可将 $W(s)+W(t)$ 做如下变形：

$$W(s)+W(t)=2W(s)+[W(t)-W(s)]$$

根据期望的线性性质，有

$$E[W(s)+W(t)]=E[W(s)]+E[W(t)]=0$$

根据布朗运动的增量独立性，有

$$\begin{aligned}\mathrm{Var}[W(s)+W(t)]&=\mathrm{Var}[2W(s)+W(t)-W(s)]\\&=4\mathrm{Var}[W(s)]+\mathrm{Var}[W(t)-W(s)]\\&=4\mathrm{Var}[W(s)]+(t-s)\\&=4s+(t-s)=3s+t\end{aligned}$$

例 8.2　对于在直线上做布朗运动的粒子而言，其在时刻 2 的坐标为 1，求其在时刻 5 的坐标不超过 3 的概率。

解　由题意可知，该概率是一个条件概率，表达式为

$$P(W(5) \leqslant 3 \mid W(2) = 1)$$

则有

$$\begin{aligned} P(W(5) \leqslant 3 \mid W(2) = 1) &= P(W(5) - W(2) \leqslant 2 \mid W(2) = 1) \\ &= P(W(5) - W(2) \leqslant 2) = P(W(3) \leqslant 2) \end{aligned}$$

由于 $W(3) \sim N(0, 3)$，因此

$$P(W(3) \leqslant 2) = N\left(\frac{3}{\sqrt{3}}\right) = 0.876$$

其中，$N(\cdot)$是标准正态分布的分布函数，其具体取值可以通过查表的方式得到。该问题也可以使用 Matlab 得到结果，相应的命令为

```
normcdf(2, 0, sqrt(3))
```

或者

```
normcdf(2/sqrt(3), 0, 1)
```

除此以外，在电子表格软件 Excel 中，还可以使用命令 NORMSDIST 算出同样的结果，这里不再赘述。

三、布朗运动的变换

定理 8.1　对于布朗运动 $W(t)$，如下变换后的随机过程 $X(t)$仍然是布朗运动：

(1) 反射变换(reflection)：$X(t) = -W(t)$。

(2) 平移变换(translation)：$X(t) = W(t+s) - W(s)$，$\forall s \geqslant 0$。

(3) 缩放变换(rescaling)：$X(t) = \frac{1}{\sqrt{a}} W(at)$，$\forall a > 0$。

(4) 反转变换(inversion)：$X(t) = tW(1/t)$，$t > 0$；并且 $X(0) = 0$。

证明　要证明变换后的过程是否为布朗运动的关键在于该过程的期望和方差是否满足布朗运动的性质，即

$$E[W(t)] = 0,\ \mathrm{Cov}[W(t), W(s)] = s \wedge t \tag{8.15}$$

(1) 对于 $X(t) = -W(t)$，可得

$$E[X(t)] = -E[W(t)] = 0$$

$$\begin{aligned} \mathrm{Cov}[X(t), X(s)] &= E[X(t)X(s)] - E[X(t)]E[X(s)] \\ &= E[W(t)W(s)] = s \wedge t \end{aligned}$$

(2) 根据布朗运动的独立增量性质，可得

$$X(t) = W(t+s) - W(s) = W(t)$$

(3) 对于 $X(t) = \frac{1}{\sqrt{a}} W(at)$，可得

$$E[X(t)] = \frac{1}{\sqrt{a}} E[W(at)] = 0$$

$$\begin{aligned}\text{Cov}[X(t), X(s)] &= E[X(t)X(s)] - E[X(t)]E[X(s)] \\ &= \frac{1}{a}E[W(at)W(as)] = \frac{1}{a}\min(at, as) \\ &= \min(t, s) = t \wedge s\end{aligned}$$

（4）当 $t>0$ 时，对于 $X(t)=tW(1/t)$，可得

$$E[X(t)] = tE\left[W\left(\frac{1}{t}\right)\right] = 0$$

$$\begin{aligned}\text{Cov}[X(t), X(s)] &= E[X(t)X(s)] - E[X(t)]E[X(s)] \\ &= st \cdot E\left[W\left(\frac{1}{t}\right)W\left(\frac{1}{s}\right)\right] = st \cdot \min(1/t, 1/s) \\ &= \min(s, t) = s \wedge t\end{aligned}$$

另外，$X(0)=0$，因此 $X(t)$是布朗运动。

四、布朗运动的瞬时增量及其性质

根据定义，可知

$$W(t+\Delta t) - W(t) \sim N(0, \Delta t)$$

当 $\Delta t \to 0$ 时，定义

$$\mathrm{d}W(t) = \lim_{\Delta t \to 0} W(t+\Delta t) - W(t)$$

此时 $\mathrm{d}W(t)$称作 $W(t)$的瞬时增量(instantaneous increment)，相应地：

$$\mathrm{d}W(t) \sim N(0, \mathrm{d}t)$$

如果对 $W(t)$关于 t 求导，可得

$$\frac{\mathrm{d}W(t)}{\mathrm{d}t} = \lim_{\Delta t \to 0} \frac{W(t+\Delta t) - W(t)}{\Delta t} \tag{8.16}$$

根据布朗运动的性质，不难得到

$$E\left[\frac{W(t+\Delta t) - W(t)}{\Delta t}\right] = \frac{1}{\Delta t} \cdot E[W(t+\Delta t) - W(t)] = 0$$

$$\text{Var}\left[\frac{W(t+\Delta t) - W(t)}{\Delta t}\right] = \frac{1}{(\Delta t)^2} \cdot \text{Var}[W(t+\Delta t) - W(t)] = \frac{1}{\Delta t}$$

注意 当 $\Delta t \to 0$ 时，$\text{Var}\left[\frac{W(t+\Delta t)-W(t)}{\Delta t}\right] \to \infty$，微商的方差无界，意味着微商的取值可以是任意大的数值，由此可见 $W(t)$的导数不存在。因此，布朗运动 $W(t)$是处处连续且处处不可微的特殊函数①。布朗运动的这一特征，决定了其路径不是光滑的(smooth)。

定理 8.2(布朗运动的变差) 对于布朗运动 $W(t)$，其一次变差(first variation)为

$$\lim_{n\to\infty} \sum_{k=0}^{n-1} \left| W(t_{k+1}) - W(t_k) \right| = \infty \tag{8.17}$$

二次变差(quadratic variation)为

---

① 有很长一段时间，人们以为不存在处处连续且处处不可微的函数，直到魏尔斯特拉斯(Weierstrass)于1872 年首次构造出了这种特殊的函数。

$$\langle W, W\rangle(t) = \lim_{n\to\infty}\sum_{k=0}^{n-1}(W(t_{k+1}) - W(t_k))^2 = t \tag{8.18}$$

类似地，当 $p\geqslant 3$ 时，其高阶变差为

$$\lim_{n\to\infty}\sum_{k=0}^{n-1}(W(t_{k+1}) - W(t_k))^p = 0 \tag{8.19}$$

布朗运动的二次变差也可以形式地记为

$$\mathrm{d}W(t)\cdot\mathrm{d}W(t) = \mathrm{d}t \tag{8.20}$$

需要说明的是，布朗运动与光滑函数最主要的差别体现在二次变差上：光滑函数的二次变差为零，而布朗运动的二次变差不为零①。

五、布朗运动的首中时刻

定义 8.2 对于常数 a，用 τ_a 表示布朗运动的质点首次到达位置 a 的时刻，即

$$\tau_a = \min\{t: t\geqslant 0, W(t) = a\} \tag{8.21}$$

则 τ_a 称为首中时刻(first hitting time)或首达时间(first passage time)。

注意 这里的首中时刻 τ_a 是一个随机变量，也称停时(stopping time)。对于停时，我们可以利用强马氏性来对其分布加以研究。

考虑一个布朗运动，其起始点的位置在 a 处，由于布朗运动具有对称性，因此在已知 $\tau_a<t$ 的条件下，未来的任意时刻 t，布朗运动的质点会等可能地位于 a 的上方或下方，即

$$P(W(t) > a \mid \tau_a < t) = P(W(t) < a \mid \tau_a < t) = \frac{1}{2} \tag{8.22}$$

对于式(8.22)中的第一项，有

$$P(W(t) > a \mid \tau_a < t) = \frac{P(W(t) > a,\ \tau_a < t)}{P(\tau_a < t)} = \frac{P(W(t) > a)}{P(\tau_a < t)}$$

假设 $a>0$，由于 $W(0)=0$ 且布朗运动是连续的，因此 $\{W(t)>a\}$ 必然意味着在 t 时刻之前，质点到达了位置 a，即 $\{\tau_a<t\}$ 必然成立。即

$$P(W(t) > a,\ \tau_a < t) = P(W(t) > a)$$

于是

$$\begin{aligned}P(\tau_a < t) &= 2\cdot P(W(t) > a) = 2\cdot P\left(Z > \frac{a}{\sqrt{t}}\right)\\ &= 2\int_{a/\sqrt{t}}^{\infty}\frac{1}{\sqrt{2\pi}}\exp\left(-\frac{x^2}{2}\right)\mathrm{d}x \end{aligned}\tag{8.23}$$

假设 $a<0$，则有类似的结果为

$$P(W(t) < a \mid \tau_a < t) = \frac{P(W(t) < a,\ \tau_a < t)}{P(\tau_a < t)} = \frac{P(W(t) < a)}{P(\tau_a < t)} \tag{8.24}$$

于是

① 具体证明参见本章附录。

$$P(\tau_a < t) = 2 \cdot P(W(t) < a) = 2 \cdot P\left(Z < \frac{a}{\sqrt{t}}\right)$$

$$= 2\int_{-\infty}^{a/\sqrt{t}} \frac{1}{\sqrt{2\pi}} \exp\left(-\frac{x^2}{2}\right) dx = 2\int_{-a/\sqrt{t}}^{\infty} \frac{1}{\sqrt{2\pi}} \exp\left(-\frac{x^2}{2}\right) dx \tag{8.25}$$

综合式(6.23)和式(6.25)，可得

$$F_{\tau_a}(t) = P(\tau_a < t) = 2\int_{|a|/\sqrt{t}}^{\infty} \frac{1}{\sqrt{2\pi}} \exp\left(-\frac{x^2}{2}\right) dx = 2 \cdot N\left(-\frac{|a|}{\sqrt{t}}\right) \tag{8.26}$$

由式(8.26)得到的是 τ_a 的分布函数 $F_{\tau_a}(t)$，对其关于 t 求微分，可以得到对应的密度函数 $f_{\tau_a}(t)$，计算过程为

$$f_{\tau_a}(t) = \frac{dF_{\tau_a}(t)}{dt} = \frac{1}{\sqrt{2\pi}} \exp\left(-\frac{1}{2} \cdot \frac{a^2}{t}\right) \cdot |a| \cdot \frac{1}{2} t^{-3/2}$$

$$= \frac{|a|}{\sqrt{2\pi t^3}} \exp\left(-\frac{a^2}{2t}\right),\ t > 0 \tag{8.27}$$

此处 τ_a 的概率分布称作参数为 1/2 和 $a^2/2$ 的逆 Gamma 分布（inverse gamma distribution）①，记作 $\tau_a \sim IG(1/2, a^2/2)$。

布朗运动的首中时刻具有非常独特的性质，考虑以下概率：

$$P(\tau_a < \infty) = \lim_{t\to\infty} P(\tau_a < t) = \lim_{t\to\infty} 2 \cdot N\left(-\frac{|a|}{\sqrt{t}}\right) = 2 \cdot N(0) = 1 \tag{8.28}$$

由此可见，对于任意位置 a，布朗运动均能以概率 1 到达。

另外，首中时刻 τ_a 的期望值为

$$E(\tau_a) = \int_0^{\infty} t \cdot f_{\tau_a}(t) dt = \int_0^{\infty} \frac{|a|}{\sqrt{2\pi t}} \exp\left(-\frac{a^2}{2t}\right) dt \tag{8.29}$$

显然，式(8.29)对于任意 a，均有 $E(\tau_a) = \infty$，因此，首中时刻的期望值为无穷大。

首中时刻 τ_a 的相关性质以定理的形式总结如下。

定理 8.3(首中时刻 τ_a 的性质) τ_a 表示布朗运动的质点首次到达位置 a 的时刻，则以下性质成立：

(1) τ_a 的分布函数

$$F_{\tau_a}(t) = P(\tau_a < t) = 2 \cdot N\left(-\frac{|a|}{\sqrt{t}}\right)$$

(2) τ_a 的密度函数

$$f_{\tau_a}(t) = \frac{|a|}{\sqrt{2\pi t^3}} \exp\left(-\frac{a^2}{2t}\right), \quad t > 0$$

(3) $E(\tau_a) = \infty$；

(4) $P(\tau_a < \infty) = 1$。

---

① 对于形状参数为 α、尺度参数为 β 的逆 Gamma 分布，其概率密度函数为

$$f(x; \alpha, \beta) = \frac{\beta^{\alpha}}{\Gamma(\alpha)} \left(\frac{1}{x}\right)^{\alpha+1} \exp\left(-\frac{\beta}{x}\right), \quad x > 0$$

六、反射原理与布朗运动的最大值

布朗运动在首中时刻 τ_a 后发生了反射，由此所构成的路径也是布朗运动，这一性质就是反射原理(reflection principle)。

定义 8.3 考虑一个随机过程 $\widetilde{W}(t)$，其定义为

$$\widetilde{W}(t)=\begin{cases}W(t), & t\in[0,\tau_a]\\ 2a-W(t), & t\in[\tau_a,\infty)\end{cases} \tag{8.30}$$

$\widetilde{W}(t)$称为在 τ_a 时刻发生反射的布朗运动。

由定义可知 $\widetilde{W}(\tau_a)=a$，因此当 $t>\tau_a$ 时，$\widetilde{W}(t)$与原先的布朗运动 $W(t)$关于位置 a 对称。因此

$$\widetilde{W}(t)+W(t)=2a \Rightarrow \widetilde{W}(t)=2a-W(t),\ t>\tau_a \tag{8.31}$$

反射原理如图 8.5 所示。

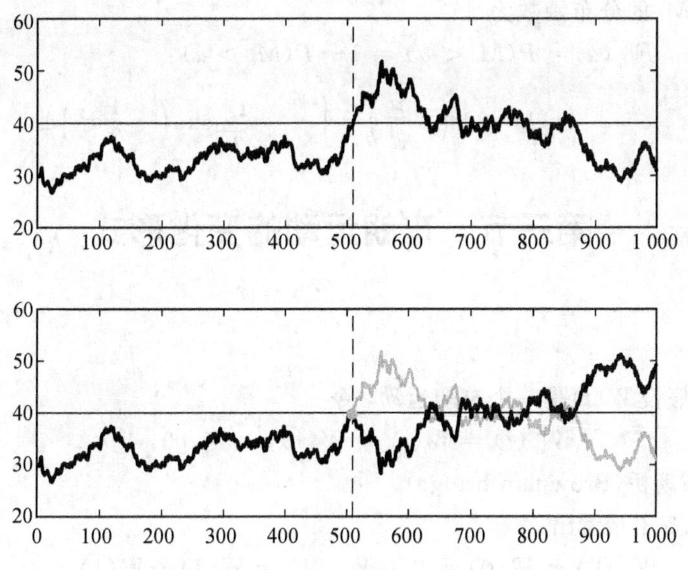

图 8.5 反射原理示意图

定义 8.4 对于布朗运动 $W(t)$，若在区间 $t\in[0,T]$上，有

$$M_T=\max_{t\in[0,T]}W(t)$$

则 M_T 称为布朗运动在$[0,T]$上的最大值。

当 $a>0$ 时，若在时间 t 处，$W(t)>a$，则意味着在时间段$[0,t]$上，$M_t>a$ 并且 $\tau_a<t$，因此

$$\begin{aligned}\{M_t>a\}&=\{M_t>a,\ W(t)>a\}\cup\{M_t>a,\ W(t)\leqslant a\}\\&=\{W(t)>a\}\cup\{M_t>a,\ W(t)\leqslant a\}\end{aligned} \tag{8.32}$$

由于上面的两个事件互不相容，因此

$$P(M_t>a)=P(W(t)>a)+P(M_t>a,\ W(t)\leqslant a) \tag{8.33}$$

根据反射原理，以 τ_a 为界，当 $t\geqslant\tau_a$ 时，$\widetilde{W}(t)=2a-W(t)$，于是

$$P(M_t>a,\ W(t)\leqslant a)=P(M_t>a,\ \widetilde{W}(t)\geqslant a)=P(\widetilde{W}(t)\geqslant a) \tag{8.34}$$

由于 $\widetilde{W}(t)$ 与 $W(t)$ 均是布朗运动，因此

$$P(\widetilde{W}(t) \geqslant a) = P(W(t) \geqslant a)$$

于是

$$\begin{aligned} P(M_t > a) &= P(W(t) > a) + P(W(t) \geqslant a) = 2 \cdot P(W(t) > a) \\ &= 2 \cdot P\left(Z > \frac{a}{\sqrt{t}}\right) = 2 \cdot \int_{a/\sqrt{t}}^{\infty} \frac{1}{\sqrt{2\pi}} \exp\left(-\frac{1}{2}x^2\right) \mathrm{d}x \\ &= 2 \cdot \int_{-\infty}^{-a/\sqrt{t}} \frac{1}{\sqrt{2\pi}} \exp\left(-\frac{1}{2}x^2\right) \mathrm{d}x = 2N\left(-\frac{a}{\sqrt{t}}\right) \end{aligned} \tag{8.35}$$

另一方面，$\{M_t > a\}$ 这一事件必然意味着 $\{\tau_a < t\}$ 成立，因此

$$P(M_t > a) = P(\tau_a < t) = F_{\tau_a}(t) = 2N\left(-\frac{a}{\sqrt{t}}\right), \quad a > 0 \tag{8.36}$$

这里直接使用了前面提到的首中时刻 τ_a 的分布函数。

综上所述，M_t 的分布函数为

$$\begin{aligned} F_{M_t}(a) &= P(M_t < a) = 1 - P(M_t > a) \\ &= 1 - 2N\left(-\frac{a}{\sqrt{t}}\right) = \int_{-a/\sqrt{t}}^{a/\sqrt{t}} \frac{1}{\sqrt{2\pi}} \exp\left(-\frac{1}{2}x^2\right) \mathrm{d}x \end{aligned} \tag{8.37}$$

第三节　布朗运动的变化形式

一、布朗桥

定义 8.5　假设 $W(t)$ 是一个布朗运动，令

$$W^*(t) = W(t) - tW(1), \quad t \in [0, 1] \tag{8.38}$$

则 $W^*(t)$ 称为布朗桥(Brownian bridge)。

根据定义 8.5 不难看出：

$$W^*(0) = W(0) = 0, \quad W^*(1) = W(1) - W(1) = 0$$

可见，$W^*(t)$ 的两个端点是固定的，就如同桥一样，故名布朗桥。

对于布朗桥 $W^*(t)$，假设 $0 \leqslant s \leqslant t \leqslant 1$，其期望和协方差分别为

$$E[W^*(t)] = E[W(t)] - E[tW(1)] = E[W(t)] - tE[W(1)] = 0 \tag{8.39}$$

$$\begin{aligned} \mathrm{Cov}[W^*(s)W^*(t)] &= E[W^*(s)W^*(t)] = E\{[W(s) - sW(1)][W(t) - tW(1)]\} \\ &= E[W(s)W(t)] - tE[W(s)W(1)] - sE[W(1)W(t)] + tsE[W^2(1)] \\ &= s - ts - st + ts = s - ts = s(1-t) \end{aligned} \tag{8.40}$$

布朗桥还可以按如下方式定义。

定义 8.6　假设 $W(t)$ 是一个布朗运动，令

$$X(t) = W(t) - \frac{t}{T}W(T), \ t \in [0, T] \tag{8.41}$$

则 $X(t)$ 称为布朗桥。

定义 8.6 的布朗桥仍然满足 $X(0) = X(T) = 0$，可以看作第一种定义的拓展。不难看

出，当 $T=1$ 时，布朗桥 $X(t)$ 就变成了 $W^*(t)$。

与前面的方法类似，假设 $0\leqslant s\leqslant t\leqslant T$，可以得到 $X(t)$ 的期望和协方差分别为

$$E[X(t)]=E[W(t)]-\frac{t}{T}E[W(T)]=0 \tag{8.42}$$

$$\begin{aligned}\operatorname{Cov}[X(s)X(t)]&=E[X(s)X(t)]=E\left\{\left[W(s)-\frac{s}{T}W(T)\right]\left[W(t)-\frac{t}{T}W(T)\right]\right\}\\&=E[W(s)W(t)]-\frac{t}{T}E[W(s)W(T)]-\\&\quad\frac{s}{T}E[W(T)W(t)]+\frac{s}{T}\frac{t}{T}E[W^2(T)]\\&=s-\frac{t}{T}s-\frac{s}{T}t+\frac{s}{T}\frac{t}{T}T=s-\frac{st}{T}\end{aligned} \tag{8.43}$$

在布朗运动的相关应用中，还有一种形式的布朗桥更具实用价值，其定义如下。

定义 8.7　假设 $W(t)$ 是一个布朗运动。给定 $T>0$，a，$b\in\mathbf{R}$，则在 $[0, T]$ 上从 a 到 b 的布朗桥 $X^{a\to b}(t)$ 定义为

$$X^{a\to b}(t)=a+(b-a)\cdot\frac{t}{T}+X(t),\ t\in[0, T] \tag{8.44}$$

其中，$X(t)$ 是由式(8.41)定义的布朗桥，满足 $X(0)=X(T)=0$

从上述定义不难看出，布朗桥 $X^{a\to b}(t)$ 的两个端点 0 与 T 满足下式

$$X^{a\to b}(0)=a,\ X^{a\to b}(T)=b$$

假设 $0\leqslant s\leqslant t\leqslant T$，布朗桥 $X^{a\to b}(t)$ 的期望为

$$E[X^{a\to b}(t)]=a+(b-a)\cdot\frac{t}{T}+E[X(t)]=a+(b-a)\cdot\frac{t}{T} \tag{8.45}$$

由于 $X^{a\to b}(t)$ 的表达式中，$a+(b-a)\cdot t/T$ 是确定项(deterministic term)，因此计算协方差时可以不予考虑。于是 $X^{a\to b}(t)$ 的协方差就与 $X(t)$ 的相同，即

$$\operatorname{Cov}[X^{a\to b}(s)X^{a\to b}(t)]=\operatorname{Cov}[X(s)X(t)]=s-\frac{st}{T} \tag{8.46}$$

布朗桥如图 8.6 所示。

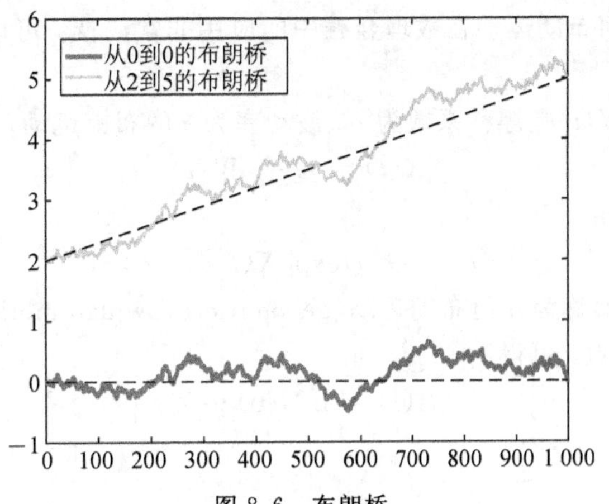

图 8.6　布朗桥

二、有漂移的布朗运动

定义 8.8 假设 $W(t)$是一个布朗运动，则以下随机过程 $X(t)$称为有漂移的布朗运动(Brownian motion with drift)：

$$X(t) = \mu t + \sigma W(t), \quad t \geqslant 0 \tag{8.47}$$

其中的常数 μ 称为漂移系数(drift)，常数 σ 称为波动率(volatility)。

对 $X(t)$计算期望和方差，结果为

$$\begin{cases} E[X(t)] = E(\mu t) + E[\sigma W(t)] = \mu t \\ \mathrm{Var}[X(t)] = \mathrm{Var}[\mu t + \sigma W(t)] = \mathrm{Var}[\sigma W(t)] = \sigma^2 t \end{cases} \tag{8.48}$$

由此可见，有漂移的布朗运动均值不为零；其方差与漂移项无关，且与波动率 σ 的平方值成正比。有漂移的布朗运动对比如图 8.7 所示。

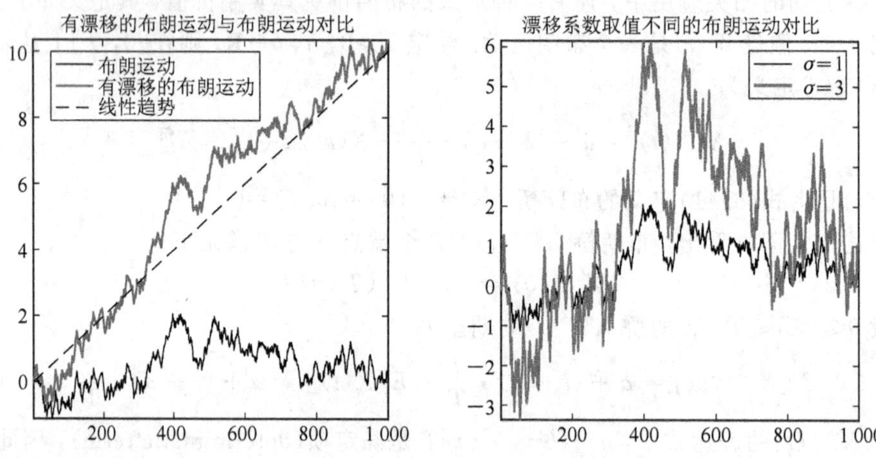

图 8.7 有漂移的布朗运动对比

三、几何布朗运动

与前面所提及的布朗运动的形式不同，几何布朗运动的状态空间是 $\mathbf{R}^+ \cup \{0\}$，即它是一个非负的过程。几何布朗运动在数理金融中的应用非常广泛，可以用来对股票等金融资产进行建模①。

定义 8.9 假设 $X(t)$是漂移系数为 μ，波动率为 σ 的布朗运动，即

$$X(t) = \mu t + \sigma W(t)$$

定义过程 $G(t)$，其满足

$$G(t) = G(0)\exp[X(t)], \quad t \geqslant 0 \tag{8.49}$$

并且 $G(0)>0$，则 $G(t)$称为几何布朗运动(geometric Brownian motion)。

对 $G(t)$取自然对数，可得

$$\ln G(t) = \ln G(0) + X(t)$$

① 由于股票等金融资产是有限负债的，因此其价格不可能跌破 0，几何布朗运动刚好具有类似的特点。

相应地：

$$\begin{cases} E[\ln G(t)] = E[\ln G(0)] + E[X(t)] = \ln G(0) + \mu t \\ \mathrm{Var}[\ln G(t)] = \mathrm{Var}[\ln G(0) + X(t)] = \mathrm{Var}[X(t)] = \sigma^2 t \end{cases} \tag{8.50}$$

第四节　鞅与布朗运动

鞅(martingale)是一类重要的随机过程。从20世纪30年代起，列维(Levy)等人就开始研究鞅序列，把它作为独立随机变量序列部分和的推广。20世纪40年代到50年代初，杜布(Doob)对鞅进行了系统的研究，得到了有名的鞅不等式、最优停止定理和鞅收敛定理等重要结果。1962年，迈耶(Mayer)解决了杜布提出的连续时间的上鞅分解为鞅及增过程之差的问题。在解决这个问题的过程中，出现了很多新鲜而深刻的概念，使鞅和随机过程一般理论的内容大大丰富起来。

鞅的研究丰富了概率论的内容，很多以往被认为是复杂的东西，在纳入鞅论的框架后得以简化。近几十年来，鞅理论不仅在随机过程中占据重要的地位，而且在金融、保险等领域的实际问题中得到了广泛的应用。

鞅的概念最早起源于赌博中的双倍押注法(double gambling)，在该策略下，如果每次输了就把下注的资金翻倍。对于公平赌博而言，如此反复最终总能赢钱。当然在现实中，不抽老千并且赌资数量无限的假设前提是不成立的，所谓的公平赌博只不过是赌徒们代代相传的传说。而在马术上，鞅指的是套在马颈上的缰绳(也称马颔缰)，以防止马甩头，并借此控制马的行进方向，如图8.8所示。

图 8.8　带有鞅的马具

一、鞅的概念和性质

(一) 离散鞅

定义 8.10　假设有一个随机序列$\{X_n\}$，$n=0, 1, 2, \cdots$，若对$\forall n \geqslant 0$，均有$E|X_n| < \infty$，并且

$$E(X_{n+1} \mid X_n, \cdots, X_1, X_0) = X_n$$

则$\{X_n\}$称为离散鞅(discrete martingale)序列。

由此可见，离散鞅具有某种无后效性，并且随机变量 X_{n+1} 基于之前所有历史信息的条件期望取值，由 n 时刻的随机变量 X_n 的取值决定，而与 n 时刻之前的随机变量序列 X_0，X_1，…，X_{n-1} 无关。

这里需要说明的是，在随机过程中提到的马尔可夫性质(Markov property)的表达式为

$$P(X_{n+1} \mid X_n, \cdots, X_2, X_1) = P(X_{n+1} \mid X_n)$$

将之与离散鞅的定义进行对比可知：鞅是通过条件期望定义的，侧重于未来结果的公平性；马尔可夫性质则是通过条件概率定义的，侧重于过程的无记忆性，因此两者之间并无太多的相关性。

例 8.3(对称随机游走)　假设单位时间内，某粒子在一维坐标上可能向左或向右游走一个单位，将游走的距离分别记作+1 和−1，对应的概率均为 50%，记 X_i 是 i 时刻粒子游走的距离，则有

$$P(X_i = +1) = P(X_i = -1) = 0.5$$

假设截至 n 时刻，粒子游走的总距离为 $S_n = X_1 + X_2 + \cdots + X_n$，并且 $S_0 = 0$。证明 S_n 是鞅。

证明　由题意，可知

$$S_{n+1} = S_n + X_{n+1}$$

因此

$$\begin{aligned} E(S_{n+1} \mid S_0, S_1, \cdots, S_n) &= E(S_n + X_{n+1} \mid S_0, S_1, \cdots, S_n) \\ &= E(S_n \mid S_0, S_1, \cdots, S_n) + E(X_{n+1} \mid S_0, S_1, \cdots, S_n) \\ &= E(S_n \mid S_0, S_1, \cdots, S_n) + E(X_{n+1}) \\ &= S_n + [0.5 \times (+1) + 0.5 \times (-1)] = S_n \end{aligned}$$

其中 X_{n+1} 的取值与之前的信息集 S_0，S_1，…，S_n 独立，因而条件期望 $E(X_{n+1} | S_0, S_1, \cdots, S_n)$ 可以表示为无条件期望 $E(X_{n+1})$。

另外，下式成立：

$$E \mid S_n \mid = E \left| \sum_{i=1}^{n} X_i \right| \leqslant E \left(\sum_{i=1}^{n} \mid X_i \mid \right) = \sum_{i=1}^{n} E \mid X_i \mid = n < \infty$$

因此 S_n 是鞅。

定义 8.11　设 $\{X_n\}$ 和 $\{Y_n\}$ 是两个随机序列，其中 $n=0, 1, 2, \cdots$。若对任意 n，有

(1) $E|X_n| < \infty$,

(2) X_n 是关于 Y_0，Y_1，…，Y_n 的函数[①],

(3) $E(X_{n+1} | Y_n, \cdots, Y_1, Y_0) = X_n$,

则 $\{X_n\}$ 是关于 $\{Y_n\}$ 的鞅。

推论 1　对于常数序列 $\{c_n\}$，其中 $c_n = c$，则 $\{c_n\}$ 为鞅。

证明　根据鞅的定义有

$$E(c_{n+1} \mid Y_0, Y_1, \cdots, Y_n) = E(c \mid Y_0, Y_1, \cdots, Y_n) = c = c_n$$

① 这里也可表述为：X_n 关于 Y_0，Y_1，…，Y_n 可测。

因此$\{c_n\}$为鞅。

推论 2　若$\{X_n\}$为鞅，则对任意$n \geqslant 0$，有$E(X_n)=E(X_0)$

证明　由于$\{X_n\}$为鞅，因此

$$E(X_{n+1} \mid Y_n, \cdots, Y_1, Y_0) = X_n$$

对该式两端取期望，可得

$$E[E(X_{n+1} \mid Y_n, \cdots, Y_1, Y_0)] = E(X_n)$$

根据条件期望的性质，可得

$$E[E(X_{n+1} \mid Y_n, \cdots, Y_1, Y_0)] = E(X_{n+1})$$

因此

$$E(X_{n+1}) = E(X_n)$$

依此类推，最终可得

$$E(X_{n+1}) = E(X_n) = \cdots = E(X_1) = E(X_0)$$

由此可见，若随机过程$\{X_n\}$是鞅，则其期望值不随时间而发生改变。

例 8.4(公平赌博的双倍下注问题)　记M_n为第n次赌博后的财富总额，并且$M_0=0$。X_n表示第n次赌博的结果，$X_n=1$表示赢钱；$X_n=-1$表示输钱。

由于是公平赌博，因此：

$$P(X_n = 1) = P(X_n = -1) = 0.5$$

这里赌博的规则是：若输钱，则下次下注翻倍；一旦赢钱则离开赌场。假定前n次赌博均输钱，则输掉的总金额为

$$1 + 2 + 2^2 + \cdots + 2^{n-1} = 2^n - 1 \Rightarrow M_n = -2^n + 1$$

(1) 若下一次赢钱，则

$$M_{n+1} = 2^n - (2^n - 1) = 1$$

(2) 若下一次仍然输钱，则

$$M_{n+1} = -2^n - (2^n - 1) = -2^{n+1} + 1$$

由此可得

$$E(M_{n+1} \mid M_n) = \frac{1}{2} \times 1 + \frac{1}{2} \times (-2^{n+1} + 1) = -2^n + 1 = M_n$$

可见，M_n是鞅。

例 8.5(波利亚坛子(Polya's urn)问题)　考虑一个装有红、黄两色小球的坛子。在初始状态下，红、黄小球各一个，每次从中抽取一个小球并放回。若拿出的是红色小球，则放回后再加入一个红色的小球；若拿出的是黄色小球，则采取同样的做法。以X_n表示第n次抽取后坛子中的红球数量，显然$X_0=1$，相应的转移概率为

$$P(X_{n+1} = k + 1 \mid X_n = k) = \frac{k}{n+2}, \quad P(X_{n+1} = k \mid X_n = k) = 1 - \frac{k}{n+2}$$

令M_n是第n次抽取后，红球所占的比例，即

$$M_n = X_n/(n+2)$$

试证M_n是一个鞅。

证明　由于

$$\begin{aligned} E(X_{n+1} \mid X_n = k) &= (k+1) \cdot P(X_{n+1} = k+1 \mid X_n = k) + k \cdot P(X_{n+1} = k \mid X_n = k) \\ &= (k+1) \cdot \frac{k}{n+2} + k \cdot \left(1 - \frac{k}{n+2}\right) = k + \frac{k}{n+2} \end{aligned}$$

因此

$$E(X_{n+1} \mid X_n) = X_n + \frac{X_n}{n+2}$$

由于

$$M_n = \frac{X_n}{(n+2)}$$

故

$$\begin{aligned} E(M_{n+1} \mid X_1, \cdots, X_n) &= E\left(\frac{X_{n+1}}{n+3} \middle| X_1, \cdots, X_n\right) \\ &= \frac{1}{n+3} E(X_{n+1} \mid X_n) = \frac{1}{n+3}\left(X_n + \frac{X_n}{n+2}\right) \\ &= \frac{X_n}{n+2} = M_n \end{aligned}$$

因此 M_n 是一个鞅。

(二) 连续鞅

前面所介绍的是时间离散情形下的离散鞅，在金融的相关研究中，人们往往更关心连续时间下的随机过程相关特征。

定义 8.12(可积的概念) 对于一个随机变量 X

(1) 若 $E|X|<\infty$，则 X 称为可积的(integrable)；

(2) 若 $E(X^2)<\infty$，则 X 称为平方可积的(square integrable)。

根据随机变量可积的定义，可知

$$E(X) \leqslant E \mid X \mid < \infty$$

因此，当随机变量 X 可积时，其期望值必然是有限的。类似地，当 X 是平方可积时，其方差也必然是有限的。

定义 8.13 假设 T 是一个固定的正数，并且对每一个 $t \in [0, T]$，都有一个 σ 代数 $\mathcal{F}(t)$ 与之相对应。若对任意 $0 \leqslant s \leqslant t \leqslant T$，均有 $\mathcal{F}(s) \subseteq \mathcal{F}(t)$ 成立，则 $\{\mathcal{F}(t)\}$，$t \in [0, T]$ 所构成的 σ 代数族称为一个域流(filtration)。

简而言之，$\mathcal{F}(t)$ 可看作 $[0, t]$ 时间段的所有信息(information)。随着时间的推移，信息量逐渐增加，体现为新时刻包含了旧时刻的所有信息。由这些信息所组成的序列 $\{\mathcal{F}(0), \mathcal{F}(1), \cdots, \mathcal{F}(t)\}$ 构成了域流，相当于一串信息流，并且 $\mathcal{F}(0) \subseteq \mathcal{F}(1) \subseteq \cdots \subseteq \mathcal{F}(t)$。

定义 8.14 若概率空间 $\{\Omega, F, P\}$ 上的随机过程 M_t 满足以下三个条件，则其称为关于域流 $\{\mathcal{F}(t)\}$ 和概率测度 P 的连续鞅：

(1) 对任意 t，有 $E|M_t|<\infty$，即 M_t 是可积的；

(2) M_t 对任意 t 均是 $\mathcal{F}(t)$ 可测的(measurable)；

(3) 若 $s<t$，则 $E[M_t | F(t)] = M_s$。

上面定义中的条件(1)意味着鞅的绝对值之期望是有限的；条件(2)是指基于当前的信息 $\mathcal{F}(t)$，可以度量 M_t，也可以将其表述成 M_t 适应于(adapted to) $\mathcal{F}(t)$；而条件(3)则意味着未来时刻 t 的随机过程 M_t，在当前信息 $\mathcal{F}(s)$ 的条件下，其期望值等于当前时刻 s 的取值 M_s。

另外，根据连续鞅定义中的公式，还能得到以下两个等价公式：

$$E[M_t - M_s \mid \mathcal{F}(s)] = 0, \quad E\left[\frac{M_t}{M_s}\middle|\mathcal{F}(s)\right] = 1$$

例 8.6 假设泊松过程$\{N(t), t\geqslant 0\}$的强度为λ，试证$N(t)-\lambda t$是一个鞅。

证明 设$s>t$，记

$$X(t) = N(t) - \lambda t$$

可得

$$\begin{aligned} E[X(s) - X(t) \mid \mathcal{F}(t)] &= E[[N(s) - \lambda s] - [N(t) - \lambda t] \mid \mathcal{F}(t)] \\ &= E[[N(s) - N(t)] \mid \mathcal{F}(t)] - (\lambda s - \lambda t) \end{aligned}$$

根据泊松过程的增量独立性，$N(s)-N(t)$与$\mathcal{F}(t)$独立，因此

$$\begin{aligned} E[X(s) - X(t) \mid \mathcal{F}(t)] &= E[N(s) - N(t)] - \lambda(s - t) \\ &= E[N(s)] - E[N(t)] - \lambda(s - t) \\ &= \lambda s - \lambda t - \lambda(s - t) = 0 \end{aligned}$$

因此$X(t)=N(t)-\lambda t$是一个鞅。

更进一步，还可以验证$X(t)$可积，即

$$E\mid X(t)\mid = E\mid N(t) - \lambda t\mid \leqslant E[N(t) + \lambda t] = E[N(t)] + \lambda t = 2\lambda t < \infty$$

定义 8.15 对于随机过程M_t，若$s<t$，则有：

(1) $E[M_t|\mathcal{F}(s)]\geqslant M_s$，$M_t$称为下鞅(submartingale)；

(2) $E[M_t|\mathcal{F}(s)]\leqslant M_s$，$M_t$称为上鞅(supermartingale)。

根据条件期望的性质，对于下鞅而言下式成立：

$$E(M_t) \geqslant E(M_s), \quad s < t$$

不难看出，随着时间的流逝，对于下鞅，M_t的期望值趋向于增大；相反，对于上鞅，M_t的期望值趋向于减小。

对于公平赌博而言，赌徒赢钱的期望值不随时间而发生改变，因此是鞅。相比之下，上鞅意味着赌徒赢钱的期望值随时间而减小，因此是亏本的赌博(劣赌)；下鞅意味着赌徒赢钱的期望值随时间而增大，因此是盈利的赌博(优赌)。

二、布朗运动与鞅

对于布朗运动$W(t)$而言，当$0<s<t$时，有

$$\begin{aligned} E[W(t) \mid \mathcal{F}(s)] &= E[W(t) - W(s) + W(s) \mid \mathcal{F}(s)] \\ &= E[W(t) - W(s) \mid \mathcal{F}(s)] + E[W(s) \mid \mathcal{F}(s)] \\ &= E[W(t) - W(s)] + W(s) = W(s) \end{aligned}$$

其中，$W(t)-W(s)$与$\mathcal{F}(s)$独立，并且$W(s)$是$\mathcal{F}(s)$可测的。因此布朗运动$W(t)$是关于$\mathcal{F}(t)$的鞅。

这里需要注意的是，鞅所对应的σ代数是一定要强调的，因为在测度发生变化时，原先是鞅的随机过程有可能不再是鞅。另外，对于布朗运动，还可以验证$W(t)$是可积的，即

$$E\mid W(t)\mid < \infty$$

具体演算过程为

$$E\mid W(t)\mid=\int_{-\infty}^{\infty}\left|x\right|\frac{1}{\sqrt{2\pi t}}\exp\left(-\frac{x^2}{2t}\right)\mathrm{d}x$$
$$=\int_0^{\infty}\frac{2x}{\sqrt{2\pi t}}\exp\left(-\frac{x^2}{2t}\right)\mathrm{d}x=\sqrt{\frac{2t}{\pi}}<\infty$$

例 8.7 假设 $Y(t)=W^2(t)-t$，其中 $t>0$。证明 Y_t 是关于布朗运动 $W(t)$的鞅。

证明 对于 $0\leqslant s<t$，有

$$E[W(t)\mid\mathcal{F}(s)]=W(s)$$

因此

$$\begin{aligned}E[Y(t)\mid\mathcal{F}(s)]&=E[W^2(t)-t\mid\mathcal{F}(s)]\\&=E[(W(t)-W(s)+W(s))^2\mid\mathcal{F}(s)]-t\\&=E\{(W(t)-W(s))^2+2W(s)[W(t)-W(s)]+W^2(s)\mid\mathcal{F}(s)\}-t\\&=E[(W(t)-W(s))^2\mid\mathcal{F}(s)]+2E\{W(s)[W(t)-W(s)]\mid\mathcal{F}(s)\}+\\&\quad E[W^2(s)\mid\mathcal{F}(s)]-t\end{aligned}$$

上式中的 $W(t)-W(s)$与$\mathcal{F}(s)$独立，并且 $W(s)$是$\mathcal{F}(s)$可测的，因此

$$E[(W(t)-W(s))^2\mid\mathcal{F}(s)]=E[(W(t)-W(s))^2]=t-s$$
$$E\{W(s)[W(t)-W(s)]\mid\mathcal{F}(s)\}=W(s)E[W(t)-W(s)]=0$$
$$E[W^2(s)\mid\mathcal{F}(s)]=W^2(s)$$

从而

$$E[Y(t)\mid\mathcal{F}(s)]=(t-s)+0+W^2(s)-t=W^2(s)-s=Y(s)$$

因此 $Y(t)$是关于 $W(t)$的鞅。

进一步，可以验证 $Y(t)$可积：

$$E\mid Y(t)\mid=E(\mid W^2(t)-t\mid)\leqslant E[W^2(t)+t]=E[W^2(t)]+t=2t<\infty$$

需要说明的是，这里的 $Y(t)=W^2(t)-t$ 称为二次鞅(quadratic martingale)。

例 8.8 令 $G(t)=G(0)\mathrm{e}^{X(t)}$，其中 $X(t)$是有漂移的布朗运动，其漂移率是 μ，波动率是 σ，即

$$X(t)=\mu t+\sigma W(t)$$

其中，$W(t)$是标准布朗运动。记 $r=\mu+0.5\sigma^2$，试证 $\mathrm{e}^{-rt}G(t)$ 是关于标准布朗运动 $W(t)$ 的鞅。

证明 对于 $0\leqslant s<t$，有

$$\begin{aligned}E[\mathrm{e}^{-rt}G(t)\mid\mathcal{F}(s)]&=\mathrm{e}^{-rt}E[G(0)\mathrm{e}^{\mu s+\sigma W(t)}\mid\mathcal{F}(s)]\\&=G(0)\mathrm{e}^{-rt}E\{\mathrm{e}^{\mu(t-s)+\sigma[W(t)-W(s)]}\cdot\mathrm{e}^{\mu s+\sigma W(s)}\mid\mathcal{F}(s)\}\end{aligned}$$

上式的期望部分，$(t-s)$相关项与$\mathcal{F}(s)$独立，并且 $E[\mathrm{e}^{\mu s+\sigma W(s)}]$项是$\mathcal{F}(s)$可测的，因此

$$\begin{aligned}E[\mathrm{e}^{-rt}G(t)\mid\mathcal{F}(s)]&=G(0)\mathrm{e}^{-rt}\cdot\mathrm{e}^{\mu s+\sigma W(s)}\cdot E\{\mathrm{e}^{\mu(t-s)+\sigma[W(t)-W(s)]}\}\\&=G(0)\mathrm{e}^{-rt}\cdot\mathrm{e}^{\mu s+\sigma W(s)}\cdot\mathrm{e}^{\mu(t-s)}\cdot E\{\mathrm{e}^{\sigma[W(t)-W(s)]}\}\\&=G(0)\mathrm{e}^{-rt}\cdot\mathrm{e}^{\mu t+\sigma W(s)}\cdot E[\mathrm{e}^{\sigma W(t-s)}]\end{aligned}$$

由于 $W(u)\sim N(0,u)$，因此

$$X(u)=\sigma W(u)\sim N(0,\sigma^2u)$$

由此可得

$$E[\mathrm{e}^{X(u)}]=\int_{-\infty}^{\infty}\mathrm{e}^{x}f(x)\mathrm{d}x=\int_{-\infty}^{\infty}\mathrm{e}^{x}\frac{1}{\sqrt{2\pi\sigma^2 u}}\exp\left(-\frac{x^2}{2\sigma^2 u}\right)\mathrm{d}x$$

$$=\int_{-\infty}^{\infty}\frac{1}{\sqrt{2\pi\sigma^2 u}}\exp\left[-\frac{(x-\sigma^2 u)^2-\sigma^4 u^2}{2\sigma^2 u}\right]\mathrm{d}x$$

$$=\exp\left(\frac{\sigma^4 u^2}{2\sigma^2 u}\right)\int_{-\infty}^{\infty}\frac{1}{\sqrt{2\pi\sigma^2 u}}\exp\left[-\frac{(x-\sigma^2 u)^2}{2\sigma^2 u}\right]\mathrm{d}x$$

$$E[\mathrm{e}^{\sigma W(u)}]=\exp\left(\frac{1}{2}\sigma^2 u\right)$$

因此

$$E[\mathrm{e}^{\sigma W(t-s)}]=\exp\left[\frac{1}{2}\sigma^2(t-s)\right]$$

于是

$$E[\mathrm{e}^{-rt}G(t)\mid\mathcal{F}(s)]=G(0)\mathrm{e}^{-rt}\cdot\mathrm{e}^{\mu s+\sigma W(s)}\cdot\exp\left[\frac{1}{2}\sigma^2(t-s)\right]$$

$$=G(0)\exp\left[-\frac{1}{2}\sigma^2 s+\sigma W(s)\right]$$

$$=G(0)\exp\left[-\left(\mu s+\frac{1}{2}\sigma^2 s\right)+(\mu s+\sigma W(s))\right]$$

$$=\mathrm{e}^{-rs}\cdot G(0)\mathrm{e}^{X(s)}=\mathrm{e}^{-rs}G(s)$$

由此可见，$\mathrm{e}^{-rt}G(t)$ 是关于标准布朗运动 $W(t)$的鞅。需要说明的是，这里的 $G(t)$是几何布朗运动，对应的 $\mathrm{e}^{-rt}G(t)$是几何布朗运动的贴现过程。

例 8.9　布朗运动 $W(t)$，$t\geqslant 0$ 关于$\mathcal{F}(t)$可测，证明：以下过程 $Z(t)$，$t\geqslant 0$ 是鞅

$$Z(t)=\exp\left[\sigma W(t)-\frac{1}{2}\sigma^2 t\right]$$

其中 σ 是常数。

证明　对于 $0\leqslant s\leqslant t$，有

$$E[Z(t)\mid\mathcal{F}(s)]=E\left(\exp\left[\sigma W(t)-\frac{1}{2}\sigma^2 t\right]\middle|\,\mathcal{F}(s)\right)$$

$$=E\left(\exp(\sigma[W(t)-W(s)])\cdot\exp\left[\sigma W(s)-\frac{1}{2}\sigma^2 t\right]\middle|\,\mathcal{F}(s)\right)$$

$$=\exp\left[\sigma W(s)-\frac{1}{2}\sigma^2 t\right]\cdot E(\exp[\sigma(W(t)-W(s))]\mid\mathcal{F}(s))$$

根据增量独立性，有

$$E(\exp[\sigma(W(t)-W(s))]\mid\mathcal{F}(s))=E(\exp[\sigma(W(t)-W(s))])$$

由于

$$E[\mathrm{e}^{\sigma W(u)}]=\exp\left(\frac{1}{2}\sigma^2 u\right)$$

因此

$$E(\exp[\sigma(W(t)-W(s))])=\exp\left[\frac{1}{2}\sigma^2(t-s)\right]$$

最终可得

$$E[Z(t) \mid \mathcal{F}(s)] = \exp\left[\sigma W(s) - \frac{1}{2}\sigma^2 t\right] \cdot \exp\left[\frac{1}{2}\sigma^2 (t-s)\right]$$
$$= \exp\left[\sigma W(s) - \frac{1}{2}\sigma^2 s\right] = Z(s)$$

因此 $Z(t)$，$t \geqslant 0$ 是鞅。需要说明的是，此处的 $Z(t)$ 也称作指数鞅（exponential martingale）。

三、鞅的金融学意义

根据鞅的概念，可知

$$E[X(t+u) - X(t) \mid \mathcal{F}(t)] = E[X(t+u) \mid \mathcal{F}(t)] - E[X(t) \mid \mathcal{F}(t)] = X(t) - X(t) = 0$$

其含义是如果要预测 $X(t)$ 在未来的变化，其结果为零。

由于鞅在未来的移动方向是不可能被预测的，因此，如果观测到一个随机过程的轨迹（trajectory）有明显的趋势性倾向或周期性规律，那么该随机过程一定不是鞅。另外，对于一个随机过程是否为鞅，这是一个相对的概念。往往需要先定义清楚它是相对于哪个信息集 $\mathcal{F}(t)$ 和哪个概率测度的。如果改变一个鞅的信息集定义和概率测度的定义，有可能此随机过程就不再是鞅。反之，如果一个随机过程不是鞅，可以通过改变概率测度的方式使其成为一个鞅。

正因为满足鞅的随机过程是无法预测的，因此在金融学中，鞅的概念与有效市场假说具有非常紧密的联系。有效市场假说认为，如果人们无法利用市场的历史信息对未来资产价格的走势做出任何预测，那么这样的市场就是有效的。这一概念与鞅的含义不谋而合——随机过程的未来不可预测。

另外，在金融工程中，人们往往基于无套利分析法对金融产品进行定价。在理论上，当金融市场出现无风险套利的机会时，每一位交易者都可以通过构筑巨量的无风险套利组合来赚取无风险的套利利润。这种巨大的套利头寸会成为推动市场价格变化的力量，从而使套利机会迅速消失。所以在有效市场中套利机会是不存在的，正因如此，鞅可以看作无套利的数学描述。

对常见的金融资产价格进行分析发现，其并非都满足鞅的特性。例如，欧式期权的时间价值会因为合约到期日的临近而趋于减少，因此欧式期权的价值满足上鞅。

本章附录

附录 A　布朗运动的软件模拟

考虑在时间段 $[0, t]$ 上模拟布朗运动的轨迹。假设将该时间段分成大小相等的 n 个子区间，相应生成 n 个变量，记作 $W(t_1)$，$W(t_2)$，…，$W(t_n)$。其中

$$t_i = i \cdot t/n,\ i = 1, 2, \cdots, n$$

并且假定 $W(0)=0$。

根据布朗运动的独立增量性，有

$$W(t_i) = W(t_{i-1}) + [W(t_i) - W(t_{i-1})] = W(t_{i-1}) + X_i$$

其中，$X_i \sim N(0, t/n)$。

因此，为了生成布朗运动的轨迹，只需要从 $W(0)=0$ 开始，生成满足条件的随机数 X_i，然后逐个代入上式相加迭代，依次得到 $W(t_1)$，$W(t_2)$，…，$W(t_n)$，最终将这些点绘出，即可得到模拟的布朗运动轨迹。根据此思路编制的 Matlab 代码如下：

```
P=zeros(1, 99);
S=zeros(1, 100);
P=sqrt(10/100). * randn(1, 100);
P=cumsum(P);
S=[0 P];
plot(0: 0.1: 10, S)
```

这里我们取 $t=10$，$n=100$。类似地，还可以将 t 固定，绘制出 n 取值改变的情况下相应的布朗运动轨迹，如图 8.9 所示。不难看出，随着 n 取值的增加，模拟出的轨迹越来越接近布朗运动的真实图像。

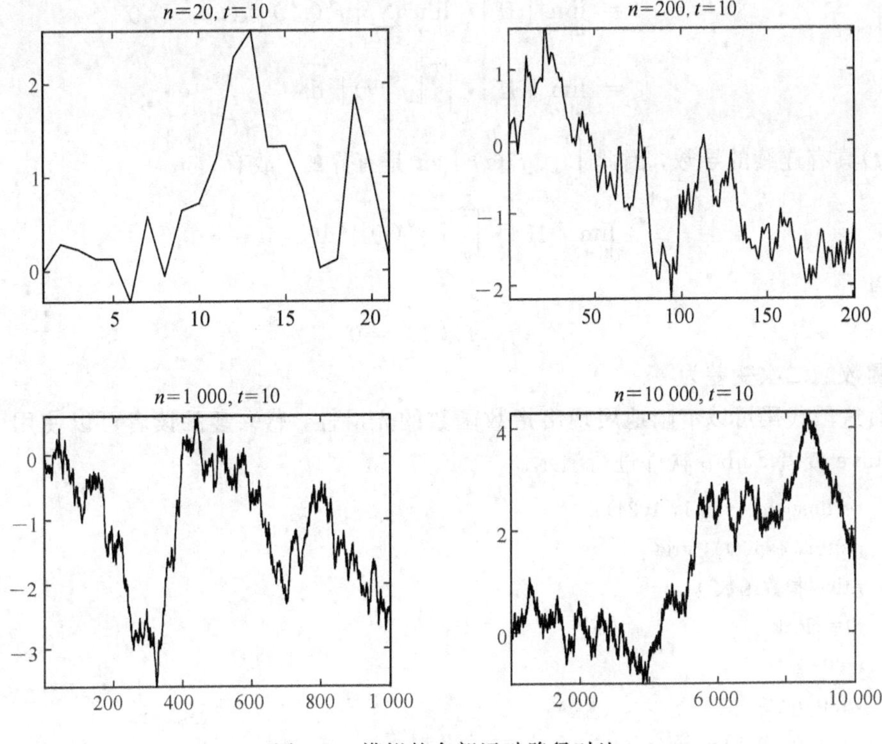

图 8.9 模拟的布朗运动路径对比

附录 B 光滑函数二次变差为零的证明

设 $f(t)$是在$[0, T]$上有定义的光滑函数，即该函数具有连续的导数，则其截至时刻 T 的二次变差为

$$\langle f, f\rangle(T) = \lim_{|\Pi|\to 0}\sum_{i=0}^{n-1}\left[f(t_{i+1}) - f(t_i)\right]^2$$

将$[0, T]$区间分割成 n 块，分别为$[0, t_1]$，$(t_1, t_2]$，…，$(t_{n-1}, t_n]$，其中

$$0 = t_0 < t_1 < t_2 < \cdots < t_n = T$$

$|\Pi|$是这 n 个时间段中最长的，即

$$|\Pi| = \max_i(t_{i+1} - t_i), \quad i = 0, 1, 2, \cdots, n-1$$

对于光滑函数而言，微分中值定理成立。因此存在 $t_i^* \in [t_i, t_{i+1}]$，使得

$$f(t_{i+1}) - f(t_i) = f'(t_i^*)(t_{i+1} - t_i)$$

因此

$$\sum_{i=0}^{n-1}[f(t_{i+1}) - f(t_i)]^2 = \sum_{i=0}^{n-1}|f'(t_i^*)|^2(t_{i+1} - t_i)^2 \leqslant |\Pi| \cdot \sum_{i=0}^{n-1}|f'(t_i^*)|^2(t_{i+1} - t_i)$$

于是

$$\begin{aligned}\langle f, f\rangle(T) &\leqslant \lim_{|\Pi|\to 0}\left[|\Pi| \cdot \sum_{i=0}^{n-1}|f'(t_i^*)|^2(t_{i+1} - t_i)\right] \\ &= \lim_{|\Pi|\to 0}|\Pi| \cdot \lim_{|\Pi|\to 0}\sum_{i=0}^{n-1}|f'(t_i^*)|^2(t_{i+1} - t_i) \\ &= \lim_{|\Pi|\to 0}|\Pi| \cdot \int_0^T|f'(t)|^2\mathrm{d}t\end{aligned}$$

由于 $f(t)$具有连续的导数，因此$\int_0^T|f'(t)|^2\mathrm{d}t$ 是有界的。故有

$$\lim_{|\Pi|\to 0}|\Pi| \cdot \int_0^T|f'(t)|^2\mathrm{d}t = 0$$

最终可得

$$\langle f, f\rangle(T) = 0$$

即光滑函数的二次变差为零。

下面这段代码可以清晰地展现出指数函数的光滑性，感兴趣的读者可以使用 Matlab、Gnu Octave 或者 Scilab 软件进行演示。

```
t=linspace(-1, 1, 1024);
plot(t, exp(t)), grid
title('指数函数')
t0=clock;
t=0;
while t<20
axis([0 0 1 1]+exp(-t/5)*[-1 1 -1 1])
drawnow
t=etime(clock, t0);
end
```

附录 C　布朗运动二次变差不为零的证明

由于布朗运动 $W(t)$不是光滑函数，无法使用微分中值定理。因此在下面的证明中，将不再借助于该定理。

设$\{t_0, t_1, \cdots, t_n\}$是关于时间段$[0, T]$的一个划分(partition)，其中最长的时间段用 Π

表示。对应的二次变差定义为

$$Q_{\Pi} = \sum_{i=0}^{n-1} [W(t_{i+1}) - W(t_i)]^2$$

由于样本的二次变差是独立随机变量之和，因此其均值和方差也是这些随机变量均值和方差之和，即

$$E(Q_{\Pi}) = \sum_{i=0}^{n-1} E[W(t_{i+1}) - W(t_i)]^2$$

$$\mathrm{Var}(Q_{\Pi}) = \sum_{i=0}^{n-1} \mathrm{Var}([W(t_{i+1}) - W(t_i)]^2)$$

由于

$$E[W(t_{i+1}) - W(t_i)]^2 = \mathrm{Var}[W(t_{i+1}) - W(t_i)] = t_{i+1} - t_i$$

因此

$$E(Q_{\Pi}) = \sum_{i=0}^{n-1} t_{i+1} - t_i = t_n - t_0 = T$$

根据正态分布的矩母函数，可以得到$W(t_{i+1})-W(t_i)$的四阶矩，结果为

$$E[W(t_{i+1}) - W(t_i)]^4 = 3(t_{i+1} - t_i)^2$$

因此

$$\begin{aligned}\mathrm{Var}([W(t_{i+1}) - W(t_i)]^2) &= E[W(t_{i+1}) - W(t_i)]^4 - (E[W(t_{i+1}) - W(t_i)]^2)^2 \\ &= 3(t_{i+1} - t_i)^2 - (t_{i+1} - t_i)^2 = 2(t_{i+1} - t_i)^2\end{aligned}$$

因此

$$\mathrm{Var}(Q_{\Pi}) = \sum_{i=0}^{n-1} 2(t_{i+1} - t_i)^2 \leqslant \sum_{i=0}^{n-1} 2 \mid \Pi \mid (t_{i+1} - t_i) = 2 \mid \Pi \mid T$$

于是

$$\lim_{|\Pi| \to 0} \mathrm{Var}(Q_{\Pi}) = 0$$

$$\lim_{|\Pi| \to 0} E(Q_{\Pi}) = T$$

二次变差的方差为零，意味着其不再是随机变量，因此布朗运动$W(T)$的二次变差为T。

下面这段代码可以清晰地展现出布朗运动的非光滑性，感兴趣的读者可以使用Matlab、Gnu Octave或者Scilab软件进行演示。

```
tfin=60;
n=2^10+1; %取值增加，分辨率相应提升
t=linspace(-1, 1, n);
h=diff(t(1:2));
x=cumsum([0, sqrt(h)*randn(1, n-1)]);
x=x-x((n+1)/2);
j=1:2:n;
i=2:2:n;
k=(n+3)/4:(3*n+1)/4;
hand=plot(t, x);
```

```
title('布朗运动(维纳过程)')
axis([-1 1 -1 1])
hold on
plot([-1.1 0 1.1], [0 0 0], 'ro-')
hold off
pause
t0=clock;
tt=0;
while tt<tfin
width=exp(-tt/5);
axis([-width width -sqrt(width) sqrt(width)])
drawnow
if h>width/(n/4)
h=h/2;
x(j)=x(k);
t(j)=t(k);
t(i)=0.5*(t(i-1)+t(i+1));
x(i)=0.5*(x(i-1)+x(i+1))+sqrt(h/2)*randn(size(i));
set(hand, 'xdata', t, 'ydata', x)
end
tt=etime(clock, t0);
end
```

附录 D　高斯积分简介

高斯积分是一类非常特殊的积分，最早由德国数学家高斯(Carl Friedrich Gauss，1777—1855)提出，并被用于正态分布的刻画中。该积分的形式为

$$I=\int_{-\infty}^{\infty}\exp(-x^2)\mathrm{d}x$$

求解该积分的方法具有一定的技巧性，在上式的基础上，构造一个相同的积分形式：

$$I=\int_{-\infty}^{\infty}\exp(-y^2)\mathrm{d}y$$

将上面两式相乘，可得

$$I^2=\int_{-\infty}^{\infty}\int_{-\infty}^{\infty}\exp[-(x^2+y^2)]\mathrm{d}x\mathrm{d}y$$

对上式的求解，可以通过坐标变换，将直角坐标系转换成极坐标系，结果为

$$I^2=\int_0^{2\pi}\mathrm{d}\theta\int_0^{\infty}\exp(-r^2)r\mathrm{d}r=2\pi\cdot\frac{1}{2}\int_0^{\infty}\exp(-r^2)\mathrm{d}(r^2)=\pi\int_{-\infty}^{0}\exp(u)\mathrm{d}u=\pi$$

因此

$$I=\int_{-\infty}^{\infty}\exp(-x^2)\mathrm{d}x=\sqrt{\pi}$$

相应地，

$$I(\alpha)=\int_{-\infty}^{\infty}\exp(-\alpha u^2)\,\mathrm{d}u=\sqrt{\frac{\pi}{\alpha}}$$

对 $I(\alpha)$的积分表达式关于 α 分别求一阶和二阶导，可得

$$I'(\alpha)=-\int_{-\infty}^{\infty}u^2\exp(-\alpha u^2)\,\mathrm{d}u=\sqrt{\pi}\left(-\frac{1}{2}\right)\alpha^{-\frac{3}{2}}$$

$$I''(\alpha)=\int_{-\infty}^{\infty}u^4\exp(-\alpha u^2)\,\mathrm{d}u=\sqrt{\pi}\left(-\frac{1}{2}\right)\left(-\frac{3}{2}\right)\alpha^{-\frac{5}{2}}$$

依此类推，可以得到 $I(\alpha)$关于 α 的 n 阶导，结果为

$$\begin{aligned}I^{(n)}(\alpha)&=(-1)^n\int_{-\infty}^{\infty}u^{2n}\exp(-\alpha u^2)\,\mathrm{d}u\\&=\sqrt{\pi}\cdot(-1)^n\,\frac{1\cdot 3\cdot 5\cdot\cdots\cdot(2n-1)}{2^n}\alpha^{-(2n+1)/2}\end{aligned}$$

因此

$$\int_{-\infty}^{\infty}u^{2n}\exp(-\alpha u^2)\,\mathrm{d}u=\sqrt{\pi}\cdot\frac{1\cdot 3\cdot 5\cdot\cdots\cdot(2n-1)}{2^n}\alpha^{-(2n+1)/2}$$

对于布朗运动的增量 $X=W(t_n)-W(t_{n-1})$而言，其服从均值为 0、方差为 t_n-t_{n-1}的正态分布。相应的概率密度函数为

$$f(x)=\frac{1}{\sqrt{2\pi(t_n-t_{n-1})}}\exp\left[-\frac{x^2}{2(t_n-t_{n-1})}\right]$$

令

$$t_n-t_{n-1}=\Delta t$$

则

$$\begin{aligned}E(X^2)&=\int_{-\infty}^{\infty}x^2 f(x)\,\mathrm{d}x=\int_{-\infty}^{\infty}x^2\,\frac{1}{\sqrt{2\pi\Delta t}}\exp\left(-\frac{x^2}{2\Delta t}\right)\mathrm{d}x\\&=\frac{1}{\sqrt{2\pi}}\int_{-\infty}^{\infty}x^2\exp\left(-\frac{x^2}{2\Delta t}\right)\mathrm{d}(x/\sqrt{\Delta t})\\&=\frac{\Delta t}{\sqrt{2\pi}}\int_{-\infty}^{\infty}u^2\exp\left(-\frac{u^2}{2}\right)\mathrm{d}u\end{aligned}$$

由前面得到的 $I'(\alpha)$的结果，可得

$$E(X^2)=\frac{\Delta t}{\sqrt{2\pi}}\sqrt{\pi}\left(\frac{1}{2}\right)\left(\frac{1}{2}\right)^{-\frac{3}{2}}=\Delta t$$

类似地，

$$\begin{aligned}E(X^4)&=\int_{-\infty}^{\infty}x^4 f(x)\,\mathrm{d}x=\int_{-\infty}^{\infty}x^4\,\frac{1}{\sqrt{2\pi\Delta t}}\exp\left(-\frac{x^2}{2\Delta t}\right)\mathrm{d}x\\&=\frac{1}{\sqrt{2\pi}}\int_{-\infty}^{\infty}x^4\exp\left(-\frac{x^2}{2\Delta t}\right)\mathrm{d}(x/\sqrt{\Delta t})\\&=\frac{(\Delta t)^2}{\sqrt{2\pi}}\int_{-\infty}^{\infty}u^4\exp\left(-\frac{u^2}{2}\right)\mathrm{d}u\end{aligned}$$

由前面得到的 $I''(\alpha)$的结果，可得

$$E(X^4)=\frac{(\Delta t)^2}{\sqrt{2\pi}}\sqrt{\pi}\left(\frac{1}{2}\right)\left(\frac{3}{2}\right)\left(\frac{1}{2}\right)^{-\frac{5}{2}}=3\,(\Delta t)^2$$

因此

$$\mathrm{Var}(X^2)=E(X^4)-[E(X^2)]^2=3\,(\Delta t)^2-(\Delta t)^2=2\,(\Delta t)^2$$

附录 E　矩母函数的相关概念

所谓矩母函数(moment generating function，MGF)是一种构造函数。对于任何满足概率密度函数为 $f_X(x)$的随机变量 X，其矩母函数的定义为

$$M_X(t)=E(\mathrm{e}^{tx})=\int_{-\infty}^{\infty}\mathrm{e}^{tx}f_X(x)\mathrm{d}x$$

根据泰勒展开式：

$$\mathrm{e}^x=1+x+\frac{x^2}{2!}+\frac{x^3}{3!}+\cdots=\sum_{k=0}^{\infty}\frac{x^k}{k!}$$

由此可得

$$\mathrm{e}^{tx}=\sum_{k=0}^{\infty}\frac{(tx)^k}{k!}$$

矩母函数可以相应地展开为

$$\begin{aligned}M_X(t)&=\int_{-\infty}^{\infty}\mathrm{e}^{tx}f_X(x)\mathrm{d}x=\int_{-\infty}^{\infty}f_X(x)\sum_{k=0}^{\infty}\frac{(tx)^k}{k!}\mathrm{d}x\\&=\sum_{k=0}^{\infty}\frac{t^k}{k!}\int_{-\infty}^{\infty}x^kf_X(x)\mathrm{d}x=\sum_{k=0}^{\infty}\frac{t^k}{k!}\cdot E(X^k)\\&=1+t\cdot E(X)+\frac{t^2}{2!}\cdot E(X^2)+\cdots+\frac{t^n}{n!}\cdot E(X^n)+\cdots\end{aligned}$$

由此可见，矩母函数包含了随机变量 X 的各阶矩 $E(X^n)$，$n=1, 2, 3, \cdots$

同时，若对 $M_X(t)$关于 t 求导，可得

$$\frac{\mathrm{d}M_X(t)}{\mathrm{d}t}=\int_{-\infty}^{\infty}\mathrm{e}^{tx}\cdot xf_X(x)\mathrm{d}x$$

类似地，

$$\frac{\mathrm{d}^nM_X(t)}{\mathrm{d}t^n}=\int_{-\infty}^{\infty}\mathrm{e}^{tx}\cdot x^nf_X(x)\mathrm{d}x$$

当 $t=0$ 时，

$$\left.\frac{\mathrm{d}^nM_X(t)}{\mathrm{d}t^n}\right|_{t=0}=\int_{-\infty}^{\infty}x^nf_X(x)\mathrm{d}x=E(X^n)$$

假设 $X\sim N(\mu, \sigma^2)$，相应的概率密度函数为

$$f_X(x)=\frac{1}{\sqrt{2\pi}\sigma}\exp\left[-\frac{(x-\mu)^2}{2\sigma^2}\right]$$

因此正态分布随机变量 X 的矩母函数计算过程为

$$M_X(t)=E(\mathrm{e}^{tX})=\int_{-\infty}^{\infty}\mathrm{e}^{tx}f_X(x)\mathrm{d}x=\int_{-\infty}^{\infty}\exp\left[-\frac{(x-\mu)^2}{2\sigma^2}+tx\right]\mathrm{d}x$$

其中：

$$\begin{aligned}-\frac{(x-\mu)^2}{2\sigma^2}+tx&=-\frac{1}{2\sigma^2}(x^2-2\mu x-2\sigma^2tx+\mu^2)\\&=-\frac{1}{2\sigma^2}[x^2-2(\mu+\sigma^2t)x+(\mu+\sigma^2t)^2-2\mu\sigma^2t-\sigma^4t^2]\\&=-\frac{1}{2\sigma^2}[x-(\mu+\sigma^2t)]^2+\mu t+\frac{1}{2}\sigma^2t^2\end{aligned}$$

因此

$$\begin{aligned}M_X(t)&=\exp\left(\mu t+\frac{1}{2}\sigma^2t^2\right)\cdot\frac{1}{\sqrt{2\pi}\sigma}\int_{-\infty}^{\infty}\exp\left\{-\frac{1}{2\sigma^2}[x-(\mu+\sigma^2t)]^2\right\}\mathrm{d}x\\&=\exp\left(\mu t+\frac{1}{2}\sigma^2t^2\right)\end{aligned}$$

由此可见，均值为 μ、方差为 σ^2 的正态分布随机变量 X 对应的矩母函数为

$$M_X(t)=\exp\left(\mu t+\frac{1}{2}\sigma^2t^2\right)$$

附录 F　条件期望的性质

假设有两个随机变量 X 和 Y，并且它们的取值取决于 N 次发生的事件构成的信息集 $\{Z_1, Z_2, \cdots, Z_N\}$。以其中 n 次事件的信息集为条件，得到的随机变量期望就是条件期望(conditional expectation)。记作

$$E_n(X)=E(X\mid Z_1, Z_2, \cdots, Z_n),\quad E_n(Y)=E(Y\mid Z_1, Z_2, \cdots, Z_n)$$

需要说明的是，随机变量 $E_n(X)$ 的值仅与 $Z_1, Z_2, \cdots, Z_n$ 有关时，可以将其写作

$$E_n(X)=E(X\mid Z_1, Z_2, \cdots, Z_n)=f(Z_1, Z_2, \cdots, Z_n)$$

其中 $f(\cdot)$ 是函数。显然此处随机变量 $E_n(X)$ 可以表示为 $Z_1, Z_2, \cdots, Z_n$ 的函数，称 $E_n(X)$ 关于 $Z_1, Z_2, \cdots, Z_n$ 可测(measurable)①。

当 $0\leqslant n\leqslant N$ 时，以下性质成立：

(1) 线性性质(linearity)：对于所有常数 c_1 和 c_2，有

$$E_n(c_1X+c_2Y)=c_1E_n(X)+c_2E_n(Y)$$

(2) 提取已知量(taking out what is known)：若 X 的取值只依赖于 n 次事件的信息集，则

$$E_n(XY)=X\cdot E_n(Y)$$

其中，X 在 n 次事件的信息集下是可测的，从而可以从条件期望中提取出来。

(3) 累次条件期望(iterated conditioning)：若 $0\leqslant n\leqslant m\leqslant N$，则有

① 严格说来，这里应当是波莱尔(Borel)可测，限于篇幅不再展开。本书提到的可测均指波莱尔可测。

$$E_n[E_m(X)] = E_n(X)$$

从中可以看出，X 的条件期望取决于信息集中最小者。特别是针对无条件期望而言，有

$$E[E_m(X)] = E(X)$$

(4) 独立性(independence)：若 X 取决于第$(n+1)$到 N 次事件所构成的信息集$\{Z_{n+1}, Z_{n+2}, \cdots, Z_N\}$，则有

$$E_n(X) = E(X)$$

此处的条件与随机变量 X 无关。

(5) Jensen 不等式：若 $\varphi(\cdot)$是凸函数，则有

$$E_n[\varphi(X)] \geqslant \varphi(E_n(X))$$

习 题

1. 已知 $W(t)$是标准布朗运动，假设 $X(t)=|W(t)|$，$t\geqslant 0$，求 $E[X(t)]$和 $\mathrm{Var}[X(t)]$。

2. 假设 $W(t)$是标准布朗运动，求：

(1) $P[W(2)>3]$；

(2) $P[W(3)>W(2)]$。

3. 假设 $W(t)$是标准布朗运动，求：

(1) $aW(s)+bW(t)$的分布，其中 a，b，s，t 均是实数，并且 $0<s<t$；

(2) $P[W(2)-2W(3)\leqslant 4]$。

4. 假设 $W(t)$是标准布朗运动，并且 $0\leqslant u\leqslant s\leqslant t$，求：

(1) $E[W^2(t)W^2(s)]$；

(2) $E[W(t)W(s)W(u)]$。

5. 假设 $W(t)$是标准布朗运动，求 $W(1)+W(2)+\cdots+W(n)$的分布。

6. 令 $S_n=X_1+X_2+\cdots+X_n$，其中 X_i 相互独立，并且 $E(X_i)=0$，$\mathrm{Var}(X_i)=\sigma^2$，证明 $S_n^2-n\sigma^2$ 是一个鞅。

7. 令 $S_n=X_1+X_2+\cdots+X_n$，其中 X_i 独立同分布，令 $m(t)=E(\mathrm{e}^{tX_1})$是随机变量 X_1 的矩母函数。由于 X_i 同分布，因此 $m(t)$适用于所有的随机变量 X_i。固定 t，假设 $m(t)<\infty$，并且 $S_0=0$。令 $M_n=m(t)^{-n}\mathrm{e}^{tS_n}$，证明 M_n 是一个关于 X_1，X_2，$\cdots$，X_n 的鞅。

8. 考虑一个有偏移的随机游走，其中质点向右移动一个单位的概率为 $p<1/2$；向左移动一个单位的概率为 $q=1-p>1/2$。令 S_n 为质点在 n 时刻的位置，并且假设 $S_0=0$，证明：

(1) $X_n=[q/p]^{S_n}$ 是一个鞅；

(2) $M_n=S_n+(1-2p)n$ 是一个鞅；

(3) Z_n 是一个鞅，其表达式为

$$Z_n = \frac{1}{[4p(1-p)]^{n/2}}\left(\frac{1-p}{p}\right)^{S_n/2}$$

(4) Z_nS_n 是一个鞅。

9. 假设 Y_n 是一组相互独立的随机变量，并且满足：

$$P(Y_k = \pm 1) = 2^{-k}, \quad P(Y_k = 0) = 1 - 2 \cdot 2^{-k}$$

令 $X_n = Y_1 + \cdots + Y_n$，证明 X_n 是一个鞅。

10. 假设 $W(t)$是标准布朗运动，λ 和 v 均是实数，且 $v \geqslant 0$，令

$$X(t) = \exp[\lambda W(t) - vt]$$

证明：当 $\lambda^2 = 2v$ 时，$X(t)$是一个鞅。

11. 假设 $W(t)$是标准布朗运动，$X(t) = W(t) + \mu t$，令

$$M(t) = \exp[-2\mu X(t)]$$

证明 $M(t)$是一个鞅。

12. 假设 $W(t)$是标准布朗运动，令

$$M(t) = W^3(t) - 3tW(t)$$

证明 $M(t)$是一个鞅。

13. 假设 $W(t)$是标准布朗运动，证明：对 $\lambda \in \mathbf{R}$，以下两个过程均是鞅

$$X(t) = \exp\left(-\frac{1}{2}\lambda^2 t\right)\cosh[\lambda W(t)]$$

$$Y(t) = \exp\left(-\frac{1}{2}\lambda^2 t\right)\sinh[\lambda W(t)]$$

第九章　随机微积分导论

本章将在前面所学的布朗运动和鞅理论的基础上，学习随机积分的基本理论，首先从伊藤积分入手对问题加以求解。需要说明的是，对于伊藤积分中涉及的布朗运动，由于其二次变差不为零，由此得到的结果将不同于普通积分。这个主题对于金融衍生产品的定价问题具有非常重要的意义。

第一节　随机积分概论

一、普通积分回顾

对于一个普通确定性积分(deterministic integral)，可以通过对确定性的函数进行相关的运算操作，进而进行求解。比如：

$$R(T) = \int_0^T g(t)\mathrm{d}t \tag{9.1}$$

此处的积分求解，可以使用离散化函数定义域[0, T]，通过对求和取极限的方式得到。对[0, T]进行划分，可以得到该时间段的一个分划(partition)，即

$$0 = t_0 < t_1 < \cdots < t_n = T$$

据此，可以得到关于这个确定性积分的近似计算方法，该法称为黎曼和(Riemann sum)，具体形式如下：

$$R_1 = \sum_{i=0}^{n-1} g(t_i)(t_{i+1} - t_i)$$

其中，取 $g(t_i)$作为每个矩形的高度。类似地，也可以通过选取[t_i, t_{i+1}]时间段中任何一点 $g(\xi_i)$作为矩形的高度，即

$$R_2 = \sum_{i=0}^{n-1} g(\xi_i)(t_{i+1} - t_i),\ \xi_i \in [t_i, t_{i+1}]$$

这种基于对定义域切割所进行的积分求解方法称为黎曼积分(Riemann integral)。非严格意义上来说，黎曼积分就是当分割越来越“精细”时，黎曼和趋向的极限。

黎曼和的图形展示如图 9.1 所示。

记对时间段[0, T]的划分中最长的时间段为$|\Pi|$，即

$$|\Pi| = \max(t_{i+1} - t_i),\quad i = 0, 1, 2, \cdots, n-1$$

因此，当划分的区间数 $n\to\infty$时，有

$$R(T) = \int_0^T g(t)\mathrm{d}t = \lim_{\substack{|\Pi|\to 0\\ n\to\infty}} \sum_{i=0}^{n-1} g(\xi_i)(t_{i+1} - t_i)$$

对于光滑函数 $g(t)$而言，其二次变差为零，在相应的每个小区间中，$g(\xi_i)$的取值对式

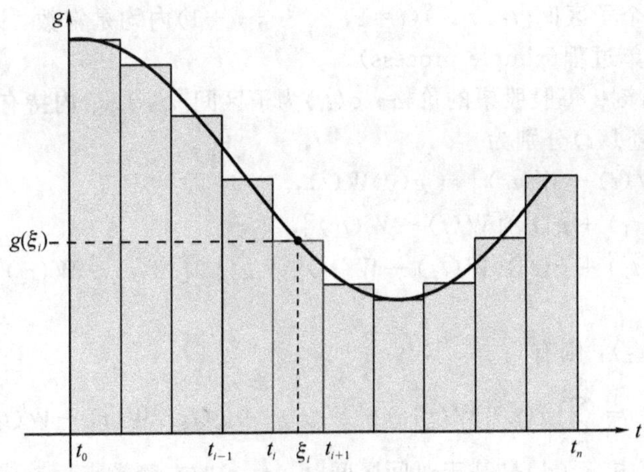

图 9.1　黎曼和的图形展示

(9.1)的积分结果没有影响。

在此基础上，对于光滑函数 $g(t)$ 和 $f(t)$，以下积分称为黎曼-斯蒂尔切斯积分(Riemann-Stieltjes integral，简称 RS 积分)：

$$\mathrm{RS}(T)=\int_0^T g(t)\mathrm{d}f(t) \tag{9.2}$$

与前面的黎曼积分类似，RS 积分也有类似的黎曼和形式的表达方式，即黎曼-斯蒂尔切斯和(Riemann-Stieltjes sum)，其表达式为

$$\mathrm{RS}_1=\sum_{i=0}^{n-1} g(t_i)[f(t_{i+1})-f(t_i)]$$

$$\mathrm{RS}_2=\sum_{i=0}^{n-1} g(\xi_i)[f(t_{i+1})-f(t_i)],\ \xi_i\in[t_i,\ t_{i+1}] \tag{9.3}$$

类似地，当划分的区间数 $n\to\infty$ 时，有

$$\mathrm{RS}(T)=\int_0^T g(t)\mathrm{d}f(t)=\lim_{\substack{|\Pi|\to 0\\ n\to\infty}}\sum_{i=0}^{n-1} g(\xi_i)[f(t_{i+1})-f(t_i)]$$

同样，由于 $f(t)$ 和 $g(t)$ 均是光滑函数，相应的二次变差均为零，因此在对应的每个小区间中，$g(\xi_i)$ 的取值对式(9.2)的积分结果没有影响。

二、随机积分的构造

随机积分(stochastic integral)的一般形式为

$$I(T)=\int_0^T g(t)\mathrm{d}W(t) \tag{9.4}$$

其中，$W(t)$ 是布朗运动，假设其是 $\mathcal{F}(t)$ 可测的，并且 $W(t)\sim N(0,\ t)$；$g(t)$ 是一个 $\mathcal{F}(t)$ 可测的随机过程；上述积分对应的概率空间为$(\Omega,\ F,\ P)$。

由于布朗运动处处连续且处处不可微，无法将 $\mathrm{d}W(t)$ 写成 $W'(t)\mathrm{d}t$ 的形式，因此普通的积分方法对此处的随机积分无效。

对$[0,\ T]$时间段进行划分，假设$\{t_0,\ t_1,\ \cdots,\ t_n\}$是对该时间段的一个分划(partition)，即

$$0=t_0<t_1<\cdots<t_n=T$$

假设 $g(t)$ 在每个子区间 $[t_i, t_{i+1})(i=1, 2, \cdots, n-1)$ 内均是常数，记作 $g(t_i)$。这样的过程 $\{g(t_i)\}$ 称作简单过程(simple process)。

假设 $W(t)$ 为时刻 t 每股股票的价格；$g(t_i)$ 为子区间 $[t_i, t_{i+1})$ 内持有的股票数量，则股票在 t 时刻的总价值 $I(t)$ 分别为

$$I(t)=\begin{cases} g(t_0)[W(t)-W(t_0)]=g(0)W(t), & t\in[t_0, t_1) \\ g(0)W(t_1)+g(t_1)[W(t)-W(t_1)], & t\in[t_1, t_2) \\ g(0)W(t_1)+g(t_1)[W(t_2)-W(t_1)]+g(t_2)[W(t)-W(t_2)], & t\in[t_2, t_3) \\ \vdots & \vdots \end{cases}$$

因此，若 $t\in[t_k, t_{k+1})$，则有

$$I(t)=\sum_{i=0}^{k-1} g(t_i)[W(t_{i+1})-W(t_i)]+g(t_k)[W(t)-W(t_k)] \tag{9.5}$$

注意 式(9.5)中，$g(t_i)$ 是基于时间区间 $[t_i, t_{i+1})$ 的左侧端点而确定的。

在普通确定性函数积分中，函数的二次变差为零，使得对积分取黎曼和不受 $g(\xi_i)$，$\xi_i\in[t_i, t_{i+1})$ 选取的影响。但是在布朗运动中，二次变差非零的特征使得这一性质无法成立。因此，随机积分的取值受到函数 $g(t)$ 在 $[t_i, t_{i+1})$ 上取点的影响。

上例中，股票在每个时刻的价值变动，基于 t_i 时刻的股票头寸数乘以 $[t_i, t_{i+1})$ 时间段股票价格的变动。因此，根据各区间的左侧端点进行的随机积分在金融中具有重要的意义，这意味着我们只能根据当前时刻的信息决定持有金融资产的数量。这种形式的随机积分通常称作伊藤积分(Ito integral)。

若令时间段 $[0, T]$ 中的最长子区间 $|\Pi|=\max|t_{i+1}-t_i|$ 的长度趋于零，对于式(9.4)，伊藤积分可以写成黎曼-斯蒂尔切斯和的表达式：

$$I(T)=\int_0^T g(u)\mathrm{d}W(u)=\lim_{\substack{|\Pi|\to 0\\ n\to\infty}}\sum_{i=0}^{n-1} g(t_i)[W(t_{i+1})-W(t_i)] \tag{9.6}$$

其中，$t_0=0$，$t_n=T$。需要说明的是，不同于确定性积分，以伊藤积分为代表的随机积分针对布朗运动进行积分求解，因而其结果仍然是随机变量。因此，对随机积分的研究不可避免地要涉及对积分的期望、方差等数字特征的求解。

另外，式(9.4)还可以写成微分形式：

$$\mathrm{d}I(t)=g(t)\mathrm{d}W(t) \tag{9.7}$$

若选取时间段的中点，则由此构成的随机积分称作斯特拉托诺维奇积分(Stratonovich integral)，记作

$$\mathrm{SI}(T)=\int_0^T g(u)\circ \mathrm{d}W(u)$$

三、伊藤积分的性质

定理 9.1 假设 $g(t)$，$t\in[0, T]$ 是满足平方可积条件[①]且 $\mathcal{F}(t)$ 可测的随机过程，对于形如 $I(t)=\int_0^t g(u)\mathrm{d}W(u)$ 的伊藤积分，其具有如下性质：

---

① 平方可积条件即随机过程 $g(t)$ 的平方的积分是有限的，亦即 $E\int_0^t g^2(u)\mathrm{d}u<\infty$。

(1) 鞅性：$I(t)$是鞅；

(2) 期望：

$$E[I(t)]=0,\ 0\leqslant t\leqslant T \tag{9.8}$$

(3) 伊藤等距(Ito isometry)

$$E[I^2(t)]=E\int_0^t g^2(u)\mathrm{d}u \tag{9.9}$$

(4) 伊藤积分的二次变差

$$\langle I,\ I\rangle(t)=\int_0^t g^2(u)\mathrm{d}u \tag{9.10}$$

相应地，有

$$\mathrm{Var}[I(t)]=E[I^2(t)]-[E(I(t))]^2=E[I^2(t)]=E\int_0^t g^2(u)\mathrm{d}u \tag{9.11}$$

与确定性积分类似，伊藤积分具有如下相似的性质：

(1) 可加性(additive)：对于两个过程 $X_1(t)$和 $X_2(t)$，下面的等式成立

$$\int_a^b X_1(t)\mathrm{d}W(t)+\int_a^b X_2(t)\mathrm{d}W(t)=\int_a^b[X_1(t)+X_2(t)]\mathrm{d}W(t)$$

(2) 积分区间可加性：对于 $a<b<c$，下面的等式成立

$$\int_a^c X(t)\mathrm{d}W(t)=\int_a^b X(t)\mathrm{d}W(t)+\int_b^c X(t)\mathrm{d}W(t)$$

(3) 标量乘法(scalar multiplication)成立：对于任意常数 k，下面的等式成立

$$\int_a^b kX(t)\mathrm{d}W(t)=k\int_a^b X(t)\mathrm{d}W(t)$$

例 9.1　求解以下伊藤积分

$$I(a,\ b)=\int_a^b W(t)\mathrm{d}W(t)$$

解　根据伊藤积分的定义，将$[a,\ b]$区间划分成 n 个部分，并且

$$a=t_0<t_1<\cdots<t_n=b,\quad |\Pi|=\max|t_{i+1}-t_i|,\ i=0,1,2,\cdots,n-1$$

由此可得

$$\begin{aligned}
I(a,\ b)&=\lim_{\substack{|\Pi|\to 0\\ n\to\infty}}\sum_{i=0}^{n-1}W(t_i)[W(t_{i+1})-W(t_i)]\\
&=\frac{1}{2}\lim_{\substack{|\Pi|\to 0\\ n\to\infty}}\sum_{i=0}^{n-1}\{W^2(t_{i+1})-W^2(t_i)-[W(t_{i+1})-W(t_i)]^2\}\\
&=\frac{1}{2}\lim_{\substack{|\Pi|\to 0\\ n\to\infty}}\sum_{i=0}^{n-1}[W^2(t_{i+1})-W^2(t_i)]-\frac{1}{2}\lim_{\substack{|\Pi|\to 0\\ n\to\infty}}\sum_{i=0}^{n-1}[W(t_{i+1})-W(t_i)]^2\\
&=\frac{1}{2}[W^2(b)-W^2(a)]-\frac{1}{2}\lim_{\substack{|\Pi|\to 0\\ n\to\infty}}\sum_{i=0}^{n-1}[W(t_{i+1})-W(t_i)]^2
\end{aligned}$$

注意到上式中的第二项，实际上就是布朗运动 $W(t)$在$[a,\ b]$区间上的二次变差，因此

$$\frac{1}{2}\lim_{\substack{|\Pi|\to 0\\ n\to\infty}}\sum_{i=0}^{n-1}[W(t_{i+1})-W(t_i)]^2=\frac{1}{2}(b-a)$$

最终可得

$$I(a,\ b)=\int_a^b W(t)\mathrm{d}W(t)=\frac{1}{2}[W^2(b)-W^2(a)-(b-a)] \tag{9.12}$$

更进一步，令 $a=0$，$b=t$，则

$$I(t)=\int_0^t W(t)\mathrm{d}W(t)=\frac{1}{2}[W^2(t)-t]=\frac{1}{2}W^2(t)-\frac{1}{2}t \tag{9.13}$$

由第八章中的结论，可知 $I(t)$是$\mathcal{F}(t)$的鞅。

对于一个可微的函数 $f(x)$，其中 $f(0)=0$，有

$$\int_0^T f(t)\mathrm{d}f(t)=\frac{1}{2}f^2(t)\Big|_0^T=\frac{1}{2}f^2(T)$$

将上式与式(9.13)进行比较不难看出，伊藤积分中多出了$-t/2$一项，此项来自于布朗运动的非零二次变差。因此，在普通积分中使用的运算法则在伊藤积分中未必适用。

定理 9.2(确定性函数的伊藤积分之伊藤等距) 假设 $W(s)$是一个布朗运动，$f(s)$是关于时间 s 的确定性函数，则确定性函数(deterministic function)伊藤积分

$$I(t)=\int_0^t f(s)\mathrm{d}W(s)$$

具有以下性质：

$$E[I^2(t)]=\int_0^t f^2(s)\mathrm{d}s$$

证明 与前面的证明方法类似，将时间段$[0,\ t]$划分成 n 个子区间，相应的时间点分别为

$$0=t_0<t_1<t_2<\cdots<t_n=t$$

并且取$|\Pi|=\max_i|t_{i+1}-t_i|$，$i=0,\ 1,\ 2,\ \cdots,\ n-1$，于是

$$\begin{aligned}E[I^2(t)]&=E\left[\int_0^t f(s)\mathrm{d}W(s)\right]^2\\&=E\left\{\lim_{\substack{|\Pi|\to 0\\ n\to\infty}}\sum_{i=0}^{n-1}f(t_i)[W(t_{i+1})-W(t_i)]\right\}^2\\&=\lim_{\substack{|\Pi|\to 0\\ n\to\infty}}\left\{\sum_{i=0}^{n-1}E[f^2(t_i)\,[W(t_{i+1})-W(t_i)]^2]+\right.\\&\qquad\left.\sum_{i\neq j}^{n-1}f(t_i)f(t_j)[W(t_{i+1})-W(t_i)][W(t_{j+1})-W(t_j)]\right\}\end{aligned}$$

由于 $W(t_{i+1})-W(t_i)$与 $W(t_{j+1})-W(t_j)$是独立增量，两者之间的协方差为零，因此

$$\begin{aligned}E[I^2(t)]&=\lim_{\substack{|\Pi|\to 0\\ n\to\infty}}\left\{\sum_{i=0}^{n-1}E[f^2(t_i)\,[W(t_{i+1})-W(t_i)]^2]\right\}\\&=\lim_{\substack{|\Pi|\to 0\\ n\to\infty}}\left\{\sum_{i=0}^{n-1}f^2(t_i)E\,[W(t_{i+1})-W(t_i)]^2\right\}\\&=\lim_{\substack{|\Pi|\to 0\\ n\to\infty}}\left[\sum_{i=0}^{n-1}f^2(t_i)(t_{i+1}-t_i)\right]\end{aligned}$$

上式即确定性函数积分中的黎曼和，因此

$$E[I^2(t)] = \int_0^t f^2(s)\mathrm{d}s$$

定理 9.3(确定性函数的伊藤积分) 假设 $W(s)$是一个布朗运动，$f(s)$是关于时间 s 的确定性函数。定义如下伊藤积分

$$I(t) = \int_0^t f(s)\mathrm{d}W(s) \tag{9.14}$$

对任意 $t \geqslant 0$，随机变量 $I(t)$服从均值为零、方差为 $\int_0^t f^2(s)\mathrm{d}s$ 的正态分布，即

$$I(t) \sim N\left(0, \int_0^t f^2(s)\mathrm{d}s\right) \tag{9.15}$$

证明 由于伊藤积分 $I(t)$是鞅，又因为 $t=0$ 时，$I(0)=0$，因此

$$E[I(t)] = I(0) = 0$$

另外，根据确定性函数的伊藤积分之伊藤等距，有

$$E[I^2(t)] = \int_0^t f^2(s)\mathrm{d}s$$

可得

$$\mathrm{Var}[I(t)] = E[I^2(t)] - [E(I(t))]^2 = E[I^2(t)] = \int_0^t f^2(s)\mathrm{d}s$$

关于服从正态分布的证明，需使用到正态分布的矩母函数的相关性质，这里不再证明。感兴趣的读者可查阅 Steven E. Shreve《金融随机分析(第二卷)》的 4.4 节。

对伊藤积分 $I(t)$而言，只有在被积函数 $f(s)$是确定性的情况下，才满足伊藤积分服从均值为零、方差为 $\int_0^t f^2(s)\mathrm{d}s$ 的正态分布的结论。如果被积函数 $f(s)$包含随机项，该结论是不成立的，并且相应的方差是 $E\left[\int_0^t f^2(s)\mathrm{d}s\right]$，而不是 $\int_0^t f^2(s)\mathrm{d}s$，至于是否为正态分布，更无从谈起。

例 9.2 求以下伊藤积分 $I(t)$的概率分布

$$I(t) = \sigma e^{\sigma t}\int_0^t e^{au}\mathrm{d}W(u)$$

其中，a，$\sigma > 0$

解 令 $X(t) = \int_0^t e^{au}\mathrm{d}W(u)$。易知，$X(t)$是确定性函数的伊藤积分，其期望和方差分别为

$$E[X(t)] = 0$$

$$\begin{aligned}\mathrm{Var}[X(t)] &= E[X^2(t)] - [E(X(t))]^2 = E[X^2(t)] \\ &= \int_0^t e^{2au}\mathrm{d}u = \frac{1}{2a}(e^{2at} - 1)\end{aligned}$$

因此

$$E[I(t)] = 0$$

$$\mathrm{Var}[I(t)] = \sigma^2 e^{2\sigma t} \cdot \frac{1}{2a}(e^{2at} - 1) = \frac{\sigma^2}{2a}[e^{2(\sigma+a)t} - e^{2\sigma t}]$$

从而

$$I(t) \sim N\left(0,\ \frac{\sigma^2}{2a}\left[e^{2(\sigma+a)t} - e^{2\sigma t}\right]\right)$$

例 9.3 已知 $W(t)$是标准布朗运动，并且

$$I_1(t) = \int_0^2 W(t)\mathrm{d}W(t)$$

$$I_2(t) = \int_1^3 W(t)\mathrm{d}W(t)$$

求 $E[I_1(t)I_2(t)]$。

解 两个伊藤积分对应的时间段如图 9.2 所示。

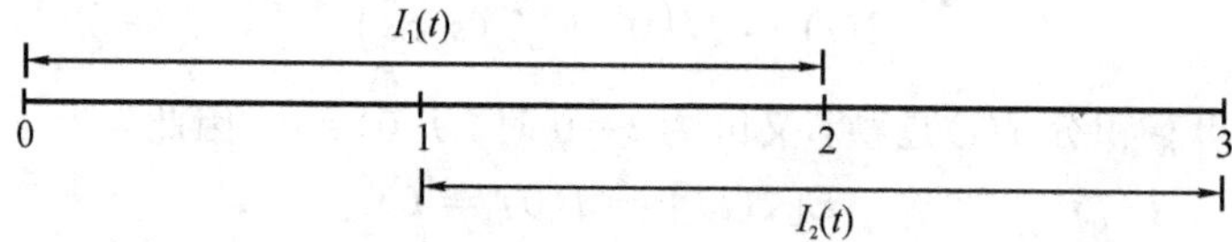

图 9.2 时间轴展示

假设

$$X(t) = \begin{cases} W(t), & t \in [0,\ 2] \\ 0, & t \in (2,\ 3] \end{cases}$$

$$Y(t) = \begin{cases} 0, & t \in [0,\ 1] \\ W(t), & t \in (1,\ 3] \end{cases}$$

则有

$$\begin{aligned} E[I_1(t)I_2(t)] &= E\left[\int_0^2 W(t)\mathrm{d}W(t)\int_1^3 W(t)\mathrm{d}W(t)\right] \\ &= E\left[\int_0^2 X(t)\mathrm{d}W(t)\int_1^3 Y(t)\mathrm{d}W(t)\right] \\ &= \int_0^3 E[X(t)Y(t)]\mathrm{d}t \\ &= \int_1^2 E[W^2(t)]\mathrm{d}t = \int_1^2 t\mathrm{d}t = \frac{3}{2} \end{aligned}$$

因此，对于时间区间不同的两个伊藤积分，若要计算其协方差，只需对两者共同部分的时间区间加以计算即可。本例中两者的时间区间的交集就是[1, 2]，即

$$[0,2] \cap [1,3] = [1,2]$$

例 9.4 假设 $W(t)$是标准布朗运动，并且 $s \leqslant t$，求

$$E\left[W^2(s)\left(\int_s^t W(u)\mathrm{d}W(u)\right)^2\right]$$

解 根据伊藤等距可得

$$\begin{aligned} E\left[W^2(s)\left(\int_s^t W(u)\mathrm{d}W(u)\right)^2\right] &= E\left[\left(\int_s^t W(s)W(u)\mathrm{d}W(u)\right)^2\right] \\ &= E\left[\int_s^t W^2(s)W^2(u)\mathrm{d}u\right] \\ &= \int_s^t E[W^2(s)W^2(u)]\mathrm{d}u \end{aligned}$$

由于 $s\leqslant u$，因此

$$
\begin{aligned}
E[W^2(s)W^2(u)] &= E[W^2(s)[W(u)-W(s)+W(s)]^2] \\
&= E[W^2(s)\{[W(u)-W(s)]^2+W^2(s)+2[W(u)-W(s)]W(s)\}] \\
&= E[W^2(s)[W(u)-W(s)]^2]+E[W^4(s)]+2E[W^3(s)[W(u)-W(s)]]
\end{aligned}
$$

由于 $W(s)$ 与 $W(u)-W(s)$ 相互独立，因此

$$
\begin{aligned}
E[W^2(s)[W(u)-W(s)]^2] &= E[W^2(s)]E[[W(u)-W(s)]^2] \\
&= s(u-s)
\end{aligned}
$$

$$
E[W^3(s)[W(u)-W(s)]] = E[W^3(s)]E[[W(u)-W(s)]] = 0
$$

从而

$$
E[W^2(s)W^2(u)] = s(u-s)+E[W^4(s)]
$$

由于 $W(s)\sim N(0,\ s)$，根据正态分布的矩母函数可以求得

$$
E[W^4(s)] = 3s^2
$$

因此

$$
E[W^2(s)W^2(u)] = s(u-s)+3s^2 = 2s^2+su
$$

最终可得

$$
\begin{aligned}
E\left[W^2(s)\left(\int_s^t W(u)\mathrm{d}W(u)\right)^2\right] &= \int_s^t E[W^2(s)W^2(u)]\mathrm{d}u \\
&= \int_s^t (2s^2+su)\ \mathrm{d}u \\
&= \frac{1}{2}s(t-s)^2+3s^2(t-s)
\end{aligned}
$$

第二节　伊藤引理

一、伊藤过程

定义 9.1　对于随机过程 $\{X(t)\}$，若其满足随机微分方程

$$
\mathrm{d}X(t) = F(t)\mathrm{d}t+G(t)\mathrm{d}W(t) \tag{9.16}
$$

则称作伊藤过程(Ito process)。其中，$F(t)$ 和 $G(t)$ 均是 $\mathcal{F}(t)$ 可测的随机过程。

从定义 9.1 中可以看出，随机过程 $\{X(t)\}$ 的瞬时增量受到两方面因素的影响：一方面是确定性因素的影响，以随机过程 $\{F(t)\}$ 随时间的变化来刻画；另一方面是随机性因素的影响，以随机过程 $\{G(t)\}$ 随布朗运动的变化来刻画。

需要说明的是，除了带有跳跃特征的随机过程，伊藤过程包含了一大类时间和状态均连续的随机过程。

例如，假设 $F(t)=\mu$，$G(t)=\sigma$，其中 μ 和 σ 均是常数，则由此得到的随机微分方程 $\mathrm{d}X(t)=\mu\mathrm{d}t+\sigma\mathrm{d}W(t)$ 就是前述的带有漂移的布朗运动。当然，若 $\mu=0$，$\sigma=1$，则 $\mathrm{d}X(t)=\mathrm{d}W(t)$，此时 $X(t)$ 就是标准布朗运动。

与前面的伊藤积分类似，此处的伊藤过程也可以写成对应的积分形式。对于 $[0,\ T]$ 上的伊藤过程，其积分形式为

$$\int_0^T \mathrm{d}X(t) = \int_0^T F(t)\mathrm{d}t + \int_0^T G(t)\mathrm{d}W(t) \tag{9.17}$$

需要说明的是，积分形式更正式且严谨，而微分形式则相对容易理解，应熟悉两者之间的变换。

二、伊藤引理

伊藤引理是随机微积分的核心，其地位相当于普通微积分中的微分理论。仍需强调的是，由于布朗运动的二次变差不为零，因此随机微分理论具有全新的特征。

对于一个光滑的函数 $G(t)$，若有一个可微的函数 $f(x)$，根据普通微积分的链式法则(chain rule)，有：

$$\frac{\mathrm{d}f(G(t))}{\mathrm{d}t} = f'(G(t))G'(t)$$

上式也可以写成对应的微分形式：

$$\mathrm{d}f(G(t)) = f'(G(t))G'(t)\mathrm{d}t = f'(G(t))\mathrm{d}G(t) \tag{9.18}$$

当然，根据泰勒展开式，式(9.18)更精确的形式为

$$\mathrm{d}f(G(t)) = f'(G(t))\mathrm{d}G(t) + \frac{1}{2}f''(G(t))\,[\mathrm{d}G(t)]^2 + \frac{1}{3!}f^{(3)}(G(t))\,[\mathrm{d}G(t)]^3 + \cdots \tag{9.19}$$

由于 $G(t)$是光滑函数，因此其高阶变差均等于零，即

$$[\mathrm{d}G(t)]^2 = [\mathrm{d}G(t)]^3 = \cdots = 0$$

从而对于光滑函数 $G(t)$，式(9.18)已经足以用来刻画 $f(G(t))$的微分。

但是如果针对的函数是处处不可微的布朗运动 $W(t)$，那么直接使用式(9.18)会存在一定的偏差。因为布朗运动 $W(t)$的二次变差不为零，考虑到这一因素，就需要使用式(9.19)，具体为

$$\begin{aligned}\mathrm{d}f(W(t)) &= f'(W(t))\mathrm{d}W(t) + \frac{1}{2}f''(W(t))[\mathrm{d}W(t)]^2 \\ &= f'(W(t))\mathrm{d}W(t) + \frac{1}{2}f''(W(t))\mathrm{d}t\end{aligned} \tag{9.20}$$

更高阶的变差均为零，因此式(9.19)后面的各项均不再体现。

定理 9.4(一维伊藤引理) 定义过程 $Z(t)=f(t, X(t))$，并且 $X(t)$是满足如下形式的伊藤过程：

$$\mathrm{d}X(t) = F(t)\mathrm{d}t + G(t)\mathrm{d}W(t)$$

则随机过程$\{Z(t)\}$满足如下形式的随机微分方程(stochastic differential equation, SDE)：

$$\mathrm{d}f(t, X) = \left[\frac{\partial f(t, X)}{\partial t} + F(t)\frac{\partial f(t, X)}{\partial X} + \frac{1}{2}G^2(t)\frac{\partial^2 f(t, X)}{\partial X^2}\right]\mathrm{d}t + G(t)\frac{\partial f(t, X)}{\partial X}\mathrm{d}W(t) \tag{9.21}$$

该方程称作伊藤公式(Ito's formula)，也称为伊藤引理(Ito's lemma)或伊藤-德布林公式(Ito-Doeblin formula)。

为了方便表述，将(9.21)式简写为

$$\mathrm{d}f(t,\ X)=\left[f_t+F(t)f_X+\frac{1}{2}G^2(t)f_{XX}\right]\mathrm{d}t+G(t)f_X\mathrm{d}W(t) \tag{9.22}$$

通过伊藤引理，可以将随机过程 $X(t)$的随机微分方程通过变量替换的方式转变为随机过程 $Z(t)$的随机微分方程。

阅读材料：德布林生平简介

沃尔夫冈·德布林 (Wolfgang Doeblin，见图 9.3 左)在 1915 年出生于德国一个犹太人家庭，父亲阿尔弗雷德·德布林(Alfred Doeblin)是医师兼作家，同时也是社会主义者，甚至在 1933 年之前就以反对纳粹而闻名。随着希特勒的上台，德布林一家于 1933 年被迫迁移至苏黎世，并最终在巴黎定居。

德布林从 1935 年起，在巴黎索邦大学师从数学家弗雷歇(Maurice Frechet)研究马尔可夫链的相关理论。在短短的两年时间里，年轻的德布林就取得了一些了不起的成就。1938 年春天，在通过了博士论文答辩后，作为法国公民的他入伍服役两年。二战爆发后，已经成为法国公民的德布林，改名文森特·德布林 (Vincent Doeblin)，并驻守马其诺防线。虽然身处军营，但是他依然默默地做着其喜爱的数学研究。在 1940 年 2 月前线战事紧张之时，德布林将自己的研究成果寄给了法国科学院；当年 7 月，当德布林了解到所驻扎的村庄已被德军包围时，不愿成为战俘的他，焚毁了自己的所有手稿并开枪自杀。

1955 年，数学家保罗·列维(Paul Levy)将沃尔夫冈·德布林的数学能力和命运与阿贝尔(Niels Henrik Abel)和伽罗瓦(Evariste Galois)相比。无论如何，德布林无疑是一位天才数学家，并且如果他活得更长，概率论本来可以发展得更快。

自 1701 年以来，在法国科学院就有可以存放密封信(plicachete)的传统，并且只有在征得寄件人、其亲属或者法国科学院(需要 100 年以后)的同意才可以打开这些密封信。

2000 年，也就是德布林寄给法国科学院最后的密封信 60 年后，经过多方劝说，他的弟弟终于同意并授权打开当年他寄给法国科学院的密封信。人们发现，这份密封信的手稿中给出了与伊藤类似的随机积分的构造，以及对变量替换公式的论述，相关的研究成果比日本数学家伊藤清(kiyosi Ito，见图 9.3 右)的早了近 10 年。正因为这一异乎寻常的进展，伊藤公式也被称为伊藤-德布林公式。

图 9.3　沃尔夫冈·德布林 (Wolfgang Doeblin)和伊藤清(Kiyosi Ito)

下面在证明伊藤引理之前，首先给出布朗运动变化量的乘法法则(product rule)表(如表 9.1 所示)，后面的相关运算均需要使用其中的结果。

表 9.1 乘法法则表

	$\mathrm{d}t$	$\mathrm{d}W_1(t)$	$\mathrm{d}W_2(t)$
$\mathrm{d}t$	0	0	0
$\mathrm{d}W_1(t)$	0	$\mathrm{d}t$	$\rho\mathrm{d}t$
$\mathrm{d}W_2(t)$	0	$\rho\mathrm{d}t$	$\mathrm{d}t$

表 9.1 中，$W_1(t)$和 $W_2(t)$均是标准布朗运动，并且两者的相关系数为 ρ。

对于二元连续函数 $f(x, y)$，其包含的二阶各项的泰勒展开式为

$$\mathrm{d}f(x, y)=\frac{\partial f}{\partial x}\mathrm{d}x+\frac{\partial f}{\partial y}\mathrm{d}y+\frac{1}{2}\frac{\partial^2 f}{\partial x^2}(\mathrm{d}x)^2+\frac{1}{2}\frac{\partial^2 f}{\partial y^2}(\mathrm{d}y)^2+\frac{\partial^2 f}{\partial x\partial y}(\mathrm{d}x\mathrm{d}y) \tag{9.23}$$

该公式可用来刻画连续函数 $f(x, y)$随变量 x 和 y 变动的近似值。利用这个思想，可以用其对随机变量随时间的变化进行类似的刻画。令 $x=t$，$y=X(t)$，可得

$$\mathrm{d}f(t, X(t))=\frac{\partial f}{\partial t}\mathrm{d}t+\frac{\partial f}{\partial X}\mathrm{d}X+\frac{1}{2}\frac{\partial^2 f}{\partial t^2}(\mathrm{d}t)^2+\frac{1}{2}\frac{\partial^2 f}{\partial X^2}(\mathrm{d}X)^2+\frac{\partial^2 f}{\partial t\partial X}(\mathrm{d}t\mathrm{d}X) \tag{9.24}$$

根据$(\mathrm{d}t)^2=\mathrm{d}t\mathrm{d}W(t)=0$，相应的多余项可以删去。另外，根据布朗运动二次变差的性质，有

$$(\mathrm{d}W(t))^2=\mathrm{d}t$$

从而可得

$$\begin{aligned}\mathrm{d}f(t, X(t))&=\frac{\partial f}{\partial t}\mathrm{d}t+\frac{\partial f}{\partial X}\mathrm{d}X+\frac{1}{2}\frac{\partial^2 f}{\partial X^2}(\mathrm{d}X)^2\\&=\frac{\partial f}{\partial t}\mathrm{d}t+\frac{\partial f}{\partial X}[F(t)\mathrm{d}t+G(t)\mathrm{d}W(t)]+\frac{1}{2}\frac{\partial^2 f}{\partial X^2}[F(t)\mathrm{d}t+G(t)\mathrm{d}W(t)]^2\\&=f_t\mathrm{d}t+f_XF(t)\mathrm{d}t+f_XG(t)\mathrm{d}W(t)+\frac{1}{2}f_{XX}G^2(t)\mathrm{d}t\\&=\left[f_t+F(t)f_X+\frac{1}{2}G^2(t)f_{XX}\right]\mathrm{d}t+G(t)f_X\mathrm{d}W(t)\end{aligned} \tag{9.25}$$

例 9.5 已知$\mathcal{F}(t)$可测的随机过程 $X(t)$的表达式为

$$X(t)=\exp\left[\theta W(t)-\frac{1}{2}\theta^2 t\right]$$

其中，$W(t)$是标准布朗运动，θ 是常数。求 $X(t)$的随机微分方程。

解 根据题意，可得

$$Y(t)=\theta W(t)-\frac{1}{2}\theta^2 t$$

$$X(Y(t))=\exp[Y(t)]$$

根据伊藤引理，可得

$$
\begin{aligned}
\mathrm{d}X[Y(t)] &= X_t\mathrm{d}t + X_Y\mathrm{d}Y(t) + \frac{1}{2}X_{YY}[\mathrm{d}Y(t)]^2 \\
&= 0\cdot\mathrm{d}t + X(t)\mathrm{d}Y(t) + \frac{1}{2}X(t)[\mathrm{d}Y(t)]^2 \\
&= X(t)\left[\theta\mathrm{d}W(t) - \frac{1}{2}\theta^2\mathrm{d}t\right] + \frac{1}{2}X(t)\left[\theta\mathrm{d}W(t) - \frac{1}{2}\theta^2\mathrm{d}t\right]^2 \\
&= X(t)\theta\mathrm{d}W(t) - \frac{1}{2}X(t)\theta^2\mathrm{d}t + \frac{1}{2}X(t)\theta^2\mathrm{d}t \\
&= \theta X(t)\mathrm{d}W(t)
\end{aligned}
$$

因此

$$
\mathrm{d}X(t) = \theta X(t)\mathrm{d}W(t)
$$

如果从泰勒展开式进行计算，过程为

$$
\begin{aligned}
\mathrm{d}X(t) &= X_t\mathrm{d}t + X_W\mathrm{d}W(t) + \frac{1}{2}X_{WW}[\mathrm{d}W(t)]^2 \\
&= -\frac{1}{2}X(t)\theta^2\mathrm{d}t + \theta X(t)\mathrm{d}W(t) + \frac{1}{2}X(t)\theta^2\mathrm{d}t \\
&= \theta X(t)\mathrm{d}W(t)
\end{aligned}
$$

需要注意的是，第一种方法是针对 $X(Y(t))$ 进行求偏导的计算，相应的 $X_t(Y(t))=0$；而第二种方法则是针对 $X(t, W(t))$ 进行求偏导的计算，相应的 $X_t(t, W(t))=-\frac{1}{2}\theta^2X(t)$。

例 9.6　已知 $\mathcal{F}(t)$ 可测的随机过程 $X(t)$ 的表达式为

$$
X(t) = W^2(t)
$$

其中，$W(t)$ 是标准布朗运动。求 $X(t)$ 的随机微分方程。

解　使用泰勒展开式，可得

$$
\begin{aligned}
\mathrm{d}X &= X_t\mathrm{d}t + X_W\mathrm{d}W(t) + \frac{1}{2}X_{WW}[\mathrm{d}W(t)]^2 \\
&= 0 + 2W(t)\mathrm{d}W(t) + \frac{1}{2}\times 2\mathrm{d}t \\
&= 2W(t)\mathrm{d}W(t) + \mathrm{d}t
\end{aligned}
$$

例 9.7　已知 $\mathcal{F}(t)$ 可测的随机过程 $f(S(t))=\ln S(t)$，其中 $S(t)$ 的随机微分方程为

$$
\mathrm{d}S(t) = \mu S(t)\mathrm{d}t + \sigma S(t)\mathrm{d}W(t)
$$

其中，$W(t)$ 是标准布朗运动，μ 和 σ 均是常数。求 $f(S(t))$ 的随机微分方程。

解　令 $\mu(t)=\mu S(t)$，$\sigma(t)=\sigma S(t)$，根据伊藤引理可得

$$
\begin{aligned}
\mathrm{d}f &= \left[f_t + \mu(t)f_S + \frac{1}{2}\sigma^2(t)f_{SS}\right]\mathrm{d}t + \sigma(t)f_S\mathrm{d}W(t) \\
&= \left[0 + \mu S\frac{1}{S} + \frac{1}{2}\sigma^2S^2\left(-\frac{1}{S^2}\right)\right]\mathrm{d}t + \sigma S\frac{1}{S}\mathrm{d}W(t) \\
&= \left(\mu - \frac{1}{2}\sigma^2\right)\mathrm{d}t + \sigma\mathrm{d}W(t)
\end{aligned}
$$

与前面的例子类似，这里也可以使用泰勒展开式进行求解，具体如下：

$$\begin{aligned} df &= f_t dt + f_S dS + \frac{1}{2} f_{SS} (dS)^2 \\ &= 0 + \frac{1}{S}\mu S dt + \sigma S dW(t) + \frac{1}{2}\left(-\frac{1}{S^2}\right)(\sigma^2 S^2 dt) \\ &= \left(\mu - \frac{1}{2}\sigma^2\right)dt + \sigma dW(t) \end{aligned}$$

因此

$$df(S(t)) = \left(\mu - \frac{1}{2}\sigma^2\right)dt + \sigma dW(t)$$

需要说明的是，此处的随机微分方程常常用于股票等金融资产价格变动的建模。

例 9.8 假设 $f(S, t) = S - Ke^{-r(T-t)}$，并且其中的随机过程 $S(t)$ 的随机微分方程如下：

$$dS(t) = \mu S(t)dt + \sigma S(t)dW(t)$$

其中，$W(t)$ 是标准布朗运动，μ 和 σ 均是常数。求 $f(S, t)$ 的随机微分方程。

解 使用泰勒展开式进行求解，具体如下：

$$\begin{aligned} df &= f_t dt + f_S dS + \frac{1}{2} f_{SS} (dS)^2 \\ &= -Ke^{-r(T-t)} \cdot r dt + dS + 0 \\ &= -rKe^{-r(T-t)} dt + \mu S dt + \sigma S dW(t) \\ &= [-rKe^{-r(T-t)} + \mu S]dt + \sigma S dW(t) \end{aligned}$$

因此

$$df(S, t) = [-rKe^{-r(T-t)} + \mu S(t)]dt + \sigma S(t)dW(t)$$

需要说明的是，此处的随机微分方程常常用于金融远期合约的建模。

例 9.9 假设 $f(S, t) = Se^{r(T-t)}$，并且其中的随机过程 $S(t)$ 的随机微分方程如下：

$$dS(t) = \mu S(t)dt + \sigma S(t)dW(t)$$

其中，$W(t)$ 是标准布朗运动，μ 和 σ 均是常数。求 $f(S, t)$ 的随机微分方程。

解 使用泰勒展开式进行求解，具体如下：

$$\begin{aligned} df &= f_t dt + f_S dS + \frac{1}{2} f_{SS} (dS)^2 \\ &= -Se^{r(T-t)} \cdot r dt + e^{r(T-t)} dS + 0 \\ &= -rSe^{r(T-t)} dt + e^{r(T-t)} [\mu S dt + \sigma S dW(t)] \\ &= e^{r(T-t)} [(-rS + \mu S)dt + \sigma S dW(t)] \\ &= Se^{r(T-t)} [(\mu - r)dt + \sigma dW(t)] \\ &= f(S, t)[(\mu - r)dt + \sigma dW(t)] \end{aligned}$$

因此

$$df(S, t) = f(S, t)[(\mu - r)dt + \sigma dW(t)]$$

需要说明的是，此处的随机微分方程常常用于金融期货合约的建模。

定理 9.5(二维伊藤引理) 令函数 $f(t, x, y)$ 的各一阶和二阶偏导数均存在且连续。

假设 $X(t)$ 和 $Y(t)$ 均是伊藤过程，则相应的二维伊藤公式如下：

$$df = f_t dt + f_x dX(t) + f_y dY(t) + f_{xy}[dX(t)dY(t)] + \frac{1}{2}f_{xx}[dX(t)]^2 + \frac{1}{2}f_{yy}[dY(t)]^2 \tag{9.26}$$

推论 9.1(伊藤乘法法则)　假设 $X(t)$ 和 $Y(t)$ 均是伊藤过程，则有

$$d(X(t)Y(t)) = X(t)dY(t) + Y(t)dX(t) + dX(t)dY(t) \tag{9.27}$$

证明　令 $f(x, y) = XY$，则有

$$f_x = Y,\ f_y = X,\ f_t = 0,\ f_{xx} = f_{yy} = 0,\ f_{xy} = 1$$

根据式(9.26)，可得

$$df = Y(t)dX(t) + X(t)dY(t) + dX(t)dY(t)$$

因此

$$d(X(t)Y(t)) = X(t)dY(t) + Y(t)dX(t) + dX(t)dY(t)$$

注意　对于普通的函数 $F(t)$ 和 $G(t)$，其微分的乘法法则为

$$d(F(t)G(t)) = F(t)dG(t) + G(t)dF(t)$$

相比之下，在伊藤过程中，其微分的乘法却多出一项 $dX(t)dY(t)$，称为交叉变差项(cross variation term)，出现此项的原因在于布朗运动的二次变差不为零。若对式(9.27)的两侧同时取积分，可得

$$\int_0^t d(X(u)Y(u)) = \int_0^t X(u)dY(u) + \int_0^t Y(u)dX(u) + \int_0^t d\langle X, Y\rangle(u) \tag{9.28}$$

$$X(t)Y(t) = X(0)Y(0) + \int_0^t X(u)dY(u) + \int_0^t Y(u)dX(u) + \int_0^t d\langle X, Y\rangle(u) \tag{9.29}$$

其中，$d\langle X, Y\rangle(u) = dX(u)dY(u)$，即交叉变差项。

推论 9.2　假设 $X(t)$ 是伊藤过程，$G(t)$ 是确定性函数，则有

$$d(X(t)G(t)) = X(t)dG(t) + G(t)dX(t) \tag{9.30}$$

与前面提及的伊藤乘法法则不同，此处没有了交叉变差项 $dG(t)dX(t)$，这是因为确定性函数 $G(t)$ 中不包含随机项，因此将其与随机函数 $X(t)$ 求交叉变差后，$dG(t)dX(t) \equiv 0$，自然可以忽略。

类似地，若对式(9.30)的两侧同时取积分，可得

$$\int_0^t d(X(u)G(u)) = \int_0^t X(u)dG(u) + \int_0^t G(u)dX(u) \tag{9.31}$$

$$X(t)G(t) = X(0)G(0) + \int_0^t X(u)dG(u) + \int_0^t G(u)dX(u) \tag{9.32}$$

由式(9.32)，还可以进一步得到

$$\int_0^t X(u)dG(u) = X(u)G(u)\Big|_0^t - \int_0^t G(u)dX(u) \tag{9.33}$$

$$\int_0^t G(u)dX(u) = X(u)G(u)\Big|_0^t - \int_0^t X(u)dG(u) \tag{9.34}$$

此处的结果与普通积分中的分部积分非常相似。

例 9.10　假设随机过程 $X(t)$ 对应的随机微分方程为

$$dX(t) = -\frac{1}{2}bX(t)dt + \frac{1}{2}\sigma dW(t)$$

求 $Y(t)=X(t)\exp\left(\frac{1}{2}bt\right)$的随机微分方程。

解 由于$Y(t)$由确定性函数$G(t)=\exp\left(\frac{1}{2}bt\right)$与随机函数$X(t)$构成，因此

$$
\begin{aligned}
\mathrm{d}Y(t) &= X(t)\mathrm{d}G(t)+G(t)\mathrm{d}X(t) \\
&= X(t)\cdot\frac{1}{2}b\exp\left(\frac{1}{2}bt\right)\mathrm{d}t+\exp\left(\frac{1}{2}bt\right)\left[-\frac{1}{2}bX(t)\mathrm{d}t+\frac{1}{2}\sigma\mathrm{d}W(t)\right] \\
&= \frac{1}{2}\sigma\exp\left(\frac{1}{2}bt\right)\mathrm{d}W(t)
\end{aligned}
$$

需要说明的是，$X(t)$对应的随机过程也称为奥伦斯坦-乌伦贝克过程(Ornstein-Uhlenbeck process)，简称 O－U 过程，在金融学中常用于刻画具有均值回复(mean-reverting)特征的资产价格，如利率、大宗商品价格等。

例 9.11 已知关于$S(t)$的随机微分方程为

$$\mathrm{d}S(t)=\mu S(t)\mathrm{d}t+\sqrt{V(t)}S(t)\mathrm{d}W_1(t)$$

其中

$$\mathrm{d}V(t)=[a+bV(t)]\mathrm{d}t+\xi[V(t)]^{\alpha}\mathrm{d}W_2(t)$$

并且$W_1(t)$和$W_2(t)$均是标准布朗运动，两者的相关系数为ρ。求$f(t,S,V)$的随机微分方程。

解 根据乘法法则，有：

$$[\mathrm{d}W_1(t)]^2=[\mathrm{d}W_2(t)]^2=\mathrm{d}t,\ [\mathrm{d}W_1(t)\mathrm{d}W_2(t)]=\rho\mathrm{d}t$$

由泰勒展开式，可得

$$\mathrm{d}f(t,S,V)=f_t\mathrm{d}t+f_S\mathrm{d}S+f_V\mathrm{d}V+f_{SV}\mathrm{d}S\mathrm{d}V+\frac{1}{2}[f_{SS}(\mathrm{d}S)^2+f_{VV}(\mathrm{d}V)^2]$$

由于

$$
\begin{aligned}
(\mathrm{d}S)^2 &= VS\mathrm{d}t \\
(\mathrm{d}V)^2 &= \xi^2V^{2\alpha}\mathrm{d}t \\
\mathrm{d}S\mathrm{d}V &= \sqrt{V}S\xi V^{\alpha}\rho\mathrm{d}t=\rho\xi SV^{\alpha+1/2}\mathrm{d}t
\end{aligned}
$$

因此

$$
\begin{aligned}
\mathrm{d}f &= f_t\mathrm{d}t+f_S[\mu S\mathrm{d}t+\sqrt{V}S\mathrm{d}W_1]+f_V[(a+bV)\mathrm{d}t+\xi V^{\alpha}\mathrm{d}W_2]+ \\
&\quad f_{SV}[\rho\xi SV^{\alpha+1/2}\mathrm{d}t]+\frac{1}{2}[f_{SS}VS\mathrm{d}t+f_{VV}\xi^2V^{2\alpha}\mathrm{d}t] \\
&= \left\{f_t+\mu Sf_S+(a+bV)f_V+\rho\xi SV^{\alpha+1/2}f_{SV}+\frac{1}{2}SVf_{SS}+\frac{1}{2}\xi^2V^{2\alpha}f_{VV}\right\}\mathrm{d}t+ \\
&\quad \sqrt{V}Sf_S\mathrm{d}W_1+\xi V^{\alpha}f_V\mathrm{d}W_2
\end{aligned}
$$

需要说明的是，上面的随机过程包含两个部分：一个是资产价格的过程，另一个是相应波动率的过程。该模型也因此称为随机波动率模型(stochastic volatility model)，由 Steven Heston 于 1993 年提出。

例 9.12 已知$W(t)$是标准布朗运动，证明下式成立

$$\int_0^t W^2(s)\mathrm{d}W(s) = \frac{1}{3}W^3(t) - \int_0^t W(s)\mathrm{d}s$$

证明　假设 $X(t)=\frac{1}{3}W^3(t)$，根据伊藤引理，可得

$$\mathrm{d}X = X_t\mathrm{d}t + X_W\mathrm{d}W + \frac{1}{2}X_{WW}(\mathrm{d}W)^2 = 0 + W^2\mathrm{d}W + W\mathrm{d}t$$

因此

$$\mathrm{d}X(t) = W^2(t)\mathrm{d}W(t) + W(t)\mathrm{d}t$$

对上式的两端取积分，可得

$$\int_0^t \mathrm{d}X(s) = \int_0^t W^2(s)\mathrm{d}W(s) + \int_0^t W(s)\mathrm{d}s$$

$$\begin{aligned}\int_0^t W^2(s)\mathrm{d}W(s) &= \int_0^t \mathrm{d}X(s) - \int_0^t W(s)\mathrm{d}s = X(t) - X(0) - \int_0^t W(s)\mathrm{d}s \\ &= \frac{1}{3}W^3(t) - \frac{1}{3}W^3(0) - \int_0^t W(s)\mathrm{d}s\end{aligned}$$

因此

$$\int_0^t W^2(s)\mathrm{d}W(s) = \frac{1}{3}W^3(t) - \int_0^t W(s)\mathrm{d}s$$

对于确定性函数 $f(t)$，若 $f(0)=0$，则其积分结果为

$$\int_0^t f^2(s)\mathrm{d}f(s) = \frac{1}{3}f^3(s)\Big|_0^t = \frac{1}{3}f^3(t) - \frac{1}{3}f^3(0) = \frac{1}{3}f^3(t)$$

上例对于布朗运动所做的随机积分结果中却多出一项，两者的差异来自于布朗运动的二次变差不为零。

例 9.13　已知 $W(t)$是标准布朗运动，假设

$$M(t) = [W(t)+t]\exp\left[-W(t) - \frac{1}{2}t\right]$$

(1) 求 $M(t)$的随机微分方程；

(2) 证明 $M(t)$是鞅。

解　(1) 记 $X(t)=W(t)+t$，$Y(t)=\exp\left[-W(t)-\frac{1}{2}t\right]$，因此

$$M(t) = X(t)Y(t)$$

根据伊藤乘法法则，有

$$\mathrm{d}M(t) = \mathrm{d}[X(t)Y(t)] = X(t)\mathrm{d}Y(t) + Y(t)\mathrm{d}X(t) + \mathrm{d}X(t)\mathrm{d}Y(t)$$

根据伊藤引理，可得

$$\begin{aligned}\mathrm{d}Y(t) &= Y_t\mathrm{d}t + Y_W\mathrm{d}W + Y_{WW}(\mathrm{d}W)^2 \\ &= -\frac{1}{2}Y\mathrm{d}t - Y\mathrm{d}W(t) + \frac{1}{2}Y\mathrm{d}t = -Y(t)\mathrm{d}W(t)\end{aligned}$$

另外，$\mathrm{d}X(t)=\mathrm{d}W(t)+\mathrm{d}t$，因此

$$\mathrm{d}X(t)\mathrm{d}Y(t) = -Y(t)\mathrm{d}t$$

从而

$$\begin{aligned}\mathrm{d}M(t) &= X(t)[-Y(t)\mathrm{d}W(t)]+Y(t)[\mathrm{d}W(t)+\mathrm{d}t]-Y(t)\mathrm{d}t\\ &=-M(t)\mathrm{d}W(t)+Y(t)\mathrm{d}W(t)\\ &=-[W(t)+t-1]\exp\left[-W(t)-\frac{1}{2}t\right]\mathrm{d}W(t)\end{aligned}$$

(2) 证明：设 $s<t$，则需要证明下式成立

$$E[M(t)\mid \mathcal{F}(s)]=M(s)$$

对于 $M(t)=[W(t)+t]\exp\left[-W(t)-\frac{1}{2}t\right]$，有

$$\begin{aligned}M(t) &= [W(t)-W(s)+W(s)+t]\exp\left[-W(t)+W(s)-W(s)-\frac{1}{2}t\right]\\ &=[W(s)+t]\exp\left[-W(s)-\frac{1}{2}t\right]\cdot\exp[-W(t)+W(s)]+\\ &\quad [W(t)-W(s)]\exp\left[-W(s)-\frac{1}{2}t\right]\cdot\exp[-W(t)+W(s)]\end{aligned}$$

由于 $W(t)-W(s)$ 与 $\mathcal{F}(s)$ 相互独立，并且 $W(s)$ 是 $\mathcal{F}(s)$ 可测的，因此

$$\begin{aligned}E[M(t)\mid \mathcal{F}(s)] &= [W(s)+t]\exp\left[-W(s)-\frac{1}{2}t\right]\cdot E\{\exp[-W(t)+W(s)]\}+\\ &\quad \exp\left[-W(s)-\frac{1}{2}t\right]\cdot E\{[W(t)-W(s)]\exp[-W(t)+W(s)]\}\end{aligned}$$

记 $u=t-s$，则

$$W(t)-W(s)=W(t-s)=W(u)\sim N(0,\,u)$$

因此

$$E\{\exp[-W(t)+W(s)]\}=E\{\exp[-W(u)]\}=\exp\left(\frac{1}{2}u\right)=\exp\left[\frac{1}{2}(t-s)\right]$$

此处的相关计算过程，请参见正态分布的矩母函数，类似地，有

$$\begin{aligned}E\{[W(t)-W(s)]\exp[-W(t)+W(s)]\} &= E\{[W(u)]\exp[-W(u)]\}\\ &=-u\exp\left(\frac{1}{2}u\right)=-(t-s)\exp\left[\frac{1}{2}(t-s)\right]\end{aligned}$$

因此

$$\begin{aligned}E[M(t)\mid \mathcal{F}(s)] &= [W(s)+t]\exp\left[-W(s)-\frac{1}{2}t\right]\cdot\exp\left[\frac{1}{2}(t-s)\right]-\\ &\quad \exp\left[-W(s)-\frac{1}{2}t\right]\cdot(t-s)\exp\left[\frac{1}{2}(t-s)\right]\\ &=\exp\left[-W(s)-\frac{1}{2}t\right]\cdot\exp\left[\frac{1}{2}(t-s)\right][W(s)+t-t+s]\\ &=[W(s)+s]\exp\left[-W(s)-\frac{1}{2}s\right]\end{aligned}$$

因此 $M(t)$ 是鞅。

例 9.14 已知 $W(t)$ 是标准布朗运动，证明：

(1) $\int_0^t W(s)\mathrm{d}s=\int_0^t(t-s)\mathrm{d}W(s)$；

(2) $\int_0^t W(s)\mathrm{d}s \sim N(0,\ t^3/3)$。

证明　(1) 由于 $G(t)=t$ 可看作确定性函数，根据分部积分的计算公式，下式成立

$$\int_0^t W(s)\mathrm{d}G(s) = W(s)G(s)\Big|_0^t - \int_0^t G(s)\mathrm{d}W(s)$$

因此

$$\begin{aligned}\int_0^t W(s)\mathrm{d}s &= W(s)s\Big|_0^t - \int_0^t s\mathrm{d}W(s)\\ &= tW(t) - \int_0^t s\mathrm{d}W(s)\\ &= t\int_0^t \mathrm{d}W(s) - \int_0^t s\mathrm{d}W(s) = \int_0^t (t-s)\mathrm{d}W(s)\end{aligned}$$

(2) 由于 $\int_0^t (t-s)\mathrm{d}W(s)$ 是确定性函数的伊藤积分，因此服从正态分布，相应地，有

$$E\left(\int_0^t (t-s)\mathrm{d}W(s)\right) = 0$$

$$\mathrm{Var}\left(\int_0^t (t-s)\mathrm{d}W(s)\right) = E\left(\int_0^t (t-s)\mathrm{d}W(s)\right)^2 = \int_0^t (t-s)^2\mathrm{d}s = \frac{t^3}{3}$$

最终可得

$$\int_0^t W(s)\mathrm{d}s \sim N(0,\ t^3/3)$$

第三节　随机微分方程概论

前面已经介绍了布朗运动以及伊藤积分相关的知识。本节将初步探讨随机微分方程(stochastic differential equation，SDE)求解的问题。通过对 SDE 的求解，可以更深刻地认识随机过程的演化规律。

随机微分方程是微分方程的扩展。一般微分方程的对象为可导函数，并以其建立等式。然而，随机过程函数本身的导数不可定义，所以一般解微分方程的概念不适用于随机微分方程。随机微分方程多用于对一些多样化现象进行建模，如不停变动的股票价格、部分物理现象(如热扰动)等。

随机微分方程的概念最早以布朗运动的形式，由阿尔伯特·爱因斯坦(Albert Einstein)在《热的分子运动论所要求的静液体中悬浮粒子的运动》论文中提出。这项研究随后由保罗·朗之万(Paul Langevin)继续进行。此后伊藤清和斯特拉托诺维奇(Stratonovich)完善了随机微分方程的数学基础，使得该领域更加科学严谨。

SDE 的相关理论是一个非常前沿的学科方向，本节简要介绍几个具有代表性的求解 SDE 的方法，并通过金融中的实际问题加以阐述。

一、引言

几何布朗运动对应的方程为

$$dS(t) = \mu S(t)dt + \sigma S(t)dW(t) \tag{9.35}$$

该方程中，$S(t)$是随机过程，μ 和σ 均是常数，$W(t)$是标准布朗运动。该方程在金融领域可以用来刻画股票等金融资产的价格演化。其中，公式右侧的第一项可以看作股价走势的趋势项，反映股价$S(t)$以比率 μ 随时间的变化；第二项则是方程的随机项，反映股价$S(t)$以比率 σ 受到随机扰动的影响。这种既包含了随机项($dW(t)$)，包含了微分项(dt)的方程，就是随机微分方程(简称 SDE)。需要注意的是，上面的 SDE 有无穷多个可能的解，为了对解加以限定，还需要加入初值条件(initial value condition)，如 $S(0)=S_0$。

对于普通的微分方程而言，不存在此处的随机项，在考虑初值条件的情况下，下式就是一个微分方程：

$$\begin{cases} dS(t) = \mu S(t)dt \\ S(0) = S_0 \end{cases} \tag{9.36}$$

对于这样的常系数微分方程，可以运用微积分的相关知识得到它的解，基本思路如下：

采用分离变量法(separation of variables)，将公式右侧的 $S(t)$提到左侧，即

$$\frac{dS(t)}{S(t)} = \mu dt$$

对上式两侧取积分，可得

$$\int_0^t \frac{dS(u)}{S(u)} = \int_0^t \mu du \Rightarrow \ln S(t) - \ln S(0) = \mu t$$

将初值条件代入，最终可得

$$S(t) = S(0)e^{\mu t} = S_0 \cdot e^{\mu t}$$

如上所述，通过对常系数微分方程求解，最终得到的结果是一个函数。如果将随机项$dW(t)$纳入微分方程中，最终构造出 SDE，将会面临一个问题：布朗运动 $W(t)$是处处连续且处处不可微的，因此不能使用求解微分方程的相关方法对 SDE 进行分析和求解。比如：

$$\frac{dS(t)}{S(t)} = \mu dt \Rightarrow d\ln S(t) = \mu dt$$

$$\frac{dS(t)}{S(t)} = \mu dt + \sigma dW(t) \nRightarrow d\ln S(t) = \mu dt + \sigma dW(t)$$

为何上式不成立？原因在于布朗运动 $W(t)$的二次变差不为零，此时需要使用伊藤公式进行求解。假设 $f(x)=\ln x$，于是有

$$\begin{aligned} df(S(t)) &= f_t dt + f_S dS + \frac{1}{2} f_{SS}(dS)^2 \\ &= 0 + \frac{1}{S}(\mu S dt + \sigma S dW) + \frac{1}{2}\left(-\frac{1}{S^2}\right)\sigma^2 S^2 dt \\ &= \mu dt + \sigma dW - \frac{1}{2}\sigma^2 dt \end{aligned} \tag{9.37}$$

因此

$$d\ln S(t) = \left(\mu - \frac{1}{2}\sigma^2\right)dt + \sigma dW(t) \tag{9.38}$$

上述过程实现了类似于微分方程中的分离变量方法。对上式两端取积分，可得

$$\int_0^t \mathrm{d}\ln S(u) = \int_0^t \left(\mu - \frac{1}{2}\sigma^2\right)\mathrm{d}u + \int_0^t \sigma \mathrm{d}W(u)$$

$$\ln S(t) - \ln S(0) = \left(\mu - \frac{1}{2}\sigma^2\right)t + \sigma[W(t) - W(0)]$$

$$\ln S(t) = \ln S_0 + \left(\mu - \frac{1}{2}\sigma^2\right)t + \sigma W(t) \tag{9.39}$$

最终得到

$$S(t) = S_0 \cdot \exp\left[\left(\mu - \frac{1}{2}\sigma^2\right)t + \sigma W(t)\right] \tag{9.40}$$

式(9.40)便是式(9.35)在初值条件 $S(0)=S_0$ 下 SDE 的解。从结果不难看出，由于包含了 $W(t)$项，因此该方程的解仍然是一个随机过程，可以据此得到 $S(t)$的期望和方差，以及对应的概率分布信息。

根据式(9.39)，可得

$$\ln S(t) \sim N\left(\ln S_0 + \left(\mu - \frac{1}{2}\sigma^2\right)t,\ \sigma^2 t\right)$$

因此，$\ln S(t)$服从正态分布。对应的 $S(t)$则服从对数正态分布(log-normal distribution)，其概率密度函数如图 9.4 所示。

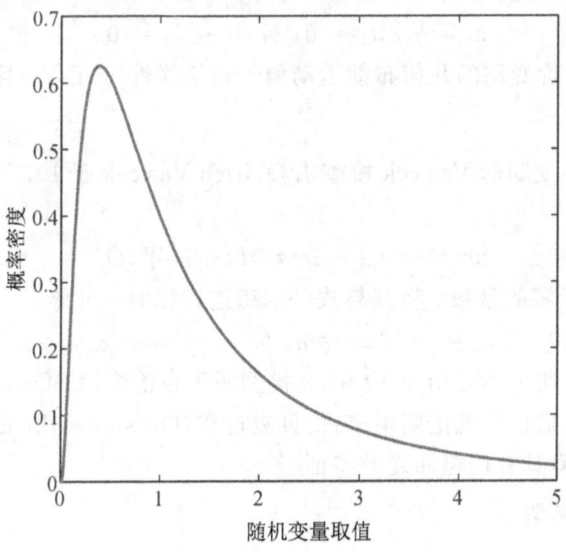

图 9.4　对数正态分布的概率密度函数图

根据本章附录，相应的 $S(t)$的期望和方差分别为

$$E[S(t)] = \exp(\ln S_0 + \mu t) = S_0 \cdot \mathrm{e}^{\mu t}$$

$$\mathrm{Var}[S(t)] = \exp(2\ln S_0 + 2\mu t)[\exp(\sigma^2 t) - 1] = S_0^2 \mathrm{e}^{2\mu t} \cdot (\mathrm{e}^{\sigma^2 t} - 1)$$

限于篇幅及研究的主题，本节只涉及线性随机微分方程求解的问题。

二、线性随机微分方程的分类

一维线性 SDE 的基本形式为

$$dX(t) = \alpha(t, X(t))dt + \beta(t, X(t))dW(t) \tag{9.41}$$

其中，$\alpha(t, X(t)) = a_1(t)X(t) + a_2(t)$，$\beta(t, X(t)) = b_1(t)X(t) + b_2(t)$。$\alpha(t, X(t))$称作漂移项(drift term)，$\beta(t, X(t))$称为扩散项(diffusion term)。另外，SDE 还有一个相应的初值条件(initial value condition)，如 $X(0) = X_0$。

线性 SDE 根据系数的不同取值，又可以分为以下几类：

(1) 若所有的系数(a_1，a_2，b_1，b_2)均是常数，则称为自治(autonomous)线性 SDE，即系数不是时变的；

(2) 若 $a_2 = b_2 = 0$，则称为齐次(homogeneous)线性 SDE；

(3) 若 $b_1 = 0$，则线性 SDE 具有加性噪声(additive noise)；

(4) 若 $b_2 = 0$，则线性 SDE 具有乘性噪声(multiplicative noise)。

以下列举部分在金融中经常用到的 SDE 方程，关于其中部分方程的求解问题，将在后面简要介绍。

(一) 几何布朗运动

股票价格 $S(t)$服从几何布朗运动：

$$dS(t) = \mu S(t)dt + \sigma S(t)dW(t)$$

其中，μ 和 σ 均是常数。将其与式(9.41)进行比对，可得

$$a_1 = \mu, a_2 = 0, b_1 = \sigma, b_2 = 0$$

因此，用来刻画股价变动的几何布朗运动属于自治线性 SDE，并且具有乘性噪声。

(二) Vasicek 模型

刻画短期利率 $r(t)$变动的 Vasicek 模型由 Oldrich Vasicek 于 1977 年提出。该模型的随机微分方程为

$$dr(t) = (\alpha - \beta r(t))dt + \sigma dW(t)$$

其中，α，β，σ 均是大于零的常数。将其与式(9.41)进行比对，可得

$$a_1 = -\beta, a_2 = \alpha, b_1 = 0, b_2 = \sigma$$

因此，用来刻画短期利率变动的 Vasicek 模型属于自治线性 SDE，并且具有加性噪声。需要说明的是，该模型来自于奥伦斯坦-乌伦贝克过程(Ornstein-Uhlenbeck process)，简称 O－U过程，并且该过程具有均值回复的特征。

(三) Hull-White 模型

刻画短期利率 $r(t)$变动的 Hull-White 模型由 John Hull 和 Alan White 于 1990 年提出。该模型的随机微分方程为

$$dr(t) = (\alpha(t) - \beta(t)r(t))dt + \sigma(t)dW(t)$$

其中，$\alpha(t)$，$\beta(t)$，$\sigma(t)$均是均值大于零的函数。将其与式(9.41)进行比对，可得

$$a_1 = -\beta(t), a_2 = \alpha(t), b_1 = 0, b_2 = \sigma(t)$$

因此，Hull-White 模型属于具有加性噪声的线性 SDE。与 Vasicek 模型相比，此模型仍然具有均值回复的特征，只是相应的系数均是时变的。

(四) CIR 模型

刻画短期利率 $r(t)$变动的 CIR 模型由 Cox、Ingersoll 和 Ross 三人于 1985 年提出。该

模型的随机微分方程为

$$dr(t) = (\alpha - \beta r(t))dt + \sigma\sqrt{r(t)}dW(t)$$

其中，α，β，σ 均是大于零的常数。与前面的 Vasicek 模型相比，其随机项中增加了 $\sqrt{r(t)}$。

将其与式(9.41)进行比对，不难发现，该模型无法被归入任何一个线性 SDE 类别中。正因为该模型中有 $\sqrt{r(t)}$ 项，该模型也称作平方根过程(square-root process)。

(五) HJM 模型

刻画瞬时远期利率 $f(t, T)$ 演化的多因子 HJM 模型框架由 Heath、Jarrow 和 Morton 三人于 1992 年提出。该模型的随机微分方程为

$$df(t, T) = \alpha(t, T)dt + \sum_{i=1}^{n}\sigma_i(t, T)dW_i(t)$$

将其与式(9.41)进行比对，可知此模型的 $a_1 = b_1 = 0$，并且由于模型中包含了 n 个布朗运动 $W_i(t)$，$i=1, 2, \cdots, n$，因此是一个多维线性 SDE。

三、线性随机微分方程的求解

与常微分方程类似，SDE 的求解也有很多种不同的方法。然而，SDE 往往难以显式地得到相应的解 $X(t)$，即在通常情况下，往往会出现 $X(t)$ 项在等式的两端均存在(类似于微积分中提到的隐函数)的现象。然而，对于一维线性 SDE 来说，是可以得到其显式解(explicit solution)的，可对其中具有代表性的线性 SDE 加以求解。

(一) 齐次标量线性 SDE 的求解

定义 9.2　形如下式的 SDE

$$dX(t) = (a(t)X(t) + b(t))dt + \sum_{k=1}^{m}[c_k(t)X(t) + d_k(t)]dW_k(t)$$

其中，$a(\cdot)$，$b(\cdot)$，$c_k(\cdot)$，$d_k(\cdot)$ 均是连续有界的标量(scalar)函数，称作标量线性 SDE (scalar linear SDE)。若 $b(\cdot) = d_k(\cdot) \equiv 0$，则称为齐次标量线性 SDE(homogeneous scalar linear SDE)。

几何布朗运动模型相当于齐次标量线性 SDE，并且其中的 $a(\cdot)$ 和 $b(\cdot)$ 均是常数，其 SDE 方程和解的形式分别为

$$dS(t) = \mu S(t)dt + \sigma S(t)dW(t),\ S(0) = S_0$$

$$S(t) = S_0 \cdot \exp\left[\left(\mu - \frac{1}{2}\sigma^2\right)t + \sigma W(t)\right]$$

求解的基本思路如下：

(1) 使用分离变量法，将 SDE 右侧的 $S(t)$ 项全部移到等式的左侧；

(2) 使用伊藤引理，得到 $d\ln S(t)$ 的 SDE；

(3) 对 SDE 两端取积分，进而得到 $\ln S(t)$ 的表达式；

(4) 对 $\ln S(t)$ 取指数，最终得到 $S(t)$ 的解。

此处采用的方法类似于常微分方程求解中通常采用的分离变量法。期望和方差的结果分别如下：

$$E[S(t)] = S_0 \cdot e^{\mu t}$$

$$\mathrm{Var}[S(t)] = S_0^2 \cdot e^{2\mu t} \cdot (e^{\sigma^2 t} - 1)$$

求解思路为

(1) 由 $S(t)$的形式得到 $S(t)$的概率分布；

(2) 基于 $S(t)$的概率分布，依次计算出相对应的期望、二阶矩和方差。

在此基础上，可以利用类似的方法求解齐次标量线性 SDE。

定理 9.6 假设关于随机过程 $S(t)$的齐次标量线性 SDE 为

$$\mathrm{d}S(t) = \mu(t)S(t)\mathrm{d}t + \sigma(t)S(t)\mathrm{d}W(t)$$

其中，$\mu(t)$和$\sigma(t)$均是时间 t 的连续有界函数，并且在当前时刻，$S(0)=S_0$，则该 SDE 的显式解为

$$S(t) = S_0 \exp\left\{\int_0^t \left[\mu(u) - \frac{1}{2}\sigma^2(u)\right]\mathrm{d}u + \int_0^t \sigma(u)\mathrm{d}W(u)\right\}$$

证明 由于齐次标量线性 SDE 两端均有 $S(t)$项，因此令 $X(t)=\ln S(t)$，根据伊藤引理可得

$$\begin{aligned}
\mathrm{d}X(t) &= X_t\mathrm{d}t + X_S\mathrm{d}S + \frac{1}{2}X_{SS}(\mathrm{d}S)^2 \\
&= 0 + \frac{1}{S(t)}[\mu(t)S(t)\mathrm{d}t + \sigma(t)S(t)\mathrm{d}W(t)] + \frac{1}{2}\left(-\frac{1}{S^2(t)}\right)\sigma^2(t)S^2(t)\mathrm{d}t \\
&= \left[\mu(t) - \frac{1}{2}\sigma^2(t)\right]\mathrm{d}t + \sigma(t)\mathrm{d}W(t)
\end{aligned}$$

对上式两端取积分，可得

$$X(t) - X(0) = \int_0^t \left[\mu(u) - \frac{1}{2}\sigma^2(u)\right]\mathrm{d}u + \int_0^t \sigma(u)\mathrm{d}W(u)$$

$$\ln S(t) - \ln S(0) = \int_0^t \left[\mu(u) - \frac{1}{2}\sigma^2(u)\right]\mathrm{d}u + \int_0^t \sigma(u)\mathrm{d}W(u)$$

$$S(t) = S_0 \exp\left\{\int_0^t \left[\mu(u) - \frac{1}{2}\sigma^2(u)\right]\mathrm{d}u + \int_0^t \sigma(u)\mathrm{d}W(u)\right\}$$

另外，由于 $\ln S(t)$服从正态分布，则相应的 $S(t)$服从对数正态分布，并且其期望和方差分别为

$$E[S(t)] = S_0 \cdot \exp\left(\int_0^t \mu(u)\mathrm{d}u\right)$$

$$\mathrm{Var}[S(t)] = S_0^2 \cdot \exp\left(2\int_0^t \mu(u)\mathrm{d}u\right) \cdot \left[\exp\left(\int_0^t \sigma^2(u)\mathrm{d}u\right) - 1\right]$$

(二) 狭义线性 SDE 的求解

定义 9.3 形如下式的 SDE

$$\mathrm{d}X(t) = (a(t)X(t) + b(t))\mathrm{d}t + \sum_{k=1}^{m} \mathrm{d}_k(t)\mathrm{d}W_k(t)$$

其中，$a(\cdot)$，$b(\cdot)$，$d_k(\cdot)$均是连续有界的标量函数，称作狭义线性 SDE(linear SDE in the narrow sense)。若 $b(\cdot)=d_k(\cdot)\equiv 0$，则是普通的微分方程。

与前面提及的齐次标量线性 SDE 不同，此处方程的随机项不含 $X(t)$，因此不能简单地采用分离变量法进行求解。Vasicek 模型可看作狭义线性 SDE 的特殊形式。关于此类 SDE 的求解方法，可从 Vasicek 模型开始探索。

例 9.15(Vasicek 模型) 已知 $r(0)=r_0$，求解以下 SDE

$$\mathrm{d}r(t) = (\alpha - \beta r(t))\mathrm{d}t + \sigma \mathrm{d}W(t)$$

解 与前面的几何布朗运动不同，Vasicek 模型的随机项中并无 $r(t)$ 项，因此无法参照前面的例子使用分离变量法加以求解。

求解思路为：通过构造函数的方式，将等式右侧的 $r(t)$ 项消去，进而实现 SDE 的求解。

假设 $X(t)=\mathrm{e}^{\beta t}r(t)$，根据伊藤乘法法则可得

$$\begin{aligned}\mathrm{d}(\mathrm{e}^{\beta t}r(t)) &= \mathrm{e}^{\beta t}\mathrm{d}r(t) + r(t)\mathrm{d}\mathrm{e}^{\beta t}\\ &= \mathrm{e}^{\beta t}[(\alpha - \beta r(t))\mathrm{d}t + \sigma \mathrm{d}W(t)] + r(t)\mathrm{e}^{\beta t}\beta \mathrm{d}t\\ &= \alpha \mathrm{e}^{\beta t}\mathrm{d}t + \sigma \mathrm{e}^{\beta t}\mathrm{d}W(t)\end{aligned}$$

此时，等式右侧不再有 $r(t)$ 的相关项。对上式两端积分，最终可得

$$\mathrm{e}^{\beta t}r(t) - r_0 = \alpha\int_0^t \mathrm{e}^{\beta u}\mathrm{d}u + \sigma\int_0^t \mathrm{e}^{\beta u}\mathrm{d}W(u)$$

$$\mathrm{e}^{\beta t}r(t) = r_0 + \frac{\alpha}{\beta}(\mathrm{e}^{\beta t} - 1) + \sigma\int_0^t \mathrm{e}^{\beta u}\mathrm{d}W(u)$$

$$r(t) = \mathrm{e}^{-\beta t}\left[r_0 + \frac{\alpha}{\beta}(\mathrm{e}^{\beta t} - 1) + \sigma\int_0^t \mathrm{e}^{\beta u}\mathrm{d}W(u)\right]$$

因此

$$r(t) = \mathrm{e}^{-\beta t}r_0 + \frac{\alpha}{\beta}(1 - \mathrm{e}^{-\beta t}) + \mathrm{e}^{-\beta t}\sigma\int_0^t \mathrm{e}^{\beta u}\mathrm{d}W(u)$$

从 $r(t)$ 的表达式，结合伊藤积分期望为零的性质，可得

$$E[r(t)] = \mathrm{e}^{-\beta t}r_0 + \frac{\alpha}{\beta}(1 - \mathrm{e}^{-\beta t})$$

根据伊藤等距，可得

$$\mathrm{Var}[r(t)] = (\mathrm{e}^{-\beta t}\sigma)^2 \cdot \int_0^t \mathrm{e}^{2\beta u}\mathrm{d}u = \frac{\sigma^2}{2\beta}(1 - \mathrm{e}^{-2\beta t})$$

因此

$$r(t) \sim N\left(\mathrm{e}^{-\beta t}r_0 + \frac{\alpha}{\beta}(1 - \mathrm{e}^{-\beta t}),\ \frac{\sigma^2}{2\beta}(1 - \mathrm{e}^{-2\beta t})\right)$$

Vasicek 模型具有均值回复(mean-reverting)特征。从 $r(t)$ 的均值(期望)随时间的演化中不难看出：当 $t\to\infty$ 时，$E[r(t)]\to\alpha/\beta$。同时，由于 $r(t)$ 服从正态分布，因此其取值有可能为负，然而实务中负利率现象是非常罕见的，这正是 Vasicek 模型的不足之处。

定理 9.7 对于如下线性 SDE

$$\mathrm{d}X(t) = [a(t)X(t) + b(t)]\mathrm{d}t + \sigma(t)\mathrm{d}W(t)$$

其初值条件为 $X(0)=X_0$，相应的显式解为

$$X(t) = X_0\exp\left[\int_0^t a(s)\mathrm{d}s\right] + \int_0^t \exp\left[\int_s^t a(u)\mathrm{d}u\right]b(s)\mathrm{d}s + \int_0^t \exp\left[\int_s^t a(u)\mathrm{d}u\right]\sigma(s)\mathrm{d}W(s)$$

证明 参照前面 Vasicek 模型求解的思路，首先构造函数 $\Lambda(t)$，其满足

$$\Lambda(t)=\exp\left(-\int_0^t a(s)\mathrm{d}s\right)$$

相应地

$$\mathrm{d}\Lambda(t)=\exp\left(-\int_0^t a(s)\mathrm{d}s\right)(-a(t)\mathrm{d}t)=-a(t)\Lambda(t)\mathrm{d}t$$

因此，根据伊藤乘法法则可得

$$\begin{aligned}\mathrm{d}(\Lambda(t)X(t))&=\Lambda(t)\mathrm{d}X(t)+X(t)\mathrm{d}\Lambda(t)\\&=\Lambda(t)\{[a(t)X(t)+b(t)]\mathrm{d}t+\sigma(t)\mathrm{d}W(t)\}-X(t)a(t)\Lambda(t)\mathrm{d}t\\&=\Lambda(t)[b(t)\mathrm{d}t+\sigma(t)\mathrm{d}W(t)]\end{aligned}$$

不难看出，通过此次变换，最终 $X(t)$ 项只出现在了等式的左侧。对上式的两侧积分，可得

$$\Lambda(t)X(t)-\Lambda(0)X(0)=\int_0^t\Lambda(s)b(s)\mathrm{d}s+\int_0^t\Lambda(s)\sigma(s)\mathrm{d}W(s)$$

$$\Lambda(t)X(t)=X(0)+\int_0^t\Lambda(s)b(s)\mathrm{d}s+\int_0^t\Lambda(s)\sigma(s)\mathrm{d}W(s)$$

$$X(t)=\frac{1}{\Lambda(t)}\left[X_0+\int_0^t\Lambda(s)b(s)\mathrm{d}s+\int_0^t\Lambda(s)\sigma(s)\mathrm{d}W(s)\right]$$

因此

$$X(t)=X_0\exp\left[\int_0^t a(s)\mathrm{d}s\right]+\int_0^t\exp\left[\int_s^t a(u)\mathrm{d}u\right]b(s)\mathrm{d}s+\int_0^t\exp\left[\int_s^t a(u)\mathrm{d}u\right]\sigma(s)\mathrm{d}W(s)$$

例 9.16 （Hull-White 模型）已知 $r(0)=r_0$，求解以下 Hull-White 模型 SDE 对应的 $r(t)$的显式解，并在此基础上求 $r(t)$的期望和方差。

$$\mathrm{d}r(t)=(\alpha(t)-\beta(t)r(t))\mathrm{d}t+\sigma(t)\mathrm{d}W(t)$$

解 根据狭义线性 SDE 的显式解形式，不难得到

$$a(t)=-\beta(t),\ b(t)=\alpha(t)$$

于是可得

$$r(t)=r_0\exp\left[-\int_0^t\beta(s)\mathrm{d}s\right]+\int_0^t\exp\left[-\int_s^t\beta(u)\mathrm{d}u\right]\alpha(s)\mathrm{d}s+\int_0^t\exp\left[-\int_s^t\beta(u)\mathrm{d}u\right]\sigma(s)\mathrm{d}W(s)$$

因此，根据伊藤积分的性质可知，$r(t)$服从正态分布，并且其期望和方差分别为

$$E[r(t)]=r_0\exp\left[-\int_0^t\beta(s)\mathrm{d}s\right]+\int_0^t\exp\left[-\int_s^t\beta(u)\mathrm{d}u\right]\alpha(s)\mathrm{d}s$$

$$\mathrm{Var}[r(t)]=\int_0^t\exp\left[-2\int_s^t\beta(u)\mathrm{d}u\right]\sigma^2(s)\mathrm{d}s$$

注意 Hull-White 模型中的利率同样可能为负，这一缺陷与 Vasicek 模型类似。

例 9.17 （CIR 模型）已知 $r(0)=r_0$，求解以下 SDE 对应的 $r(t)$的期望和方差。

$$\mathrm{d}r(t)=(\alpha-\beta r(t))\mathrm{d}t+\sigma\sqrt{r(t)}\mathrm{d}W(t)$$

解 与 Vasicek 模型类似，假设 $X(t)=\mathrm{e}^{\beta t}r(t)$，根据伊藤乘法法则可得

$$\begin{aligned}\mathrm{d}(\mathrm{e}^{\beta t}r(t))&=\mathrm{e}^{\beta t}\mathrm{d}r(t)+r(t)\mathrm{d}\mathrm{e}^{\beta t}\\&=\mathrm{e}^{\beta t}[(\alpha-\beta r(t))\mathrm{d}t+\sigma\sqrt{r(t)}\mathrm{d}W(t)]+r(t)\mathrm{e}^{\beta t}\beta\mathrm{d}t\\&=\alpha\mathrm{e}^{\beta t}\mathrm{d}t+\sigma\mathrm{e}^{\beta t}\sqrt{r(t)}\mathrm{d}W(t)=\alpha\mathrm{e}^{\beta t}\mathrm{d}t+\sigma\sqrt{X(t)}\mathrm{e}^{\beta t/2}\mathrm{d}W(t)\end{aligned}$$

对上式的两端积分，最终可得

$$X(t)-X(0)=\alpha\int_0^t e^{\beta u}du+\sigma\int_0^t \sqrt{r(u)}e^{\beta u}dW(u)$$

$$X(t)=r(0)+\frac{\alpha}{\beta}e^{\beta u}\Big|_0^t+\sigma\int_0^t \sqrt{r(u)}e^{\beta u}dW(u)$$

$$X(t)=r_0+\frac{\alpha}{\beta}(e^{\beta t}-1)+\sigma\int_0^t \sqrt{r(u)}e^{\beta u}dW(u)$$

$$r(t)=r_0e^{-\beta t}+\frac{\alpha}{\beta}(1-e^{-\beta t})+\sigma e^{-\beta t}\int_0^t \sqrt{r(u)}e^{\beta u}dW(u)$$

由于伊藤积分的期望为零，因此

$$E[X(t)]=r_0+\frac{\alpha}{\beta}(e^{\beta t}-1),\ E[r(t)]=r_0e^{-\beta t}+\frac{\alpha}{\beta}(1-e^{-\beta t})$$

可见，CIR 模型下，利率 $r(t)$的期望与 Vasicek 模型的相同。

接下来计算方差。由于 $r(t)$的表达式右侧仍然有 $\sqrt{r(u)}$项，因此无法直接判断 $r(t)$的方差。需要进一步对 $X^2(t)$的 SDE 进行探索。由伊藤引理可得

$$\begin{aligned}d[X^2(t)]&=2X(t)dX(t)+dX(t)\cdot dX(t)\\&=2X(t)\left[\alpha e^{\beta t}dt+\sigma\sqrt{X(t)}e^{\beta t/2}dW(t)\right]+\sigma^2X(t)e^{\beta t}dt\\&=\left[2X(t)\alpha e^{\beta t}+\sigma^2X(t)e^{\beta t}\right]dt+2X(t)\sigma\sqrt{X(t)}e^{\beta t/2}dW(t)\\&=(2\alpha+\sigma^2)X(t)e^{\beta t}dt+2\sigma X^{3/2}(t)e^{\beta t/2}dW(t)\end{aligned}$$

对上式的两端积分可得

$$\begin{aligned}X^2(t)-X^2(0)&=(2\alpha+\sigma^2)\int_0^t X(u)e^{\beta u}du+2\sigma\int_0^t X^{3/2}(u)e^{\beta u/2}dW(u)X^2(t)\\&=r_0^2+(2\alpha+\sigma^2)\int_0^t X(u)e^{\beta u}du+2\sigma\int_0^t X^{3/2}(u)e^{\beta u/2}dW(u)\end{aligned}$$

由伊藤积分的期望为零，可得

$$\begin{aligned}E[X^2(t)]&=r_0^2+(2\alpha+\sigma^2)\int_0^t E[X(u)]e^{\beta u}du\\&=r_0^2+(2\alpha+\sigma^2)\int_0^t\left[r_0+\frac{\alpha}{\beta}(e^{\beta u}-1)\right]e^{\beta u}du\\&=r_0^2+(2\alpha+\sigma^2)\int_0^t\left[\frac{\alpha}{\beta}e^{2\beta u}+\left(r_0-\frac{\alpha}{\beta}\right)e^{\beta u}\right]du\\&=r_0^2+(2\alpha+\sigma^2)\left[\frac{\alpha}{\beta}\cdot\frac{1}{2\beta}(e^{2\beta t}-1)+\left(r_0-\frac{\alpha}{\beta}\right)\cdot\frac{1}{\beta}(e^{\beta t}-1)\right]\end{aligned}$$

相应地

$$\begin{aligned}E[r^2(t)]&=e^{-2\beta t}E[X^2(t)]\\&=e^{-2\beta t}r_0^2+(2\alpha+\sigma^2)\left[\frac{\alpha}{2\beta^2}(1-e^{-2\beta t})+\left(r_0-\frac{\alpha}{\beta}\right)\cdot\frac{1}{\beta}(e^{-\beta t}-e^{-2\beta t})\right]\end{aligned}$$

最终可得

$$\mathrm{Var}[r(t)]=E[r^2(t)]-[E(r(t))]^2=\frac{\sigma^2}{\beta}(e^{-\beta t}-e^{-2\beta t})r_0+\frac{\alpha\sigma^2}{2\beta^2}(1-2e^{-\beta t}+e^{-2\beta t})$$

从结果来看，CIR 模型仍然具有类似 Vasicek 模型的均值回复特征，并且当 $t\to\infty$ 时，有

$$\lim_{t \to \infty} \mathrm{Var}[r(t)] = \frac{\alpha\sigma^2}{2\beta^2}$$

因此在该模型中，随着时间的流逝，利率 $r(t)$的方差也会回复。需要说明的是，与Vasicek 模型不同，CIR 模型中等式的左右两侧均有 $r(t)$项，因此该模型无法得到利率 $r(t)$的显式解。

本章附录

附录 A　伊藤积分性质的证明

对如下形式的伊藤积分相关性质加以证明

$$I(t) = \int_0^t g(u)\mathrm{d}W(u)$$

(1) 鞅性：$I(t)$是鞅。

证明　假设 $0<s\leqslant t<T$，$I(t)$是鞅，则意味着 $E[I(t)\mid\mathcal{F}(s)]=I(s)$，将时间段$[0, T]$切割成 n 个时间段，对应的时点分别为

$$0 = t_0 < t_1 < \cdots < t_n = T$$

假设 $s\in[t_{m-1}, t_m]$，$t\in[t_{k-1}, t_k]$，并且 $1\leqslant m\leqslant k\leqslant n$，假设 $g(t_i)$在每个子区间$[t_i, t_{i+1})$是常数，根据式(9.5)，可得

$$\begin{aligned} I(t) = & \sum_{i=0}^{m-2} g(t_i)[W(t_{i+1}) - W(t_i)] + g(t_{m-1})[W(s) - W(t_{m-1})] + \\ & g(t_{m-1})[W(t_m) - W(s)] + \sum_{j=m}^{n-1} g(t_j)[W(t_{j+1}) - W(t_j)] + \\ & g(t_{k-1})[W(t) - W(t_{k-1})] \end{aligned}$$

其时间轴如图 9.5 所示。

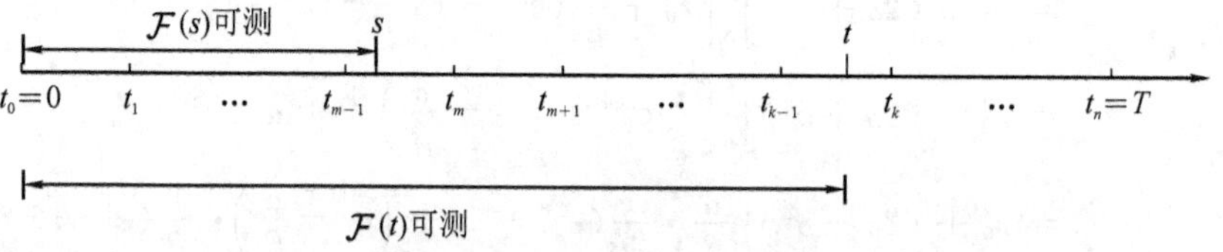

图 9.5　时间轴示意图

结合图 9.5 不难看出，上式将 $I(t)$在 5 个时间区间的情况全部刻画了出来，对应的时间段分别为

$$[t_0, t_{m-1}) \cup [t_{m-1}, s) \cup [s, t_m) \cup [t_m, t_{k-1}) \cup [t_{k-1}, t]$$

其中的$[t_0, t_{m-1})\cup[t_{m-1}, s)$是$\mathcal{F}(s)$可测的。

由此令 $I(s) = \sum_{i=0}^{m-2} g(t_i)[W(t_{i+1})-W(t_i)]+g(t_{m-1})[W(s)-W(t_{m-1})]$，并且 $g(t_{m-1})$是$\mathcal{F}(s)$可测的，因此

$$E[I(t) \mid \mathcal{F}(s)] = I(s) + g(t_{m-1})E[W(t_m) - W(s) \mid \mathcal{F}(s)] + \sum_{j=m}^{n-1} E(g(t_j)[W(t_{j+1}) - W(t_j)] \mid \mathcal{F}(s)) + E(g(t_{k-1})[W(t) - W(t_{k-1})] \mid \mathcal{F}(s))$$

由于$W(t_m)-W(s)$与$\mathcal{F}(s)$相互独立，因此

$$E[W(t_m) - W(s) \mid \mathcal{F}(s)] = E[W(t_m) - W(s)] = 0$$

接下来运用条件期望的性质，构造σ代数$\mathcal{F}(t_j)$，其满足

$$\mathcal{F}(t_j) \supset \mathcal{F}(s)$$

因此

$$\begin{aligned} E(g(t_j)[W(t_{j+1}) - W(t_j)] \mid \mathcal{F}(s)) &= E(E\{g(t_j)[W(t_{j+1}) - W(t_j)] \mid \mathcal{F}(t_j)\} \mid \mathcal{F}(s)) \\ &= E(g(t_j)E\{[W(t_{j+1}) - W(t_j)] \mid \mathcal{F}(t_j)\} \mid \mathcal{F}(s)) = 0 \end{aligned}$$

类似地，可得

$$\sum_{j=m}^{n-1} E(g(t_j)[W(t_{j+1}) - W(t_j)] \mid \mathcal{F}(s)) = 0$$

$$E(g(t_{k-1})[W(t) - W(t_{k-1})] \mid \mathcal{F}(s)) = 0$$

$$E[I(t) \mid \mathcal{F}(s)] = I(s)$$

因此，伊藤积分$I(t)$是鞅。

(2) 期望：$E[I(t)]=0$，$0\leqslant t\leqslant T$

证明　由于伊藤积分$I(t)$是鞅，因此

$$E[I(t)] = E[I(0)] = 0,\ 0 \leqslant t \leqslant T$$

(3) 伊藤等距(Ito isometry)

$$E[I^2(t)] = E\int_0^t g^2(u)\mathrm{d}u$$

证明　为了简化推导过程，假定$t=t_k$，$k=1, 2, \cdots, n$，相应地

$$I(t_k) = \sum_{i=0}^{k-1} g(t_i)[W(t_{i+1}) - W(t_i)]$$

记$Z_i=W(t_{i+1})-W(t_i)\sim N(0, t_{i+1}-t_i)$，于是

$$I(t_k) = \sum_{i=0}^{k-1} g(t_i)Z_i I^2(t_k) = \sum_{i=0}^{k-1} g^2(t_i)Z_i^2 + 2\sum_{0\leqslant i<j<k} g(t_i)g(t_j)Z_iZ_j$$

于是

$$E[I^2(t_k)] = \sum_{i=0}^{k-1} E[g^2(t_i)Z_i^2] + 2\sum_{0\leqslant i<j<k} E[g(t_i)g(t_j)Z_iZ_j]$$

由于$g(t_i)$是$\mathcal{F}(t_i)$可测的，而$Z_i=W(t_{i+1})-W(t_i)$与其相互独立，因此

$$E[g^2(t_i)Z_i^2] = E[g^2(t_i)]E(Z_i^2) = (t_{i+1} - t_i)\cdot E[g^2(t_i)]$$

由于$i<j$，根据条件期望的性质，有

$$\begin{aligned} E[g(t_i)g(t_j)Z_iZ_j] &= E(E[g(t_i)g(t_j)Z_iZ_j \mid \mathcal{F}(t_j)]) \\ &= E(g(t_i)g(t_j)Z_iE[Z_j \mid \mathcal{F}(t_j)]) \\ &= E(g(t_i)g(t_j)Z_iE[W(t_{j+1}) - W(t_j) \mid \mathcal{F}(t_j)]) = 0 \end{aligned}$$

因此

$$E[I^2(t)] = \sum_{i=0}^{k-1}(t_{i+1}-t_i)\cdot E[g^2(t_i)] = \int_0^{t_k} E[g^2(u)]\mathrm{d}u = E\int_0^t g^2(u)\mathrm{d}u$$

更进一步，可得

$$\mathrm{Var}[I(t)] = E[I^2(t)] - [E(I(t))]^2 = E\int_0^t g^2(u)\mathrm{d}u$$

(4) 伊藤积分的二次变差

$$\langle I, I\rangle(t) = \int_0^t g^2(u)\mathrm{d}u$$

证明 对$[0, t]$任取一个子区间$[t_i, t_{i+1}]$，并假设$g(t_i)$在该区间内为定值，选取这个子区间中的m个时间段，并分别标注为$s_0, s_1, \cdots, s_m$，其中

$$t_i = s_0 < s_1 < \cdots < s_m = t_{i+1}$$

伊藤积分在此区间内的二次变差为

$$\sum_{k=0}^{m-1}(I(s_{k+1}) - I(s_k))^2 = \sum_{k=0}^{m-1}[g(t_i)(W(s_{i+1}) - W(s_i))]^2 = g^2(t_i)\sum_{k=0}^{m-1}[W(s_{i+1}) - W(s_i)]^2$$

当$m\to\infty$时，相应的子区间宽度趋近于零，此时$\sum_{k=0}^{m-1}[W(s_{i+1}) - W(s_i)]^2$将收敛于布朗运动的二次变差，因此

$$\lim_{m\to\infty}\sum_{k=0}^{m-1}[W(s_{i+1}) - W(s_i)]^2 = t_{i+1} - t_i$$

最终在子区间$[t_i, t_{i+1}]$上的二次变差为

$$g^2(t_i)(t_{i+1} - t_i) = \int_{t_i}^{t_{i+1}} g^2(u)\mathrm{d}u$$

将所有子区间的二次变差进行加总，最终可得

$$\langle I, I\rangle(t) = \int_0^t g^2(u)\mathrm{d}u$$

附录 B 斯特拉托诺维奇积分的例子

求解以下斯特拉托诺维奇积分

$$\mathrm{SI}(a, b) = \int_a^b W(t)\circ \mathrm{d}W(t)$$

解 根据斯特拉托诺维奇积分的定义，将$[a, b]$区间划分成n个部分，并且

$$a = t_0 < t_1 < \cdots < t_n = b,\ |\Pi| = \max|t_{i+1} - t_i|,\ i = 0, 1, 2, \cdots, n-1$$

对应的时间轴如图 9.6 所示。

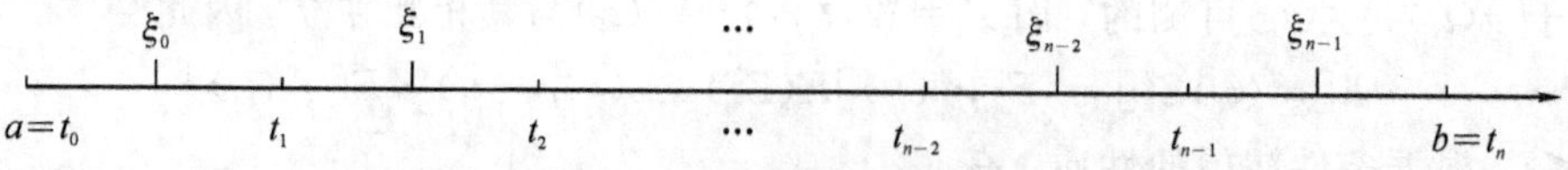

ξ_0 ξ_1 … ξ_{n-2} ξ_{n-1}

$a=t_0$ t_1 t_2 … t_{n-2} t_{n-1} $b=t_n$

图 9.6 时间轴示意图

记$\xi_i = (t_{i+1} + t_i)/2$，由此可得

$$
\begin{aligned}
\mathrm{SI}(a, b) &= \lim_{\substack{|\Pi|\to 0\\ n\to\infty}} \sum_{i=0}^{n-1} W(\xi_i)[W(t_{i+1}) - W(t_i)] \\
&= \lim_{\substack{|\Pi|\to 0\\ n\to\infty}} \sum_{i=0}^{n-1} [W(\xi_i) - W(t_i) + W(t_i)][W(t_{i+1}) - W(t_i)] \\
&= \lim_{\substack{|\Pi|\to 0\\ n\to\infty}} \sum_{i=0}^{n-1} [W(\xi_i) - W(t_i)][W(t_{i+1}) - W(t_i)] + \\
&\quad \lim_{\substack{|\Pi|\to 0\\ n\to\infty}} \sum_{i=0}^{n-1} W(t_i)[W(t_{i+1}) - W(t_i)]
\end{aligned}
$$

上式的第二项就是伊藤积分的定义，根据式(9.12)，可得

$$
\begin{aligned}
I(a, b) &= \int_a^b W(t)\mathrm{d}W(t) \\
&= \lim_{\substack{|\Pi|\to 0\\ n\to\infty}} \sum_{i=0}^{n-1} W(t_i)[W(t_{i+1}) - W(t_i)] \\
&= \frac{1}{2}[W^2(b) - W^2(a) - (b-a)]
\end{aligned}
$$

为了计算 $\lim\limits_{\substack{|\Pi|\to 0\\ n\to\infty}} \sum\limits_{i=0}^{n-1} [W(\xi_i) - W(t_i)][W(t_{i+1}) - W(t_i)]$，从其均值和方差着手进行计算。

首先计算 $E\{[W(\xi_i)-W(t_i)][W(t_{i+1})-W(t_i)]\}$，具体为

$$
\begin{aligned}
& E\{[W(\xi_i) - W(t_i)][W(t_{i+1}) - W(t_i)]\} \\
&= E\{[W(\xi_i) - W(t_i)][W(t_{i+1}) - W(\xi_i) + W(\xi_i) - W(t_i)]\} \\
&= E\{[W(\xi_i) - W(t_i)]^2\} + E\{[W(t_{i+1}) - W(\xi_i)][W(\xi_i) - W(t_i)]\} \\
&= E\{[W(\xi_i) - W(t_i)]^2\} = \xi_i - t_i \\
&= \frac{t_{i+1} + t_i}{2} - t_i = \frac{1}{2}(t_{i+1} - t_i)
\end{aligned}
$$

上式中，由于 $W(t_{i+1})-W(\xi_i)$ 与 $W(\xi_i)-W(t_i)$ 是独立增量，因此

$$
E\{[W(t_{i+1}) - W(\xi_i)][W(\xi_i) - W(t_i)]\} = 0
$$

所以

$$
\begin{aligned}
E\left\{\lim_{\substack{|\Pi|\to 0\\ n\to\infty}} \sum_{i=0}^{n-1} [W(\xi_i) - W(t_i)][W(t_{i+1}) - W(t_i)]\right\} &= \lim_{\substack{|\Pi|\to 0\\ n\to\infty}} \sum_{i=0}^{n-1} \frac{1}{2}(t_{i+1} - t_i) \\
&= \frac{1}{2}(t_n - t_0) = \frac{1}{2}(b-a)
\end{aligned}
$$

接下来计算 $\mathrm{Var}\{[W(\xi_i)-W(t_i)][W(t_{i+1})-W(t_i)]\}$，具体为

$$
\begin{aligned}
& \mathrm{Var}\{[W(\xi_i) - W(t_i)][W(t_{i+1}) - W(t_i)]\} \\
&= \mathrm{Var}\{[W(\xi_i) - W(t_i)][W(t_{i+1}) - W(\xi_i) + W(\xi_i) - W(t_i)]\} \\
&= \mathrm{Var}\{[W(\xi_i) - W(t_i)]^2\} + \mathrm{Var}\{[W(t_{i+1}) - W(\xi_i)][W(\xi_i) - W(t_i)]\}
\end{aligned}
$$

其中

$$\begin{aligned}\mathrm{Var}\{[W(\xi_i)-W(t_i)]^2\} &= E\{[W(\xi_i)-W(t_i)]^4\}-\{E[W(\xi_i)-W(t_i)]^2\}^2\\ &= 3(\xi_i-t_i)^2-(\xi_i-t_i)^2=2(\xi_i-t_i)^2\\ &= 2\times\frac{1}{4}(t_{i+1}-t_i)^2=\frac{1}{2}(t_{i+1}-t_i)^2\end{aligned}$$

此处的推导涉及高斯积分的相关知识，请参阅第八章的附录。

$$\begin{aligned}\mathrm{Var}\{[W(t_{i+1})-W(\xi_i)][W(\xi_i)-W(t_i)]\} &= E\{[W(t_{i+1})-W(\xi_i)]^2[W(\xi_i)-W(t_i)]^2\}\\ &= E\{[W(t_{i+1})-W(\xi_i)]^2\}\cdot E\{[W(\xi_i)-W(t_i)]^2\}\\ &= (t_{i+1}-\xi_i)(\xi_i-t_i)\\ &= \frac{1}{4}(t_{i+1}-t_i)^2\end{aligned}$$

因此

$$\begin{aligned}\mathrm{Var}\{[W(\xi_i)-W(t_i)][W(t_{i+1})-W(t_i)]\} &= \frac{1}{2}(t_{i+1}-t_i)^2+\frac{1}{4}(t_{i+1}-t_i)^2\\ &= \frac{3}{4}(t_{i+1}-t_i)^2\end{aligned}$$

相应地

$$\begin{aligned}\mathrm{Var}\Big\{\lim_{\substack{|\Pi|\to 0\\ n\to\infty}}\sum_{i=0}^{n-1}[W(\xi_i)-W(t_i)][W(t_{i+1})-W(t_i)]\Big\} &= \lim_{\substack{|\Pi|\to 0\\ n\to\infty}}\sum_{i=0}^{n-1}\frac{3}{4}(t_{i+1}-t_i)^2\\ &\leqslant \frac{3}{4}\lim_{\substack{|\Pi|\to 0\\ n\to\infty}}\left[\sum_{i=0}^{n-1}(t_{i+1}-t_i)\right]\max|t_{i+1}-t_i|\\ &= \frac{3}{4}(b-a)|\Pi|\to 0\end{aligned}$$

因此

$$\lim_{\substack{|\Pi|\to 0\\ n\to\infty}}\sum_{i=0}^{n-1}[W(\xi_i)-W(t_i)][W(t_{i+1})-W(t_i)]=\frac{1}{2}(b-a)$$

最终可得

$$\begin{aligned}\mathrm{SI}(a,b) &= \int_a^b W(t)\circ \mathrm{d}W(t)\\ &= \frac{1}{2}(b-a)+\frac{1}{2}[W^2(b)-W^2(a)-(b-a)]\\ &= \frac{1}{2}[W^2(b)-W^2(a)]\end{aligned}$$

由此可见，与伊藤积分不同，斯特拉托诺维奇积分的结果没有对应的$(b-a)/2$项，并且积分的结果与普通微积分下的分部积分非常相似。

附录 C 对数正态分布的均值和方差求解

假设$X\sim N(\mu,\sigma^2)$，则相应的概率密度函数为

$$f_X(x)=\frac{1}{\sqrt{2\pi}\sigma}\exp\left[-\frac{(x-\mu)^2}{2\sigma^2}\right]$$

相应地，$Y=\mathrm{e}^X$ 服从对数正态分布，相应的概率密度函数为

$$f_Y(y)=f_X(\ln y)\cdot(\ln y)'=\frac{1}{y\sqrt{2\pi}\sigma}\exp\left[-\frac{(\ln y-\mu)^2}{2\sigma^2}\right]$$

相应 Y 的期望为

$$\begin{aligned}EY&=\int_0^{\infty}yf_Y(y)\mathrm{d}y=\int_0^{\infty}\frac{1}{\sqrt{2\pi}\sigma}\exp\left[-\frac{(\ln y-\mu)^2}{2\sigma^2}\right]\mathrm{d}y\\&=\int_{-\infty}^{\infty}\frac{1}{\sqrt{2\pi}\sigma}\exp\left[-\frac{(z-\mu)^2}{2\sigma^2}\right]\mathrm{e}^z\mathrm{d}z=\int_{-\infty}^{\infty}\frac{1}{\sqrt{2\pi}\sigma}\exp\left[-\frac{(z-\mu)^2-2\sigma^2z}{2\sigma^2}\right]\mathrm{d}z\\&=\int_{-\infty}^{\infty}\frac{1}{\sqrt{2\pi}\sigma}\exp\left[-\frac{[z-(\mu+\sigma^2)]^2+2\mu\sigma^2+\sigma^4}{2\sigma^2}\right]\mathrm{d}z\\&=\int_{-\infty}^{\infty}\frac{1}{\sqrt{2\pi}\sigma}\exp\left[-\frac{[z-(\mu+\sigma^2)]^2}{2\sigma^2}+\left(\mu+\frac{1}{2}\sigma^2\right)\right]\mathrm{d}z\\&=\exp\left(\mu+\frac{1}{2}\sigma^2\right)\cdot\int_{-\infty}^{\infty}\frac{1}{\sqrt{2\pi}\sigma}\exp\left\{-\frac{[z-(\mu+\sigma^2)]^2}{2\sigma^2}\right\}\mathrm{d}z\\&=\exp\left(\mu+\frac{1}{2}\sigma^2\right)\end{aligned}$$

相应的二阶矩为

$$\begin{aligned}EY^2&=\int_0^{\infty}y^2f_Y(y)\mathrm{d}y=\int_0^{\infty}\frac{y}{\sqrt{2\pi}\sigma}\exp\left[-\frac{(\ln y-\mu)^2}{2\sigma^2}\right]\mathrm{d}y\\&=\int_{-\infty}^{\infty}\frac{\mathrm{e}^z}{\sqrt{2\pi}\sigma}\exp\left[-\frac{(z-\mu)^2}{2\sigma^2}\right]\mathrm{e}^z\mathrm{d}z=\int_{-\infty}^{\infty}\frac{1}{\sqrt{2\pi}\sigma}\exp\left[-\frac{(z-\mu)^2-4\sigma^2z}{2\sigma^2}\right]\mathrm{d}z\\&=\int_{-\infty}^{\infty}\frac{1}{\sqrt{2\pi}\sigma}\exp\left\{-\frac{[z-(\mu+2\sigma^2)]^2+4\mu\sigma^2+4\sigma^4}{2\sigma^2}\right\}\mathrm{d}z\\&=\int_{-\infty}^{\infty}\frac{1}{\sqrt{2\pi}\sigma}\exp\left\{-\frac{[z-(\mu+\sigma^2)]^2}{2\sigma^2}+(2\mu+2\sigma^2)\right\}\mathrm{d}z\\&=\exp(2\mu+2\sigma^2)\cdot\int_{-\infty}^{\infty}\frac{1}{\sqrt{2\pi}\sigma}\exp\left\{-\frac{[z-(\mu+\sigma^2)]^2}{2\sigma^2}\right\}\mathrm{d}z\\&=\exp(2\mu+2\sigma^2)\end{aligned}$$

因此

$$\begin{aligned}\mathrm{Var}Y=EY^2-(EY)^2&=\exp(2\mu+2\sigma^2)-\exp(2\mu+\sigma^2)\\&=\exp(2\mu+\sigma^2)[\exp(\sigma^2)-1]\end{aligned}$$

习　题

1. 假设 $W(t)$是标准布朗运动，证明：

$$\mathrm{Corr}[W(s),W(t)]=\sqrt{\frac{s\wedge t}{s\vee t}},\quad s\neq t$$

其中，$\mathrm{Corr}[W(s),W(t)]$是 $W(s)$和 $W(t)$的相关系数。

2. 假设 $W(t)$ 是标准布朗运动，并且

$$Z_1 = \int_0^1 1_{\{W(t)=0\}} \mathrm{d}W(t), \quad Z_2 = \int_0^1 1_{\{W(t)\geqslant 0\}} \mathrm{d}W(t)$$

求 Z_1 和 Z_2 的期望和方差。

3. 假设 $W(t)$ 是标准布朗运动，并且

$$Y(t) = \int_0^t \mathrm{e}^s \mathrm{d}W(s), \quad Z(t) = \int_0^t Y(s) \mathrm{d}W(s)$$

求：$E[Z(t)]$，$E[Z^2(t)]$ 和 $E[Z(t)Z(s)]$。

4. 已知 $X(t) = \int_0^t W(s)\mathrm{d}s$，其中 $W(t)$ 是标准布朗运动。求：

(1) $\mathrm{Cov}[X(t), W(t)]$；

(2) $\mathrm{Var}[X(t)]$；

(3) $X(t)$ 与 $W(t)$ 的相关系数 $\mathrm{Corr}[X(t), W(t)]$。

5. 随机过程 $X(t)$ 定义为

$$X(t) = \int_0^t \exp[\alpha(t-u)]\mathrm{d}W(u)$$

其中，$W(t)$ 是标准布朗运动，$t\geqslant 0$。证明：

$$\mathrm{Cov}[X(s), X(t)] = \frac{\exp[\alpha(s+t)] - \exp(\alpha \mid s-t \mid)}{2\alpha}, \quad s, t \geqslant 0$$

6. 假设 $W(t)$ 是标准布朗运动，令 $X(t) = \int_0^t W(s)\mathrm{d}s$，其中 $t\geqslant 0$。

证明：当 $s\leqslant t$ 时，

$$\mathrm{Cov}[X(s), X(t)] = s^2\left(\frac{t}{2} - \frac{s}{6}\right)$$

7. 已知 $W(t)$ 是标准布朗运动，令

$$X(t) = \int_0^t W(u)\mathrm{d}u, \quad X(s) = \int_0^s W(v)\mathrm{d}v$$

证明：

$$\mathrm{Cov}[X(s), X(t)] = \frac{1}{3}(s^3 \wedge t^3) + \frac{1}{2}|t-s|(s^2 \wedge t^2)$$

8. 假设 $X(t)$ 是伊藤过程，并且取值严格为正。

(1) 定义 $Y(t)=\ln X(t)$，证明：

$$\mathrm{d}Y = \frac{\mathrm{d}X}{X} - \frac{1}{2}\left(\frac{\mathrm{d}X}{X}\right)^2$$

(2) 定义 $Y(t)=X(t)^{-\lambda}$，其中 λ 是常数。证明：

$$\frac{\mathrm{d}Y}{Y} = -\lambda\frac{\mathrm{d}X}{X} + \frac{\lambda(1+\lambda)}{2}\left(\frac{\mathrm{d}X}{X}\right)^2$$

9. 假设 $X_1(t)$ 和 $X_2(t)$ 均是取值严格为正的伊藤过程。

(1) 定义 $Y(t)=X_1(t)X_2(t)$，证明：

$$\frac{\mathrm{d}Y}{Y} = \frac{\mathrm{d}X_1}{X_1} + \frac{\mathrm{d}X_2}{X_2} + \left(\frac{\mathrm{d}X_1}{X_1}\right)\left(\frac{\mathrm{d}X_2}{X_2}\right)$$

(2) 定义 $Y(t)=X_1(t)/X_2(t)$，证明：

$$\frac{dY}{Y}=\frac{dX_1}{X_1}-\frac{dX_2}{X_2}-\left(\frac{dX_1}{X_1}\right)\left(\frac{dX_2}{X_2}\right)+\left(\frac{dX_2}{X_2}\right)^2$$

10. 已知 $X(t)$对应的随机微分方程为

$$dX(t)=-\frac{1}{2}\theta^2(t)dt-\theta(t)dW(t)$$

其中，$W(t)$是标准布朗运动。求 $Z(t)=\exp[X(t)]$的随机微分方程。

11. 已知 $X(t)$是一个 O-U 过程，其对应的随机微分方程为

$$dX(t)=-\kappa X(t)dt+\sigma dW(t)$$

其中，$W(t)$是标准布朗运动。假设 $Y(t)=X^2(t)$，求 $Y(t)$的随机微分方程。

12. 若 $dX(t)=\mu X(t)dt+\sigma X(t)dW(t)$。求：

(1) $X^k(t)$的随机微分方程；

(2) $X^{-1}(t)$的随机微分方程。

13. 假设短期利率 $r(t)$的随机微分方程(Vasicek 模型)为

$$dr(t)=a[b-r(t)]dt+\sigma dW(t),\ a,\ b>0$$

求 $e^{at}r(t)$的随机微分方程。

14. 已知 $S(t)$服从几何布朗运动，其随机微分方程的形式为

$$dS(t)=\mu(t)S(t)dt+\sigma(t)S(t)dW(t)$$

证明：$Y(t)=S^n(t)$的随机微分方程为

$$\frac{dY(t)}{Y(t)}=n\left[\mu(t)+\frac{1}{2}(n-1)\sigma^2(t)\right]dt+n\sigma(t)dW(t)$$

15. 已知 $X(t)$服从几何均值回复过程，其随机微分方程为

$$dX(t)=\kappa[\theta-\ln X(t)]X(t)dt+\sigma X(t)dW(t)$$

求 $Y(t)=\ln X(t)$的随机微分方程。

16. 已知 $S(t)$服从恒定的方差弹性模型，其随机微分方程为

$$dS(t)=rS(t)dt+\sigma(S(t),\ t)S(t)dW(t)$$

其中，r 是常数，$\alpha>0$，$0<\beta<1$，$\sigma(S(t),\ t)=\alpha S^{\beta-1}(t)$

(1) 求 $\sigma(S(t),\ t)$的随机微分方程；

(2) 求 $X(t)=e^{-rt}S(t)$的随机微分方程。

17. 已知 $Z(t)$的表达式为

$$Z(t)=(1-t)\int_0^t\frac{1}{1-s}dW(s)$$

其中，$W(t)$是标准布朗运动，求 $Z(t)$的随机微分方程。

18. 利用伊藤积分的相关知识，证明：

(1) $\int_0^t sdW(s)=tW(t)-\int_0^t W(s)ds$；

(2) $\int_0^t (W^2(s)-s)dW(s)=\frac{1}{3}W^3(t)-tW(t)$；

(3) $\int_0^t \exp\left[-\frac{s}{2}+W(s)\right]dW(s)=\exp\left[-\frac{t}{2}+W(t)\right]-1$；

(4) $\int_0^t \sin W(s)\mathrm{d}W(s) = 1 - \cos W(t) - \frac{1}{2}\int_0^t \cos W(s)\mathrm{d}s$；

(5) $\int_0^t \cos W(s)\mathrm{d}W(s) = \sin W(t) + \frac{1}{2}\int_0^t \sin W(s)\mathrm{d}s$。

19. 假设 $\mathrm{d}S(t)=\mu S(t)\mathrm{d}t+\sigma S(t)\mathrm{d}W(t)$，其中 μ，σ 均是常数，$W(t)$是标准布朗运动。假设以下随机微分方程中，π，r 均为常数，并且 $X(0)=x$，求：$X(t)$的显式解。

$$\mathrm{d}X(t) = (1-\pi)rX(t)\mathrm{d}t + \pi X(t)/S(t)\mathrm{d}S(t)$$

20. 求下面 SDE 的显式解，以及 $X(t)$的期望、方差和协方差，初值条件为 $X(0)=x$

$$\mathrm{d}X(t) = -\frac{X(t)}{1-t}\mathrm{d}t + \mathrm{d}W(t), \quad t<1$$

21. 求下面 SDE 的显式解，以及 $X(t)$的期望、方差和协方差，初值条件为 $X(0)=x$

$$\mathrm{d}X(t) = -\frac{1}{2}\frac{X(t)}{1-t}\mathrm{d}t + \sqrt{1-t}\,\mathrm{d}W(t), \quad t<1$$

22. 对于以下 SDE，其初值条件为 $X(0)=x$

$$\mathrm{d}X(t) = \left(\sqrt{1+X^2(t)} + \frac{1}{2}X(t)\right)\mathrm{d}t + \sqrt{1+X^2(t)}\,\mathrm{d}W(t)$$

(1) 假设 $Y(t)=\ln\left(\sqrt{1+X^2(t)}+X(t)\right)$，求关于 $Y(t)$的 SDE；

(2) 求 $X(t)$的解。

23. 对于以下 SDE，求在初始条件为 $X(0)=x$ 时，方程的解

$$\mathrm{d}X(t) = \left\{\kappa[\theta - X(t)] - \frac{1}{2}\sigma^2\right\}\mathrm{d}t + \sigma\mathrm{d}W(t)$$

其中，κ，σ 和 θ 均为常数，并在此基础上求 $E[X(t)]$和 $\mathrm{Var}[X(t)]$。

第十章　金融市场数学基础

第一节　无套利原理

一、金融市场上的价格

金融市场上金融产品潜在的买方会报出其希望的购买价格，称作买价(ask price)；潜在的卖方则会报出其希望的卖出价格，称作卖价(bid price)。若市场上的买卖双方买价和卖价刚好相等，则相应的金融产品就会发生买卖交易，这个价格就是该金融产品的交易价格。

假设金融市场中资产价格演化的时间是离散的，即资产价格的交易时间是离散的时刻 $0, 1, 2, \cdots, N$，同时假设时间是有限的，并且资产的价格也只能取有限个可能的值。

假设有 M 个不同的证券，分别记作 $1, 2, \cdots, M$。记 $S_i(n)$ 表示证券 i 在 n 时刻的价格，其中 $i=1, 2, \cdots, M$，$n=0, 1, 2, \cdots, N$。进一步假设证券 1 是银行账户(bank account)，并且该证券按年获得数额为 r 的无风险利率(risk-free interest rate)，该利率假设为常数。将 0 时刻银行账户的单位价值记为 $S_1(0)$；n 时刻的价值记为 $S_1(n)$，两者的关系为

$$S_1(0)=1, \quad S_1(n)=(1+r)^n$$

除了证券 1 以外，其余的 $(M-1)$ 个证券均是有风险的资产，如股票、期权等，它们的价格变动是随机的，因此在当前时刻，无法预知其未来任意时刻的价格。由此可以得到 n 时刻该组合中各资产价格所组成的 M 维列向量 $\boldsymbol{S}(n)$ 为

$$\boldsymbol{S}(n)=[S_1(n) \quad S_2(n) \quad \cdots \quad S_M(n)]_{1\times M}^{\mathrm{T}} \tag{10.1}$$

其中，T 是向量的转置(transpose)。

假定所有证券可以无限细分，即可以交易任意数量的证券；市场可以进行卖空交易，即持有的证券头寸可以为负；市场不存在佣金(commission)等交易成本。另外，由于银行账户的存在，投资者可以在市场上以无风险利率 r 进行自由借贷。

最后一个假设是：所有的证券在整个期限的中间任意时刻均不发生分红或利息的收付。因此在该假设下，只有在资产出售或到期时，才会有资金的流入或流出。

二、套利的相关概念

在金融市场中，证券价格会随着时间推移不断发生随机的变动。表面上看这样的价格变动缺乏规律可循，但是无套利原理保证了它们的变动存在一定的相关性。在介绍无套利原理之前，有必要先介绍若干个概念。

定义 10.1　交易策略(trading strategy)是指金融市场的参与者，基于事先确定的规

则，对市场上的证券进行买卖操作的方法。交易策略指定了各时刻持有的每个资产的数量及方向。

例如，某个投资者在开始时同时购买了若干单位的A证券和B证券，然后在未来A证券价格上涨10元的时刻，将A证券卖出并买入B证券。在此过程中，投资者基于市场上A证券的价格行情，对A证券和B证券分别进行了卖出和买入操作。如果投资者在A证券价格上涨10元的时刻，将B证券卖出并买入A证券，这样的操作方式与之前的交易策略买卖方向刚好相反，称作反向策略(reverse strategy)。

前文假定的资产组合包含了一个无风险资产，$(M-1)$个风险资产，假设该组合中各资产相应的份额分别为h_1，h_2，…，h_M，由此可以得到n时刻资产份额的M维列向量$\boldsymbol{h}(n)$为

$$\boldsymbol{h}(n)=[h_1(n)\quad h_2(n)\quad \cdots \quad h_M(n)]_{1\times M}^{\mathrm{T}} \tag{10.2}$$

其中，$h_1(n)$就是无风险资产在n时刻的份额数。此处的$\boldsymbol{h}(n)$就是交易策略。

综合式(10.1)和式(10.2)，可以得到n时刻资产组合的价值$V(n)$，表达式为

$$V(n)=\sum_{i=1}^{M}h_i(n)S_i(n)=\boldsymbol{h}(n)\cdot\boldsymbol{S}(n) \tag{10.3}$$

即$V(n)$是一个标量值(scalar)，通过对资产份额向量$\boldsymbol{h}(n)$和资产价格向量$\boldsymbol{S}(n)$进行内积(inner product)运算得到。

定义 10.2 如果对于所有$n\in\{1, 2, \cdots, N\}$，下式均成立：

$$\boldsymbol{h}(n-1)\cdot\boldsymbol{S}(n)=\boldsymbol{h}(n)\cdot\boldsymbol{S}(n) \tag{10.4}$$

则交易策略$\boldsymbol{h}$称为自融资策略(self-financing strategy)。

该定义的金融含义在于：投资者为了增加在组合中某种证券的持有份额，就必须通过出售该组合中的另一部分其他证券的方式来实现，并且交易过程中没有多余资金的流入和流出。因此自融资策略在交易策略调整的前后时刻，资产组合价值保持不变。

当然，若$\boldsymbol{h}$是一个不随时间而发生改变的常数向量，则$\boldsymbol{h}$必然是自融资策略，因为此时投资者持有资产组合并不做任何调整，也就是通常所说的买入并持有策略(buy-and-hold strategy)。

定义 10.3 若在一个自融资策略下，期初资产组合的价值$V(0)$和期末资产组合的价值$V(N)$满足

$$V(0)=0,\quad V(N)\geqslant 0,\quad P[V(N)>0]>0$$

则称金融市场存在套利机会(arbitrage opportunity)。

根据上面的定义可知，套利机会意味着在期初无任何投资额的情况下，有机会从市场中获利。套利机会也可以想象成获得了一张免费的彩票，有一定的概率会中奖(虽然概率极低)，但即使未中奖也没有任何损失。

需要说明的是，若将上面的条件替换成

$$V(0)=0,\quad V(N)\leqslant 0,\quad P[V(N)<0]>0$$

则相应地可以通过反向策略进行套利。

定理 10.1 对于一个无套利的金融市场，若有一个自融资策略，使得期初的资产组合价值$V(0)$在未来任意时刻t的资产组合价值为$V(t)$，则

$$V(t)=V(0)\,(1+r)^t$$

其中，r 是无风险利率(risk-free rate)。

此定理表明，在无套利的假设下，若找到了某个自融资策略可以完全防范市场的风险，则这个策略应当使得期初的投资额以无风险利率 r 的增长速度累积。

需要说明的是，若 r 是连续复利下的无风险利率，则上式可以表示为

$$V(N) = V(0)\mathrm{e}^{rt}$$

定理 10.2　假设股票资产未来时刻 1 的价格可能会上涨到原来的 u 倍，或下跌到原来的 d 倍($u>d$)。金融市场无套利机会的充要条件是

$$d < (1+r) < u$$

证明　假设期初资产总值为 0，即 $V(0)=0$，假定股票资产当前的价值为 S，投资者购买一份该股票，于是相应地需要从银行以无风险利率贷款 S，对应银行存款的价值为 $-S$。在未来时刻 1，投资者卖出股票，同时偿还银行贷款。相应地，该资产组合未来时刻的价值分别为

$$V_u(1) = uS - S(1+r) = S[u-(1+r)]$$
$$V_d(1) = \mathrm{d}S - S(1+r) = S[d-(1+r)]$$

资产组合中各资产未来的价值如图 10.1 所示。

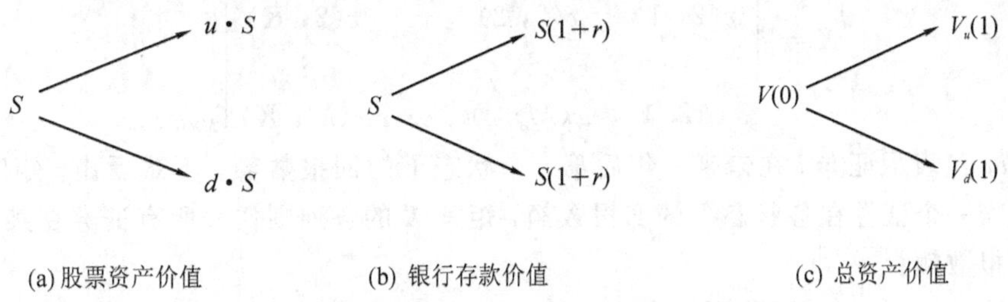

图 10.1　资产组合中各资产未来的价值

当 $d<(1+r)<u$ 时，易知

$$V_u(1) > 0, \quad V_d(1) < 0$$

因此不满足套利的条件 $V(1)\geqslant 0$，故市场无套利机会。

反之，若 $(1+r)<d<u$，则有 $V_u(1)>0$，$V_d(1)>0$，此时满足套利的条件，即在期初资产总值为零的情况下，未来时刻资产总值为正；同理可得，若 $d<u<(1+r)$，则存在套利机会。

需要说明的是，无套利条件与股票资产价格上涨/下跌的概率取值无关，只与在 $V(0)=0$的情况下，未来时刻 $V(1)\geqslant 0$ 成立与否有关。

第二节　市场的完备性和状态价格

本节介绍市场完备性(market completeness)和状态价格(state price)的概念。假设金融市场上 M 个不同的证券，其编号分别为 1，2，…，M，其中编号为 1 的证券是银行账户，按年以固定的无风险利率 r 获得利息；其余证券均是有风险资产。

一、市场的完备性

记列向量 $\boldsymbol{h}(0)$表示期初资产组合中各证券的头寸数量，记列向量 $\boldsymbol{S}(0)$表示期初这些证券的价格，即

$$\boldsymbol{h}(0)=\begin{bmatrix}h_1(0)\\h_2(0)\\\vdots\\h_M(0)\end{bmatrix}_{M\times1},\quad \boldsymbol{S}(0)=\begin{bmatrix}S_1(0)\\S_2(0)\\\vdots\\S_M(0)\end{bmatrix}_{M\times1}$$

对 $\boldsymbol{h}$ 与 $\boldsymbol{S}$ 取内积，可得到期初资产组合的价值，即

$$V(0)=\boldsymbol{h}(0)\cdot\boldsymbol{S}(0)=\sum_{i=1}^{M}h_i(0)S_i(0)$$

由于未来资产价格的不确定性，假设在未来一年后 M 个证券均有相应的回报(payoff)，并且所有的回报均有 K 种可能的状态(state)，于是可以将这些可能的回报以矩阵 $\boldsymbol{X}$ 来表示，即

$$\boldsymbol{X}=\begin{bmatrix}x(1,1)&x(1,2)&\cdots&x(1,K)\\x(2,1)&x(2,2)&\cdots&x(2,K)\\\vdots&\vdots&&\vdots\\x(M,1)&x(M,2)&\cdots&x(M,K)\end{bmatrix}_{M\times K}$$

其中，$x(i,j)$表示证券 i 在未来一年后第 j 个状态下的回报数额。不难看出，矩阵 $\boldsymbol{X}$ 的各行分别代表一个证券在各状态下的回报数额，矩阵 $\boldsymbol{X}$ 的各列则代表所有证券在某个状态下各自的回报数额。

将 $\boldsymbol{h}(0)$与 $\boldsymbol{X}$ 的每一列分别做内积运算，得到未来各状态下资产组合的回报总额，即

$$\boldsymbol{h}(0)^{\mathrm{T}}\boldsymbol{X}=[h_1(0)\quad h_2(0)\quad\cdots\quad h_M(0)]\begin{bmatrix}x(1,1)&x(1,2)&\cdots&x(1,K)\\x(2,1)&x(2,2)&\cdots&x(2,K)\\\vdots&\vdots&&\vdots\\x(M,1)&x(M,2)&\cdots&x(M,K)\end{bmatrix}$$

$$=\begin{bmatrix}q_1(1)\\q_2(1)\\\vdots\\q_K(1)\end{bmatrix}=\boldsymbol{q}(1)$$

其中，$\boldsymbol{h}(0)^{\mathrm{T}}$ 是列向量 $\boldsymbol{h}(0)$的转置；$\boldsymbol{q}(1)$是由资产组合未来在各状态下回报数额所构成的列向量，并且

$$q_j(1)=\sum_{i=1}^{M}h_i(0)x(i,j),\quad j=1,2,\cdots,K$$

例 10.1(两状态市场) 假设金融市场有两个证券以及两个状态，相应的回报矩阵为

$$\boldsymbol{X}=\begin{bmatrix}1.1&1.1\\0&1\end{bmatrix}$$

假设两个证券当前时刻的价格分别为 1.09 和 1。则该市场是否存在套利机会？

解 建立一个资产组合，其中包含的两个证券的份额分别为 h_1 和 h_2，因此

$$\boldsymbol{h}(0)=\begin{bmatrix}h_1\\h_2\end{bmatrix},\quad \boldsymbol{S}(0)=\begin{bmatrix}1.09\\1\end{bmatrix}$$

从而

$$\boldsymbol{h}(0)^{\mathrm{T}}\boldsymbol{X}=\begin{bmatrix}1.1h_1\\1.1h_1+h_2\end{bmatrix},\quad V(0)=\boldsymbol{S}(0)\cdot\boldsymbol{h}(0)=\boldsymbol{h}(0)\boldsymbol{S}(0)^{\mathrm{T}}=1.09h_1+h_2$$

因此，当前时刻资产组合的价值为 $1.09h_1+h_2$，未来时刻资产组合的价值可能为 $1.1h_1$ 或 $1.1h_1+h_2$。

若 $h_1>0$ 并且 $h_2<0$，则有可能出现如下情形：

$$1.09h_1+h_2<0,\quad \begin{cases}1.1h_1>0\\1.1h_1+h_2\geqslant 0\end{cases}$$

此时资产组合存在套利机会，且套利的条件为

$$-1.1h_1<h_2<-1.09h_1,\quad h_1>0$$

根据线性代数的知识，回报矩阵 $\boldsymbol{X}$ 的秩(rank)的取值为

$$\operatorname{rank}(\boldsymbol{X})\leqslant\min[M,K]$$

这里需要分情况予以讨论。

(一) $M>K$

当 $M>K$ 时，证券的数量大于可能的状态数量，此时必然有某些证券的行向量(回报向量)可以被其他证券的回报向量线性表示。这样的回报向量可被线性表示的证券称为冗余证券(redundant securities)，对应的 $\operatorname{rank}(\boldsymbol{X})\leqslant K$。所谓的冗余证券意味着它们可以通过市场上的其他证券复制出来。此时的市场是完备的(complete market)。

特别地，如果 $\operatorname{rank}(\boldsymbol{X})=K$，则矩阵 $\boldsymbol{X}$ 是列满秩的，此时市场上有 $(M+1-K)$ 个证券是冗余证券。在此基础上有一个典型的向量空间基底，称之为阿罗-德布鲁证券(Arrow-Debreu securities)，也称状态或有权益(state contingent claims)。其回报矩阵为

$$\boldsymbol{I}_K=\begin{bmatrix}1&&\\&\ddots&\\&&1\end{bmatrix}_{K\times K}$$

从中不难看出，阿罗-德布鲁证券的回报矩阵是一个 K 阶单位阵。这意味着该证券仅在未来的某一个特定状态下回报为 1，其余状态下回报均为零。并且阿罗-德布鲁证券之间是线性无关的。

假设由六个证券所组成的一组证券，其中每个证券的状态对应骰子的一个点数。对于第 $i(i=1, 2, \cdots, 6)$ 个证券而言，当扔出的骰子点数恰好也为 i 时，其回报数额为 1，否则为零。这样所得到的证券回报矩阵就是一个 6 阶的单位阵，而相应的这些证券就可以看作一组阿罗-德布鲁证券。

(二) $M\leqslant K$

当 $M<K$ 时，证券的数量小于可能的状态数量。若 $\operatorname{rank}(\boldsymbol{X})=M$，则矩阵 $\boldsymbol{X}$ 是行满秩的，此时有 $(K-M)$ 个状态无法被现有的证券所覆盖(spanned)，此时的市场是不完备

(incomplete)的。因此，需要在原先的基础上，再补充$(K-M)$个线性无关的衍生产品，这样才能满足市场的完备性。另一方面，$\boldsymbol{X}$ 行满秩也说明了这些已有的 M 个证券之间是线性无关的，因此市场无套利的机会。

特别地，当矩阵 $\boldsymbol{X}$ 是方阵$(M=K)$且满秩时，市场完备且无套利机会。

二、状态价格

定义 10.4 列向量 $\boldsymbol{s}$ 中的所有取值 $s_1, s_2, \cdots, s_K$ 均严格为正，并且满足

$$\boldsymbol{S}(0) = X\boldsymbol{s} \tag{10.5}$$

则称 $\boldsymbol{s}$ 是状态价格向量(state price vector)。

将式(10.5)展开，可得

$$\begin{bmatrix} S_1(0) \\ S_2(0) \\ \vdots \\ S_M(0) \end{bmatrix}_{M\times 1} = \begin{bmatrix} x(1,1) & x(1,2) & \cdots & x(1,K) \\ x(2,1) & x(2,2) & \cdots & x(2,K) \\ \vdots & \vdots & & \vdots \\ x(M,1) & x(M,2) & \cdots & x(M,K) \end{bmatrix}_{M\times K} \begin{bmatrix} s_1 \\ s_2 \\ \vdots \\ s_K \end{bmatrix}_{K\times 1} \tag{10.6}$$

从中不难看出，状态价格 s_i 相当于一个权重，使得当前资产的价格等于未来所有可能回报的加权之和。

(一) 状态价格与阿罗-德布鲁证券

定理 10.3 对于阿罗-德布鲁证券而言，其价格就是状态价格。

证明 根据状态价格的定义，可知其满足

$$\boldsymbol{S}(0) = \boldsymbol{X}\boldsymbol{s}$$

由于阿罗-德布鲁证券的回报矩阵是 K 维单位阵 $\boldsymbol{I}_K$，因此

$$\boldsymbol{S}(0) = \boldsymbol{I}_K\boldsymbol{s} = \boldsymbol{s}$$

状态价格可以看作是组成市场中任何证券的基本工具。根据证券各状态下的回报数额，可以构造出对应的阿罗-德布鲁证券的线性组合，由此可相应得到该证券的当前价格。例如，对于一个五状态的市场，若其中的一个证券未来时刻的回报可能为$\{0, -2, 3, -1.5, 4\}$，则可以利用对应阿罗-德布鲁证券的状态价格$\{s_1, s_2, s_3, s_4, s_5\}$得到相应的组合为

$$S(0) = \begin{bmatrix} 0 & -2 & 3 & -1.5 & 4 \end{bmatrix} \begin{bmatrix} s_1 \\ \vdots \\ s_5 \end{bmatrix} = 0 \cdot s_1 - 2 \cdot s_2 + 3 \cdot s_3 - 1.5 \cdot s_4 + 4 \cdot s_5$$

即一份该证券的多头合约可以拆分成以下五个部分：

(1) 0 份证券 1；

(2) 2 份证券 2 的空头；

(3) 3 份证券 3 的多头；

(4) 1.5 份证券 4 的空头；

(5) 4 份证券 5 的多头。

将这些阿罗-德布鲁证券的状态价格与数量相乘后再加总，得到的就是该证券的当前价格 $S(0)$。

（二）状态价格与风险中性概率

由于证券 1 是银行账户，因此其未来时刻的回报数额是定值$(1+r)$，因此

$$x(1, i) = 1 + r, \quad i = 1, 2, \cdots, K$$

将之代入式(10.6)，可得

$$1 = (1+r)(s_1 + s_2 + \cdots + s_K)$$

从而有

$$s_1 + s_2 + \cdots + s_K = \sum_{i=1}^{K} s_i = \frac{1}{1+r} \tag{10.7}$$

记 π_i 满足

$$\pi_i = \frac{s_i}{\sum_{i=1}^{K} s_i} = (1+r)s_i \Rightarrow s_i = \frac{\pi_i}{1+r}$$

注意　此处的 π_i 相当于对状态价格 s_i 进行了归一化处理。由于 $s_i > 0$，并且 $\sum_i \pi_i \equiv 1$，因此 π_i 类似于概率。记 π_i 组成的列向量为 $\boldsymbol{\pi}$，其满足

$$\boldsymbol{S}(0) = \boldsymbol{Xs} = \frac{1}{1+r}\boldsymbol{X\pi} = \boldsymbol{X}^* \boldsymbol{\pi} \tag{10.8}$$

于是

$$\begin{bmatrix} S_1(0) \\ S_2(0) \\ \vdots \\ S_M(0) \end{bmatrix}_{M\times 1} = \begin{bmatrix} \dfrac{x(1, 1)}{1+r} & \dfrac{x(1, 2)}{1+r} & \cdots & \dfrac{x(1, K)}{1+r} \\ \dfrac{x(2, 1)}{1+r} & \dfrac{x(2, 2)}{1+r} & \cdots & \dfrac{x(2, K)}{1+r} \\ \vdots & \vdots & & \vdots \\ \dfrac{x(M, 1)}{1+r} & \dfrac{x(M, 2)}{1+r} & \cdots & \dfrac{x(M, K)}{1+r} \end{bmatrix}_{M\times K} \begin{bmatrix} \pi_1 \\ \pi_2 \\ \vdots \\ \pi_K \end{bmatrix}_{K\times 1} \tag{10.9}$$

其中，$\boldsymbol{X}^*$ 是贴现的回报矩阵(discounted payoff matrix)。

由此可见，当前时刻资产的价格，等于未来时刻可能回报数额贴现值的期望，其中期望计算中使用的概率为 π_i，即

$$S_i(0) = \sum_{j=1}^{K} \pi_i \left[\frac{x(i, j)}{1+r}\right] = \frac{1}{1+r}\sum_{j=1}^{K} \pi_i x(i, j) = \frac{1}{1+r}E^*[x(i)] \tag{10.10}$$

其中，$E^*[\cdot]$表示以 $\boldsymbol{\pi}$ 为概率分布的期望值。需要说明的是，此处的 $\boldsymbol{\pi}$ 是构造出的概率分布(synthetic probability distribution)，并非实际市场中各状态下对应的概率。此处的概率就是所谓的风险中性概率(risk neutral probability)，相应的概率测度通常记作 Q，以将其与实际市场上资产价格变动的概率测度 P 相区分。且在此概率测度下，任何资产的未来价格期望值的贴现均等于其当前时刻的价格，不受资产风险大小的影响。

（三）状态价格与无套利条件

状态价格向量 $\boldsymbol{s}$、回报矩阵 $\boldsymbol{X}$ 与当前资产价格向量 $\boldsymbol{S}(0)$之间的关系式为

$$\boldsymbol{S}(0) = \boldsymbol{Xs}$$

据此给出资产定价第一基本定理(first fundamental theorem of asset pricing)。

定理 10.4(资产定价第一基本定理) 资产组合不存在套利机会的充分必要条件是存在严格为正的状态价格向量 $\boldsymbol{s}$，其满足

$$\boldsymbol{S}(0)=\boldsymbol{X}\boldsymbol{s}$$

即存在 $\boldsymbol{s}=[s_1 \quad s_2 \quad \cdots \quad s_K]^{\mathrm{T}}$，其中的任意状态价格 $s_i>0$，$i=1, 2, \cdots, K$，其满足

$$S_j(0)=\sum_{i=1}^{K} x(j, i)s_i, \quad j=1, 2, \cdots, M$$

该定理不作证明，接下来以前面的例 10.1 来验证该定理的成立。

例 10.1(续) 假设金融市场有两个证券以及两个状态，相应的回报矩阵为

$$\boldsymbol{X}=\begin{bmatrix}1.1 & 1.1\\ 0 & 1\end{bmatrix}$$

假设两个证券当前时刻的价格分别为 1.09 和 1，则该市场是否存在套利机会？

解 由题意可知 $\boldsymbol{S}(0)=[1.09 \quad 1]^{\mathrm{T}}$，根据 $\boldsymbol{S}(0)=\boldsymbol{X}\boldsymbol{s}$，可以得到

$$\boldsymbol{s}=\boldsymbol{X}^{-1}\boldsymbol{S}(0)=\begin{bmatrix}1.1 & 1.1\\ 0 & 1\end{bmatrix}^{-1}\begin{bmatrix}1.09\\ 1\end{bmatrix}=\frac{1}{1.1}\begin{bmatrix}-0.01\\ 1.1\end{bmatrix}=\begin{bmatrix}-0.0091\\ 1\end{bmatrix}$$

从中不难看出，两个状态价格中，$s_1=-0.0091<0$，不满足资产定价第一基本定理中关于无套利的条件，因此该市场存在套利机会。

第三节 风险中性和测度变换

风险中性概率测度 Q 和实际概率测度 P 是等价(equivalent)的，通常记作 $P\sim Q$，这意味着在 K 个状态$\{\omega_1, \omega_2, \cdots, \omega_K\}$中，以下关系一定成立：

$$\begin{cases}P(\omega_i)>0 \Leftrightarrow Q(\omega_i)>0\\ P(\omega_i)=0 \Leftrightarrow Q(\omega_i)=0\end{cases}, \quad i=1, 2, \cdots, K \tag{10.11}$$

取对应状态下的两个概率之比，并记作 $L(\omega)$，因此

$$L(\omega)=\frac{Q(\omega)}{P(\omega)} \tag{10.12}$$

另外，将测度 Q 和 P 下的期望值分别记作 E^Q 和 E^P，于是有

$$E^P[L(\omega)]=\sum_{i=1}^{K}P(\omega_i)L(\omega_i)=\sum_{i=1}^{K}P(\omega_i)\frac{Q(\omega_i)}{P(\omega_i)}=\sum_{i=1}^{K}Q(\omega_i)\equiv 1 \tag{10.13}$$

由此可见，随机变量 $L(\omega)$在测度 P 下的期望值为 1。

一、Radon-Nikodym 导数

本节将研究的问题由离散状态空间过渡到连续状态空间中。在连续情形中，$P(\omega)$和 $Q(\omega)$已经没有意义，因为它们的取值通常为零。于是采用微分方式重新表述为

$$L(t)=\frac{\mathrm{d}Q}{\mathrm{d}P} \tag{10.14}$$

这里的 $L(t)$称作拉东-尼柯迪姆导数(Radon-Nikodym derivative)，它是一个新的随机过程。通过它可以进行概率测度之间的转换。

此处以布朗运动为例，说明这种测度的变换产生的效果。第八章的附录介绍了矩母函数的概念。对于测度 P 下的随机变量 X，假设其服从均值为 μ、方差为 σ^2 的正态分布，则相应的矩母函数为

$$E^P(e^{\theta X}) = \exp\left(\theta\mu + \frac{1}{2}\theta^2\sigma^2\right) \tag{10.15}$$

因此，对于测度 P 下的标准布朗运动 $W(t)$，其对应的矩母函数为

$$E^P(e^{\theta W(t)}) = \exp\left(\frac{1}{2}\theta^2 t\right) \tag{10.16}$$

假设对应的 Radon-Nikodym 导数为

$$\frac{dQ}{dP} = \exp\left[-\gamma W(t) - \frac{1}{2}\gamma^2 t\right] > 0$$

以此为基础，计算在测度 Q 下的 $W(t)$ 对应的矩母函数，具体为

$$\begin{aligned} E^Q(e^{\theta W(t)}) &= E^P\left(\frac{dQ}{dP}e^{\theta W(t)}\right) = E^P\left[\exp\left(-\gamma W(t) - \frac{1}{2}\gamma^2 t + \theta W(t)\right)\right] \\ &= \exp\left(-\frac{1}{2}\gamma^2 t\right)E^P\left[e^{(\theta-\gamma)W(t)}\right] \\ &= \exp\left(-\frac{1}{2}\gamma^2 t\right)\exp\left[\frac{1}{2}(\theta-\gamma)^2 t\right] = \exp\left(\frac{1}{2}\theta^2 t - \gamma\theta t\right) \end{aligned} \tag{10.17}$$

由此可得

$$E^Q[W(t)] = -\gamma t, \quad \mathrm{Var}^Q[W(t)] = t$$

因此在测度 Q 下：

$$W(t) \sim N(-\gamma t, t)$$

令 $\widetilde{W}(t) = \gamma t + W(t)$，则在测度 Q 下：

$$\widetilde{W}(t) \sim N(0, t)$$

可见，在测度 P 下 $W(t)$ 是标准布朗运动；而在测度 Q 下，$\widetilde{W}(t)$ 是标准布朗运动。原先的标准布朗运动在经过测度变换后，多了一个漂移项($-\gamma t$)，但是方差 t 未发生改变。由此引入测度变换的重要定理——哥萨诺夫定理(Girsanov theorem)。

二、Girsanov 定理

定理 10.5(Girsanov 定理)　对于测度 P 下的布朗运动 $W(t)$，假如有一个过程 $\gamma(t)$ 满足以下 Novikov 条件

$$E^P\left[\exp\left(\frac{1}{2}\int_0^T \gamma^2(t)dt\right)\right] < \infty$$

则存在一个与 P 等价的测度 Q，使得 $\widetilde{W}(t)$ 是测度 Q 下的布朗运动，并且

$$\widetilde{W}(t) = W(t) + \int_0^t \gamma(s)ds \tag{10.18}$$

联系两个测度的 Radon-Nikodym 导数的表达式为

$$L(t) = \frac{dQ}{dP} = \exp\left(-\int_0^t \gamma(s)dW(s) - \frac{1}{2}\int_0^t \gamma^2(s)ds\right) \tag{10.19}$$

由此可见，前面的例子可以看作该定理在 γ 取值为常数时的特例。本书对 Girsanov 定理不作证明，但是可从该定理中得到一些重要的结论。

（一）Radon-Nikodym 导数 $L(t)$ 的性质

记

$$X(t)=-\int_0^t\gamma(s)\mathrm{d}W(s)-\frac{1}{2}\int_0^t\gamma^2(s)\mathrm{d}s$$

于是

$$\mathrm{d}X(t)=-\gamma(t)\mathrm{d}W(t)-\frac{1}{2}\gamma^2(t)\mathrm{d}t$$

根据伊藤引理，可得

$$\begin{aligned}\mathrm{d}L(t)&=L_X\mathrm{d}X+\frac{1}{2}L_{XX}(\mathrm{d}X)^2\\&=L(t)\left[-\gamma(t)\mathrm{d}W(t)-\frac{1}{2}\gamma^2(t)\mathrm{d}t\right]+\frac{1}{2}L(t)\gamma^2(t)\mathrm{d}t\\&=-L(t)\gamma(t)\mathrm{d}W(t)\end{aligned}\tag{10.20}$$

由此可见，Radon-Nikodym 导数 $L(t)$ 的微分表达式中没有漂移项，因此 $L(t)$ 是测度 P 下的鞅。

另外，由于 $t=0$ 时，$L(t)=1$。因此根据鞅的性质，可得

$$E^P[L(t)]=1\tag{10.21}$$

此结果与式(10.13)中的结论完全一致，不同之处在于式(10.13)对应的是离散状态空间，而式(10.21)则对应连续状态空间。

（二）$L(t)\widetilde{W}(t)$ 的性质

根据式(10.18)可得

$$\mathrm{d}\widetilde{W}(t)=\mathrm{d}W(t)+\gamma(t)\mathrm{d}t$$

利用伊藤乘法法则，可得

$$\begin{aligned}\mathrm{d}(L(t)\widetilde{W}(t))&=L(t)\mathrm{d}\widetilde{W}(t)+\widetilde{W}(t)\mathrm{d}L(t)+\mathrm{d}L(t)\mathrm{d}\widetilde{W}(t)\\&=L(t)[\mathrm{d}W(t)+\gamma(t)\mathrm{d}t]+\widetilde{W}(t)[-L(t)\gamma(t)\mathrm{d}W(t)]+\\&\quad[-L(t)\gamma(t)\mathrm{d}W(t)][\mathrm{d}W(t)+\gamma(t)\mathrm{d}t]\\&=L(t)\mathrm{d}W(t)+L(t)\gamma(t)\mathrm{d}t-L(t)\widetilde{W}(t)\gamma()\mathrm{d}W(t)-L(t)\gamma(t)\mathrm{d}t\\&=[1-\widetilde{W}(t)\gamma(t)]L(t)\mathrm{d}W(t)\end{aligned}\tag{10.22}$$

由此可见，$L(t)\widetilde{W}(t)$ 在测度 P 下是鞅。

（三）Girsanov 定理在金融中的应用

通过 Girsanov 定理，可以将测度 P 下不是鞅的过程通过转换测度的方式，最终实现在测度 Q 下是鞅的结果。这一点对于金融工程中衍生品的定价至关重要，因为满足鞅条件的过程是无套利的。接下来以 Black-Scholes 模型为例，介绍该方法在期权定价上的应用。

首先，在 Black-Scholes 模型中假定股票价格的变动服从几何布朗运动，即

$$\frac{\mathrm{d}S(t)}{S(t)}=\mu\mathrm{d}t+\sigma\mathrm{d}W(t)\tag{10.23}$$

根据伊藤引理可得

$$\mathrm{d}\ln S(t)=\left(\mu-\frac{1}{2}\sigma^2\right)\mathrm{d}t+\sigma\mathrm{d}W(u)$$

因此

$$S(t)=S(0)\exp\left[\left(\mu-\frac{1}{2}\sigma^2\right)t+\sigma W(t)\right]$$

考虑 $S(t)$的贴现过程 $Z(t)$，即

$$Z(t)=\frac{S(t)}{B(t)}=\frac{S(t)}{\mathrm{e}^{rt}}=Z(0)\exp\left[\left(\mu-r-\frac{1}{2}\sigma^2\right)t+\sigma W(t)\right]$$

因此，根据伊藤引理可得

$$\mathrm{d}Z(t)=(\mu-r)Z(t)\mathrm{d}t+\sigma Z(t)\mathrm{d}W(t)$$
$$\mathrm{d}Z(t)=Z(t)[(\mu-r)\mathrm{d}t+\sigma\mathrm{d}W(t)]$$
$$\mathrm{d}Z(t)=\sigma Z(t)\left[\left(\frac{\mu-r}{\sigma}\right)\mathrm{d}t+\mathrm{d}W(t)\right]$$

此处的 $W(t)$是测度 P 下的标准布朗运动。因此令 $\gamma(t)=(\mu-r)/\sigma$，于是 $\widetilde{W}(t)$在测度 Q 下是标准布朗运动，并且

$$\mathrm{d}\widetilde{W}(t)=\gamma(t)\mathrm{d}t+\mathrm{d}W(t)=\left(\frac{\mu-r}{\sigma}\right)\mathrm{d}t+\mathrm{d}W(t) \tag{10.24}$$

将式(10.24)代入式(10.23)中，从而可得

$$\frac{\mathrm{d}S(t)}{S(t)}=\mu\mathrm{d}t+\sigma\left[\mathrm{d}\widetilde{W}(t)-\frac{\mu-r}{\sigma}\mathrm{d}t\right]=r\mathrm{d}t+\sigma\mathrm{d}\widetilde{W}(t) \tag{10.25}$$

由此可见，在风险中性测度 Q 下，股票价格的变动服从漂移率为无风险利率的几何布朗运动。另外，如果考虑资产价格的贴现过程 $Z(t)=\mathrm{e}^{-rt}S(t)$，同样可得

$$\begin{aligned}\mathrm{d}Z(t)&=\mathrm{d}[\mathrm{e}^{-rt}S(t)]=\mathrm{e}^{-rt}\mathrm{d}S(t)-\mathrm{e}^{-rt}S(t)r\mathrm{d}t\\&=\mathrm{e}^{-rt}[rS(t)\mathrm{d}t+\sigma S(t)\mathrm{d}\widetilde{W}(t)-S(t)r\mathrm{d}t]\\&=\mathrm{e}^{-rt}\sigma S(t)\mathrm{d}\widetilde{W}(t)=\sigma Z(t)\mathrm{d}\widetilde{W}(t)\end{aligned} \tag{10.26}$$

在风险中性测度下，资产价格的贴现过程 $Z(t)$只受标准布朗运动 $\widetilde{W}(t)$的影响，而标准布朗运动是鞅，因此，在风险中性测度 Q 下，资产价格的贴现过程是鞅。正因如此，风险中性测度 Q 也称作等价鞅测度(equivalent martingale measure，EMM)。需要说明的是，该结论在离散时间的情形下仍然成立，本章附录 B 给出了相应的证明。

本章附录

附录 A　贝特朗悖论与概率测度

贝特朗悖论是法国学者贝特朗于 1899 年针对几何概率提出的，该悖论的表述如下：在一个圆内任意选一条弦，这条弦的弦长长于这个圆的内接等边三角形的边长的概率是多少?

该问题有三个不同的结果，分别如下：

(1) 由于对称性，可预先指定弦的方向。作垂直于此方向的直径，只有交直径于 1/4 点与 3/4 点间的弦，其长度才大于内接正三角形的边长。所有交点是等可能的，则所求概率为 1/2。此时假定弦的中心在直径上均匀分布。

(2) 由于对称性，可预先固定弦的一端。仅当弦与过此端点的切线的交角在 $\pi/3\sim2\pi/3$ 之间，其长度才合乎要求。所有的方向是等可能的，则所求概率为 1/3。此时假定端点在圆周上均匀分布。

(3) 弦被其中点位置唯一确定。只有当弦的中点落在半径缩小了一半的同心圆内，其长度才合乎要求。中点位置都是等可能的，则所求概率为 1/4。此时假定弦长被其中心唯一确定。

三个不同结果的图形化展示如图 10.2 所示。

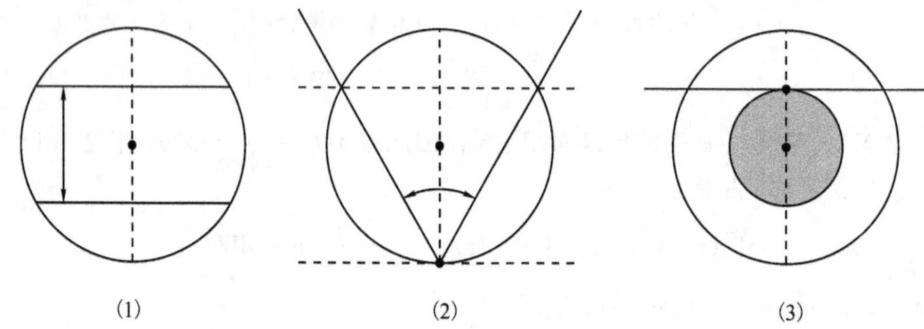

图 10.2　三个不同结果的图形化展示

按照几何概率的定义进行计算，可以求得 3 个不同的概率，这与概率的性质是背道而驰的。这就是著名的“贝特朗悖论”，该悖论的矛头直指几何概率的概念本身。贝特朗悖论说明原来关于概率的定义带有很大的局限性，迫切需要一种公理化的体系改造概率论。1933 年，前苏联数学家柯尔莫哥洛夫提出了概率的公理化体系，将测度论引入概率论中，该问题才得到了完美的解释。

附录 B　离散时间下风险中性测度和鞅的关系

第七章基于无套利方法，在离散时间下研究了期权的定价问题，并在此过程中构造了风险中性概率。此处基于风险中性概率所构成的 Q 测度，阐述其与鞅的关系。根据第七章中的式(7.7)，可得

$$S(0)=\frac{1}{1+r}\cdot E^{Q}[S(1)],\ V(0)=\frac{1}{1+r}\cdot E^{Q}[V(1)] \tag{10.27}$$

其中，$S(0)$和 $V(0)$分别表示当前时刻标的资产(股票)与其衍生品的价格，$S(1)$和 $V(1)$分别表示未来一期标的资产与其衍生品的价格，$E^{Q}[\cdot]$表示风险中性测度下的期望。此处的公式说明：当前时刻标的资产与其衍生品的价格，等于其未来一期各自价格在风险中性测度 Q 下期望值的贴现。

记 $B(t)=(1+r)^{t}$ 是 0 时刻 1 单位的无风险资产在 t 时刻的价值，则 $S(t)/B(t)$ 称为 t 时刻资产的贴现价格(discounted price)。相应地，式(10.27)可以改写为

$$\frac{S(0)}{B(0)} = E^{Q}\left[\frac{S(1)}{B(1)}\right] = E^{Q}\left[\frac{S(1)}{B(1)} \mid \mathcal{F}(0)\right]$$

$$\frac{V(0)}{B(0)} = E^{Q}\left[\frac{V(1)}{B(1)}\right] = E^{Q}\left[\frac{V(1)}{B(1)} \mid \mathcal{F}(0)\right] \tag{10.28}$$

从中不难得到，风险中性测度 Q 下，以标的资产及其衍生品为代表的风险资产之贴现价格是鞅。以下证明在风险中性测度下，对任意时刻 n，风险资产的贴现价格是鞅。

证明 假设标的资产在 n 时刻的价格为 $S(n)$，其贴现价格记作 $Y(n)$，即

$$Y(n) = \frac{S(n)}{(1+r)^n}$$

要证明 $Y(n)$ 是 Q-鞅，就是要证明

$$E^{Q}[Y(n+1) \mid \mathcal{F}(n)] = Y(n)$$

成立，因此

$$\begin{aligned} E^{Q}[Y(n+1) \mid \mathcal{F}(n)] &= E^{Q}\left[\frac{S(n+1)}{(1+r)^{n+1}} \middle| \mathcal{F}(n)\right] \\ &= \frac{1}{(1+r)^n} \cdot \frac{1}{1+r} E^{Q}[S(n+1) \mid \mathcal{F}(n)] \\ &= \frac{1}{(1+r)^n} \cdot \frac{1}{1+r}[q \cdot uS(n) + (1-q) \cdot \mathrm{d}S(n)] \end{aligned}$$

由于风险中性测度下[①]

$$q = \frac{(1+r)-d}{u-d}$$

因此

$$q \cdot u + (1-q) \cdot d = q(u-d) + d = 1+r$$

最终可得

$$E^{Q}[Y(n+1) \mid \mathcal{F}(n)] = \frac{1}{(1+r)^n} \cdot \frac{1}{1+r}(1+r)S(n) = \frac{1}{(1+r)^n} S(n) = Y(n)$$

因此标的资产的贴现价格 $Y(n)$ 是 Q-鞅。类似地，可以证明衍生品的贴现价格 $V(n)/(1+r)^n$ 也是 Q-鞅。

除了风险资产之外，无风险资产的贴现价格在风险中性测度下同样是鞅，证明过程如下。

证明 假设无风险资产在 n 时刻的价格为 $B(n)=(1+r)^n$，其贴现价格记作 $Z(n)$，则有

$$Z(n) = \frac{B(n)}{(1+r)^n} = 1$$

由此可见，$Z(n)$ 是常数，根据鞅的性质可知 $Z(n)$ 是鞅。因此，无风险资产的贴现价格 $Z(n)$ 也是 Q-鞅。

习 题

1. 考虑一个三资产、三状态的金融市场，其回报矩阵 $\boldsymbol{X}$ 为

---

① 此处为了叙述上的一致性，使用普通的复利表示，与第七章中的连续复利表示方式稍有不同。

$$\boldsymbol{X}=\begin{bmatrix}23 & 33 & 9\\ 15 & 19 & 21\\ 7 & 5 & 33\end{bmatrix}$$

请问：该市场是否完备？若不完备，请根据其中的两个资产复制出第三个资产。

2. 考虑一个两资产、三状态的金融市场，其中的资产 A 和 B 是两种无法相互复制的可交易资产，当前 0 时刻的价格分别为 8 元和 9 元。假设它们在 1 时刻三种状态下的回报分别为(10，8，0)和(8，12，0)，求在 1 时刻到期、行权价格为 7、标的资产为 A 的看涨期权在当前时刻 0 的价格。

3. 考虑以下三资产、三状态的金融市场，其当前的价格向量为

$$\boldsymbol{S}(0)=[1\quad 5\quad 10]^{\mathrm{T}}$$

相应的回报矩阵 $\boldsymbol{X}$ 为

(1) $\boldsymbol{X}=\begin{bmatrix}1 & 1 & 1\\ 1 & 6 & 15\\ 12 & 8 & 6\end{bmatrix}$；

(2) $\boldsymbol{X}=\begin{bmatrix}1 & 1 & 1\\ 4 & 6 & 8\\ 12 & 8 & 4\end{bmatrix}$；

(3) $\boldsymbol{X}=\begin{bmatrix}1 & 1 & 1\\ 3 & 5 & 5\\ 10 & 10 & 15\end{bmatrix}$

请问：上述三种情形是否存在套利机会？如果有，请指出。

4. 假设无风险资产的价格变动服从如下微分方程：

$$\mathrm{d}B(t)=r(t)B(t)\mathrm{d}t$$

并且假设标的资产 $S(t)$ 满足如下几何布朗运动：

$$\mathrm{d}S(t)=\mu(t)S(t)\mathrm{d}t+\sigma(t)S(t)\mathrm{d}W(t)$$

其中，$W(t)$ 是 P 测度下的标准布朗运动，请利用 Girsanov 定理，给出风险中性测度 Q 下的标准布朗运动 $\widetilde{W}(t)$ 的表达式。

提示：根据微分方程，假设无风险资产在 0 时刻的价格为 1，则其在 t 时刻的价格为 $B(t)=\exp\left[\int_0^t r(u)\mathrm{d}u\right]$，相应标的资产价格的贴现就是 $S(t)/B(t)$。

5. 假设无风险资产的价格变动服从如下微分方程

$$\mathrm{d}B(t)=r(t)B(t)\mathrm{d}t$$

并且假设标的资产 $S(t)$ 满足如下算术布朗运动

$$\mathrm{d}S(t)=\mu(t)\mathrm{d}t+\sigma(t)\mathrm{d}W(t)$$

其中，$W(t)$ 是 P 测度下的标准布朗运动，请利用 Girsanov 定理，给出风险中性测度 Q 下的标准布朗运动 $\widetilde{W}(t)$ 的表达式。

第十一章　期权的定价——连续时间模型

本章介绍连续时间下的期权定价问题，并由此最终得到欧式期权的 Black-Scholes 期权定价公式。该模型最早的提出者是布莱克(Fischer Black，见图 11.1 左)与斯科尔斯(Myron Scholes，见图 11.1 中)，后来默顿(Robert C. Merton，见图 11.1 右)在此基础上进行了拓展。最终斯科尔斯与默顿获得了 1997 年的诺贝尔经济学奖，布莱克因病于 1995 年去世，与诺奖无缘。

图 11.1　Black-Scholes 期权定价模型的相关学者(从左至右分别为：Fischer Black，Myron Scholes 和 Robert C. Merton)

第一节　期权与标的资产的对冲

一、标的资产与期权价格变动的随机微分方程

在 Black-Scholes 模型中，假设期权标的资产价格的演化服从几何布朗运动，即

$$dS(t)=\mu S(t)dt+\sigma S(t)dW(t) \tag{11.1}$$

其中，μ 和 σ 均是常数，分别是标的资产 S 的漂移率和波动率，$W(t)$是标准布朗运动。

由于期权由标的资产衍生而来，因此其价格变动受到标的资产价格的影响。因此，记期权的价格为 $f(S(t))$。根据伊藤引理，不难得到

$$\begin{aligned} df &= \frac{\partial f}{\partial t}dt+\frac{\partial f}{\partial S}dS+\frac{1}{2}\frac{\partial^2 f}{\partial S^2}(dS)^2 \\ &= \left(\frac{\partial f}{\partial t}+\mu S\frac{\partial f}{\partial S}+\frac{1}{2}\sigma^2 S^2\frac{\partial^2 f}{\partial S^2}\right)dt+\sigma S\frac{\partial f}{\partial S}dW(t) \end{aligned} \tag{11.2}$$

此处为书写方便，将 $S(t)$和 $f(S(t))$进行了简写。

二、资产组合的对冲

在 Black-Scholes 模型的原始文献中，采用的是将期权与标的资产构成的组合进行对冲的方式，并基于无套利原理，最终得到求解期权价格的方程。

接下来，基于这一思想构造投资组合。假设构造的组合中包含了一份期权，以及 Δ 份标的资产，并将该组合的总价值记为 Π，因此

$$\Pi = f + \Delta S \tag{11.3}$$

于是该资产组合的价值变动为

$$\mathrm{d}\Pi = \mathrm{d}f + \Delta \mathrm{d}S \tag{11.4}$$

将式(11.1)和(11.2)代入式(11.4)，可得

$$\begin{aligned}\mathrm{d}\Pi &= \left(\frac{\partial f}{\partial t} + \mu S\frac{\partial f}{\partial S} + \frac{1}{2}\sigma^2 S^2\frac{\partial^2 f}{\partial S^2}\right)\mathrm{d}t + \sigma S\frac{\partial f}{\partial S}\mathrm{d}W(t) + \Delta[\mu S\mathrm{d}t + \sigma S\mathrm{d}W(t)] \\ &= \left(\frac{\partial f}{\partial t} + \mu S\frac{\partial f}{\partial S} + \frac{1}{2}\sigma^2 S^2\frac{\partial^2 f}{\partial S^2} + \Delta\mu S\right)\mathrm{d}t + \left(\sigma S\frac{\partial f}{\partial S} + \Delta\sigma S\right)\mathrm{d}W(t)\end{aligned} \tag{11.5}$$

令式(11.5)中的 $\mathrm{d}W(t)$ 项取值为零，则

$$\Delta = -\frac{\partial f}{\partial S} \tag{11.6}$$

此时，组合 Π 的价格变动不受随机因素的影响，对应地

$$\mathrm{d}\Pi = \left(\frac{\partial f}{\partial t} + \frac{1}{2}\sigma^2 S^2\frac{\partial^2 f}{\partial S^2}\right)\mathrm{d}t \tag{11.7}$$

最终，投资组合的价值变动仅与时间 t 的变动有关，该组合已经消除了随机因素带来的不确定性。根据无套利定价原理，该投资组合的收益率应该等于无风险利率 r。因此在连续复利计息下，下式成立：

$$\Pi(T) = \Pi(t)\mathrm{e}^{r(T-t)}$$

与之对应的微分方程为

$$\mathrm{d}\Pi = r\Pi\,\mathrm{d}t \tag{11.8}$$

三、Black-Scholes 偏微分方程

将式(11.3)和(11.8)联立，可得

$$\left(\frac{\partial f}{\partial t} + \frac{1}{2}\sigma^2 S^2\frac{\partial^2 f}{\partial S^2}\right)\mathrm{d}t = r\left(f - \frac{\partial f}{\partial S}S\right)\mathrm{d}t$$

最终可得

$$\frac{\partial f}{\partial t} + rS\frac{\partial f}{\partial S} + \frac{1}{2}\sigma^2 S^2\frac{\partial^2 f}{\partial S^2} = rf \tag{11.9}$$

式(11.9)就是著名的 Black-Scholes 偏微分方程(partial differential equation，PDE)。求解该方程，最终得到的 $f(S(t))$ 就是期权的合理价格。

需要说明的是，这个偏微分方程有很多解，为此需要添加必要的边界条件(boundary condition)才有可能得到唯一的解。例如，对于到期时间为 T 的欧式看涨期权来说，该边界条件是 $f(S(T))=\max(S(T)-K,0)$；而对于欧式看跌期权来说，边界条件则为 $f(S(T))=$

max(K－S(T)，0)。

第二节　期权定价模型的求解

一、期权定价的偏微分方程法

本节以欧式看涨期权为例，介绍如何使用偏微分方程的知识推导 Black-Scholes 模型。由上所述，欧式看涨期权 Black-Scholes 偏微分方程及其边界条件分别为

$$\begin{cases}\dfrac{\partial f}{\partial t}+rS\dfrac{\partial f}{\partial S}+\dfrac{1}{2}\sigma^2S^2\dfrac{\partial^2 f}{\partial S^2}=rf\\ f(S(T))=\max(S(T)-K,0)\doteq(S(T)-K)^+=h(S(T))\end{cases}\tag{11.10}$$

上面的方程与物理学中的热传导方程(heat equation)非常相似，对于初值为 $\varphi(x)$ 的热传导方程：

$$\begin{cases}\dfrac{\partial g}{\partial t}(x,t)=k\dfrac{\partial^2 g}{\partial x^2}(x,t),\ t>0\\ f(x,0)=\varphi(x)\end{cases}\tag{11.11}$$

其解为

$$g(x,t)=\int_{-\infty}^{\infty}\varphi(z)\exp\left[-\frac{(x-z)^2}{4kt}\right]\frac{1}{\sqrt{4\pi kt}}\mathrm{d}z,\ t>0\tag{11.12}$$

要将 Black-Scholes 偏微分方程转化成热传导方程，只需进行如下代换：

$$\begin{cases}g(S,t)=\mathrm{e}^{rt}f\left(\exp\left[\sigma S+\left(\dfrac{1}{2}\sigma^2-r\right)t\right],\ T-t\right)\\ g(S,0)=h[\exp(\sigma S)]\end{cases}\tag{11.13}$$

最终 Black-Scholes 偏微分方程变成如下形式：

$$\begin{cases}\dfrac{\partial g}{\partial t}(S,t)=\dfrac{1}{2}\dfrac{\partial^2 g}{\partial S^2}(S,t)\\ g(S,0)=h[\exp(\sigma S)]\end{cases}\tag{11.14}$$

由此可见，Black-Scholes 偏微分方程通过变量代换的方法，可以转变成形如式(11.11)的热传导方程。求解式(11.13)可得

$$\begin{aligned}g(S,t)&=\int_{-\infty}^{\infty}h[\exp(\sigma z)]\exp\left[-\frac{(S-z)^2}{2t}\right]\frac{1}{\sqrt{2\pi t}}\mathrm{d}z\\ &=\int_{-\infty}^{\infty}[\exp(\sigma z)-K]^+\exp\left[-\frac{(S-z)^2}{2t}\right]\frac{1}{\sqrt{2\pi t}}\mathrm{d}z\\ &=\frac{1}{\sqrt{2\pi t}}\int_{\frac{\ln K}{\sigma}}^{\infty}[\exp(\sigma z)-K]\exp\left[-\frac{(S-z)^2}{2t}\right]\mathrm{d}z\\ &=\frac{1}{\sqrt{2\pi t}}\left\{\int_{\frac{\ln K}{\sigma}}^{\infty}\exp\left[-\frac{(S-z)^2}{2t}+\sigma z\right]\mathrm{d}z-K\int_{\frac{\ln K}{\sigma}}^{\infty}\exp\left[-\frac{(S-z)^2}{2t}\right]\mathrm{d}z\right\}\\ &=\exp\left(\sigma S+\frac{1}{2}\sigma^2t\right)N\left(-\frac{\ln K-\sigma S-\sigma^2t}{\sigma\sqrt{t}}\right)-KN\left(-\frac{\ln K-\sigma S}{\sigma\sqrt{t}}\right)\end{aligned}\tag{11.15}$$

令 $M=\exp\left[\sigma S+\left(\frac{1}{2}\sigma^2-r\right)t\right]$，$\tau=T-t$，则

$$f(M,\tau)=\mathrm{e}^{-r(T-\tau)}g\left[\frac{\ln M-\left(\frac{1}{2}\sigma^2-r\right)(T-\tau)}{\sigma},\ T-\tau\right]$$

将 M，τ 分别替换成 S，t，可得

$$f(S,t)=\mathrm{e}^{-r(T-t)}g\left[\frac{\ln S-\left(\frac{1}{2}\sigma^2-r\right)(T-t)}{\sigma},\ T-t\right] \tag{11.16}$$

令 $S'=\dfrac{\ln S-\left(\frac{1}{2}\sigma^2-r\right)(T-t)}{\sigma}$，$t'=T-t$，将式(11.14)代入(11.16)，可得

$$\begin{aligned}
g(S',t')=&\exp\left[\ln S-\left(\frac{1}{2}\sigma^2-r\right)(T-t)+\frac{1}{2}\sigma^2(T-t)\right]\times\\
&N\left[-\frac{\ln K-\ln S+\left(\frac{1}{2}\sigma^2-r\right)(T-t)-\sigma^2(T-t)}{\sigma\sqrt{T-t}}\right]-\\
&KN\left[-\frac{\ln K-\ln S+\left(\frac{1}{2}\sigma^2-r\right)(T-t)}{\sigma\sqrt{T-t}}\right]\\
=&S\mathrm{e}^{r(T-t)}N\left[\frac{\ln(S/K)+\left(r+\frac{1}{2}\sigma^2\right)(T-t)}{\sigma\sqrt{T-t}}\right]-KN\left[\frac{\ln(S/K)+\left(r-\frac{1}{2}\sigma^2\right)(T-t)}{\sigma\sqrt{T-t}}\right]\\
=&S\mathrm{e}^{r(T-t)}N(d_1)-KN(d_2)
\end{aligned}$$

其中

$$d_1=\frac{\ln(S/K)+\left(r+\frac{1}{2}\sigma^2\right)(T-t)}{\sigma\sqrt{T-t}},\quad d_2=\frac{\ln(S/K)+\left(r-\frac{1}{2}\sigma^2\right)(T-t)}{\sigma\sqrt{T-t}}$$

因此

$$\begin{aligned}
f(S,t)&=\mathrm{e}^{-r(T-t)}g(S',t')\\
&=\mathrm{e}^{-r(T-t)}\left[S\mathrm{e}^{r(T-t)}N(d_1)-KN(d_2)\right]\\
&=SN(d_1)-K\mathrm{e}^{-r(T-t)}N(d_2)
\end{aligned} \tag{11.17}$$

这里求得的 $f(S,t)$便是 T 时刻到期的看涨期权在 t 时刻的价格。其中 $N(\cdot)$就是标准正态分布的累积密度函数(cumulative density function，CDF)。

从推导过程不难发现，该方法是基于物理学中热传导方程的一些性质对偏微分方程加以求解。由于推导中多处用到了变量代换，求解过程非常复杂。接下来，介绍一种基于概率相关知识的解法，该方法的求解过程相对简单。

二、期权定价的鞅方法

风险中性概率测度 Q 下，资产价格的贴现值是鞅。基于这一结论，使用鞅方法对欧式看涨期权进行定价。

对于服从几何布朗运动的标的资产而言，在测度 Q 下，其价格演化的随机微分方程中的漂移项即为无风险利率 r，因此

$$dS(t)=rS(t)dt+\sigma S(t)d\widetilde{W}(t) \tag{11.18}$$

其中 $\widetilde{W}(t)$是测度 Q 下的标准布朗运动。根据伊藤引理可得

$$\begin{aligned}S(t)&=S(0)\exp\left[\left(r-\frac{1}{2}\sigma^2\right)t+\sigma\widetilde{W}(t)\right]\\&=S(0)\exp\left[\left(r-\frac{1}{2}\sigma^2\right)t+\sigma\sqrt{t}Z\right]\end{aligned} \tag{11.19}$$

其中 $Z\sim N(0,1)$。

(一) 欧式期权的定价

对于欧式看涨期权而言，其未来到期时的回报数额为 $\max(S(T)-K,0)$，也常常简写为$(S(T)-K)^+$，根据风险中性测度的性质，可得

$$V(0)=e^{-rT}E^Q[V(T)\mid S(0)=S]=e^{-rT}E^Q[(S(T)-K)^+\mid S(0)=S] \tag{11.20}$$

于是

$$\begin{aligned}V(0)&=e^{-rT}\int_{-\infty}^{\infty}\left\{S\exp\left[\left(r-\frac{1}{2}\sigma^2\right)T+\sigma z\sqrt{T}\right]-K\right\}^+f_Z(z)dz\\&=e^{-rT}\int_{z_0}^{\infty}\left\{S\exp\left[\left(r-\frac{1}{2}\sigma^2\right)T+\sigma z\sqrt{T}\right]-K\right\}f_Z(z)dz\end{aligned}$$

需要说明的是，$f_Z(z)$是标准正态分布的概率密度函数，即

$$f_Z(z)=\frac{1}{\sqrt{2\pi}}\exp\left(-\frac{z^2}{2}\right) \tag{11.21}$$

z_0 的计算过程为

$$S\exp\left[\left(r-\frac{1}{2}\sigma^2\right)T+\sigma z_0\sqrt{T}\right]=K$$

$$\left(r-\frac{1}{2}\sigma^2\right)T+\sigma z_0\sqrt{T}=\ln(K/S)$$

$$z_0=\frac{\ln(K/S)-\left(r-\frac{1}{2}\sigma^2\right)T}{\sigma\sqrt{T}} \tag{11.22}$$

于是

$$\begin{aligned}V(0)&=Se^{-rT}\int_{z_0}^{\infty}\exp\left[\left(r-\frac{1}{2}\sigma^2\right)T+\sigma z\sqrt{T}\right]f_Z(z)dz-Ke^{-rT}\int_{z_0}^{\infty}f_Z(z)dz\\&=Se^{-rT}I_1-Ke^{-rT}N(-z_0)\end{aligned} \tag{11.23}$$

其中

$$\begin{aligned}I_1&=\int_{z_0}^{\infty}\exp\left[\left(r-\frac{1}{2}\sigma^2\right)T+\sigma\sqrt{T}z\right]f_Z(z)dz\\&=\int_{z_0}^{\infty}\exp\left[\left(r-\frac{1}{2}\sigma^2\right)T+\sigma\sqrt{T}z\right]\frac{1}{\sqrt{2\pi}}\exp\left(-\frac{1}{2}z^2\right)dz\\&=\frac{1}{\sqrt{2\pi}}\int_{z_0}^{\infty}\exp\left[-\frac{(z-\sigma\sqrt{T})^2}{2}\right]\exp(rT)dz\end{aligned}$$

$$= e^{rT}N(-z_0+\sigma\sqrt{T}) \tag{11.24}$$

最终可得

$$V(0)=SN\left(\frac{\ln(S/K)+\left(r+\frac{1}{2}\sigma^2\right)T}{\sigma\sqrt{T}}\right)-Ke^{-rT}N\left(\frac{\ln(S/K)+\left(r-\frac{1}{2}\sigma^2\right)T}{\sigma\sqrt{T}}\right)$$
$$=SN(d_1)-Ke^{-rT}N(d_2)$$

其中

$$d_1=\frac{\ln(S/K)+\left(r+\frac{1}{2}\sigma^2\right)T}{\sigma\sqrt{T}},\quad d_2=\frac{\ln(S/K)+\left(r-\frac{1}{2}\sigma^2\right)T}{\sigma\sqrt{T}}$$

(二) 两类二元期权的定价

对于欧式看涨型二元期权，当未来标的资产价格超过行权价 K 时，投资者将得到数量为 1 的回报；否则将得不到任何回报。对于这样的期权，其未来时刻的回报函数可以使用示性函数来表示，即

$$\mathbf{1}_{\{S(T)>K\}}=\begin{cases}1, & S(T)>K\\ 0, & S(T)\leqslant K\end{cases} \tag{11.25}$$

当前时刻期权的价格计算公式如下：

$$V(0)=e^{-rT}E^{Q}[\mathbf{1}_{\{S(T)>K\}}\mid S(0)=S] \tag{11.26}$$

根据示性函数的性质，可得

$$\begin{aligned}V(0)&=e^{-rT}Q[S(T)>K\mid S(0)=S]\\&=e^{-rT}Q\left\{S\exp\left[\left(r-\frac{1}{2}\sigma^2\right)T+\sigma\widetilde{W}(T)\right]>K\right\}\\&=e^{-rT}Q\left\{\widetilde{W}(T)>\frac{1}{\sigma}\left[\ln\left(\frac{K}{S}\right)-\left(r-\frac{1}{2}\sigma^2\right)T\right]\right\}\\&=e^{-rT}Q\left\{Z>\frac{1}{\sigma\sqrt{T}}\left[\ln\left(\frac{K}{S}\right)-\left(r-\frac{1}{2}\sigma^2\right)T\right]\right\}\\&=e^{-rT}N\left(\frac{\ln\left(\frac{S}{K}\right)+\left(r-\frac{1}{2}\sigma^2\right)T}{\sigma\sqrt{T}}\right)\end{aligned}$$

因此

$$V(0)=e^{-rT}N(d_2) \tag{11.27}$$

严格意义上说，此处的二元期权属于或有现金形式(cash-or-nothing)的二元期权品种，也就是期权到期时支付固定数额或者不支付任何金额。实际上还有一类或有资产形式(asset-or-nothing)的二元期权，即期权到期时支付标的资产或者不支付任何实物。

假设有一个或有资产形式二元期权的看涨期权，当未来到期时，若标的资产价格 $S(T)$ 大于行权价 K，则期权的买方将得到该标的资产，否则买方则一无所获。因此这类期权的回报函数为

$$S(T)\mathbf{1}_{\{S(T)>K\}}=\begin{cases}S(T), & S(T)>K\\ 0, & S(T)\leqslant K\end{cases} \tag{11.28}$$

根据风险中性定价法，当前时刻期权的价格计算公式如下：

$$V(0) = e^{-rT}E^{Q}[S(T)\mathbf{1}_{\{S(T)>K\}} \mid S(0) = S] \tag{11.29}$$

根据示性函数的性质，可得

$$\begin{aligned} V(0) &= e^{-rT}\int_{-\infty}^{\infty} S\exp\left[\left(r-\frac{1}{2}\sigma^2\right)T+\sigma\sqrt{T}z\right]\mathbf{1}_{\{S(T)>K\}}f_Z(z)\mathrm{d}z \\ &= e^{-rT}\int_{z_0}^{\infty} S\exp\left[\left(r-\frac{1}{2}\sigma^2\right)T+\sigma\sqrt{T}z\right]f_Z(z)\mathrm{d}z \end{aligned} \tag{11.30}$$

其中，z 是标准正态分布的随机变量，相应的 $f_Z(z)$ 是对应的分布函数，即

$$f_Z(z) = \frac{1}{\sqrt{2\pi}}\exp\left(-\frac{1}{2}z^2\right)$$

并且

$$z_0 = \frac{\ln(K/S)-\left(r-\frac{1}{2}\sigma^2\right)T}{\sigma\sqrt{T}} \tag{11.31}$$

从而

$$V(0) = Se^{-rT}\int_{z_0}^{\infty}\exp\left[\left(r-\frac{1}{2}\sigma^2\right)T+\sigma\sqrt{T}z\right]f_Z(z)\mathrm{d}z = Se^{-rT}I_1 \tag{11.32}$$

由此可得

$$\begin{aligned} I_1 &= \int_{z_0}^{\infty}\exp\left[\left(r-\frac{1}{2}\sigma^2\right)T+\sigma\sqrt{T}z\right]f_Z(z)\mathrm{d}z \\ &= \int_{z_0}^{\infty}\exp\left[\left(r-\frac{1}{2}\sigma^2\right)T+\sigma\sqrt{T}z\right]\frac{1}{\sqrt{2\pi}}\exp\left(-\frac{1}{2}z^2\right)\mathrm{d}z \\ &= \frac{1}{\sqrt{2\pi}}\int_{z_0}^{\infty}\exp\left[-\frac{(z-\sigma\sqrt{T})^2}{2}\right]\exp(rT)\mathrm{d}z \\ &= e^{rT}N(-z_0+\sigma\sqrt{T}) \end{aligned} \tag{11.33}$$

最终可得

$$V(0) = SN(-z_0+\sigma\sqrt{T}) = SN\left(\frac{\ln(S/K)+\left(r+\frac{1}{2}\sigma^2\right)T}{\sigma\sqrt{T}}\right) = SN(d_1) \tag{11.34}$$

(三) 欧式看涨期权与二元期权的关系

根据上面的计算，可以得到欧式看涨期权与二元期权的定价公式，如表 11.1 所示。

表 11.1　欧式看涨期权与二元期权的定价公式

期权种类	定价公式
欧式看涨期权	$SN(d_1)-Ke^{-rT}N(d_2)$
或有现金形式的看涨二元期权	$e^{-rT}N(d_2)$
或有资产形式的看涨二元期权	$SN(d_1)$

从表 11.1 中不难看出，对于普通的欧式看涨期权买方而言，其相当于买入了一份或有资产形式的看涨二元期权，同时卖出了 K 份或有现金形式的看涨二元期权的组合。

需要说明的是，这里的推导过程中都是假设当前时刻为 0，未来期权的到期时刻为 T，

因此期权距离到期的剩余时间为 T。若当前时刻是 t，则期权的剩余时间为$(T-t)$，此时需将公式中的 T 替换为$(T-t)$，同时 $V(0)$也要相应地替换成 $V(t)$。

第三节　Black-Scholes 模型的不足及拓展

一、Black-Scholes 模型的假设条件

Black-Scholes 模型的假设前提非常严格，具体说来，包含如下七个假设条件：

(1) 标的资产价格的变动符合几何布朗运动。相应地，标的资产的价格服从对数正态分布，这保证了标的资产的价格不可能取负值。

(2) 投资者可以无限制卖空标的资产。

(3) 市场无摩擦，即不存在影响收益的任何外部因素，如税收、交易成本，所有证券都可无限细分。

(4) 在欧式期权到期前，标的资产无任何收益(如利息、红利等)的支付，于是标的资产价格的变动是连续的，且是均匀的，既无跳空上涨，也无跳空下跌。

(5) 不存在无风险的套利机会。

(6) 标的资产的交易是连续的。

(7) 存在着一个固定的无风险利率，投资者可以此利率无限制地借贷。

二、Black-Scholes 模型的不足和改进

基于 Black-Scholes 模型的假设条件，不难看出其存在的不足之处。

(一) 标的资产价格的变动

Black-Scholes 模型中假设的几何布朗运动虽然保证了资产价格的非负性，但是仍有缺陷。例如，几何布朗运动下，对应的标的资产收益率服从正态分布，这一点与现实金融市场上资产价格尖峰厚尾的特征不相符，盲目使用会极大地低估极端风险；几何布朗运动中，标的资产价格的均值随时间呈现出指数式上升，这一特点与现实市场中利率、大宗商品价格的走势相违背。

另外，Black-Scholes 模型假设资产价格的变动是连续无跳跃的，这与实际的市场不符，特别是在大宗商品市场中，常常由于国际政治经济中的突发事件，造成价格跳空上涨或跳空下跌。

对此，一些学者尝试使用更符合现实的资产价格变动的过程。例如，Schwartz(1997)使用均值回复过程(mean-reverting process)来刻画大宗商品价格变动的过程，Merton(1976)基于复合泊松过程刻画资产价格的跳跃等。

(二) 标的资产无任何收益的支付

对于股票、债券这样的金融资产而言，会存在定期或不定期的收益支付，股票以股利、送股等方式体现；债券则以票息的形式给付利息。因此，Black-Scholes 模型自然存在缺陷。以 Merton(1973)为代表的学者尝试将股息率纳入到 Black-Scholes 模型中，从而得到了考

虑股息率的 Black-Scholes-Merton 模型。

（三）固定的无风险利率

在金融市场中，利率是影响资产价格变动的重要指标，而在 Black-Scholes 模型中，则假定无风险利率固定不变，这显然与金融市场的现状不符；特别是随着利率衍生品的发展，利率不变的前提条件更是受到严重挑战。一些学者开始基于利率期限结构相关理论，为利率类衍生品进行定价，其中具有代表性的模型包括：

(1) Vasicek(1977)基于 O－U 过程，构建了具有均值回复特征的利率模型。

(2) Cox、Ingersoll、Ross (1985)构建了平方根模型，该模型对 Vasicek(1977)进行了修正，避免了利率取值可能为负的问题。

(3) Ho、Lee(1986) 提出了第一个无套利框架下的利率期限结构模型，其中假定短期利率服从正态过程。

(4) Hull、White (1990) 将 Vasicek (1977) 扩展为参数时变的过程，并将 Cox、Ingersoll、Ross (1985)的平方根模型也纳入到该框架下。

(5) Black、Derman、Toy(1990)使用对数正态分布来刻画短期利率过程，并借助二叉树模型进行利率期权的定价。

(6) Black、Karasinski(1991)对 Black、Derman、Toy(1990)模型进行了推广，引入了与时间有关的均值回复速度。

(7) Heath、Jarrow、Morton(1990，1992)基于无套利分析法，将多个随机因子加入远期利率过程，从而得到了 HJM 模型。该模型框架可以将之前的众多利率模型纳入进来，因此成为业界进行利率衍生品定价的标准模型。

(8) Brace、Gatarek、Musiela(1997)提出的 BGM 模型也称 LIBOR 市场模型，通过 HJM 模型框架对波动率函数做出了一些假设，从而实现对远期 LIBOR 利率的建模。

（四）固定的标的资产波动率

金融市场中的资产波动率会随经济周期的变动而发生改变，而在 Black-Scholes 模型中，则是假定标的资产波动率固定不变，这一假设随着“波动率微笑”(volatility smile)现象的发现而受到严重质疑。一些学者开始尝试考虑随机波动率(stochastic volatility，SV)模型，其中具有代表性的模型包括：

(1) Hull、White(1987)提出随机波动率模型，假设波动率服从独立的对数正态扩散过程。

(2) Stein、Stein (1991)使用随机分析的方法，假设随机波动服从均值回复过程。

(3) Heston(1993)结合特征函数方法，得到了随机波动模型下期权价格的封闭解，并通过市场数据证实了随机波动模型可以反映多种类型的期权价格偏差。

本章附录

附录　期权定价的数值方法之 Monte Carlo 模拟

蒙特卡罗模拟(Monte Carlo simulation)也称统计模拟方法，是使用电子计算机产生的随机数来解决很多计算问题的方法，在金融工程学、宏观经济学、计算物理学等领域应用广泛。该方法可以应用于期权定价中，通过模拟标的资产未来可能的价格路径，从而得到期权价格的数值解。

在风险中性定价法中，风险中性测度 Q 下期权价格的计算公式为

$$V(0)=\mathrm{e}^{-rT}E^{Q}[V(T)\mid S(0)=S] \tag{11.35}$$

并且当标的资产的价格服从几何布朗运动时，风险中性测度 Q 下资产价格变动的方程为

$$S(T)=S(0)\exp\left[\left(r-\frac{1}{2}\sigma^{2}\right)T+\sigma W(T)\right] \tag{11.36}$$

Monte Carlo 模拟对期权定价的步骤如下：

(1) 对式(11.36)进行离散化(discretization)，从而模拟出标的资产价格变动的若干条可能路径。

(2) 利用这些路径，求出期权价格计算公式中每个可能的 $V(T)$。

(3) 将这些可能的 $V(T)$ 取平均值，从而得到式(11.35)中条件期望的估计值。

(4) 将结果进行贴现，最终得到要求的 $V(0)$ 数值解。

需要说明的是，这里的 $V(T)$ 对于欧式看涨期权而言，就是其未来到期日的回报数额，即 $\max[S(T)-K,0]$；类似地，欧式看跌期权则为 $\max[K-S(T),0]$。基于这样的思想，可以得到相应的 Matlab 函数，代码为

```
function result=mc_call(S, K, r, T, sigma, M, N)
  % S是标的资产当前价格；K是期权的行权价
  % r是无风险利率；T是期权的剩余期限
  % sigma是标的资产波动率；M是每条路径的分段数
  % N是模拟的路径数量
  dt=T/M;
  s=zeros(1, M); % s用于存储一条路径中的M个价格
  sT=zeros(1, N); % sT用于存储N条路径的最终价格
  s(1)=S; %价格路径的初始值就是当前时刻标的资产价格S
%以下代码模拟资产价格变动的可能路径，每条路径分成M段，共模拟N条路径
  for j=1:N
    for i=2:M
      s(i)=s(i-1)*(1+r*dt+sigma*sqrt(dt)*randn);
    end
    sT(j)=s(M);
  end
%得到每条路径下的可能回报数额
  payoff=max(sT-K, 0);
%将所有可能回报数额求均值并进行贴现，得到看涨期权当前价格的数值解
  result=exp(-r*T)*mean(payoff);
end
```

上述代码在使用时需要以文件名 mc_call.m 存放到工作目录中才能调用。例如，对于

标的资产当前价格为50、行权价为55、无风险利率为5%、剩余期限为1年、波动率为0.5的欧式看涨期权，求路径数为10 000、分段数为4 000的看涨期权价格，相应的函数调用代码为

```
mc_call(50, 55, 0.05, 1, 0.5, 4 000, 10 000)
```

需要说明的是，相比二项式模型，Monte Carlo模拟方法的计算开销较大，并且精度每提升10倍，相应的模拟次数要增加100倍。

习　题

1. 根据期权定价的鞅方法，计算欧式看跌期权的价格。

2. 根据期权定价的鞅方法，计算两类看跌二元期权的价格。其中，或有现金形式的看跌二元期权回报函数为$\mathbf{1}_{\{S(T)<K\}}$，或有资产形式的看跌二元期权回报函数为$S(T)\mathbf{1}_{\{S(T)<K\}}$。

附 表

附表1 标准期末年金的现值(利率0.5%～5%)

n \ i	0.5%	1%	1.5%	2%	2.5%	3%	3.5%	4%	4.5%	5%
1	0.99502	0.99010	0.98522	0.98039	0.97561	0.97087	0.96618	0.96154	0.95694	0.95238
2	1.98510	1.97040	1.95588	1.94156	1.92742	1.91347	1.89969	1.88609	1.87267	1.85941
3	2.97025	2.94099	2.91220	2.88388	2.85602	2.82861	2.80164	2.77509	2.74896	2.72325
4	3.95050	3.90197	3.85438	3.80773	3.76197	3.71710	3.67308	3.62990	3.58753	3.54595
5	4.92587	4.85343	4.78264	4.71346	4.64583	4.57971	4.51505	4.45182	4.38998	4.32948
6	5.89638	5.79548	5.69719	5.60143	5.50813	5.41719	5.32855	5.24214	5.15787	5.07569
7	6.86207	6.72819	6.59821	6.47199	6.34939	6.23028	6.11454	6.00205	5.89270	5.78637
8	7.82296	7.65168	7.48593	7.32548	7.17014	7.01969	6.87396	6.73274	6.59589	6.46321
9	8.77906	8.56602	8.36052	8.16224	7.97087	7.78611	7.60769	7.43533	7.26879	7.10782
10	9.73041	9.47130	9.22218	8.98259	8.75206	8.53020	8.31661	8.11090	7.91272	7.72173
11	10.67703	10.36763	10.07112	9.78685	9.51421	9.25262	9.00155	8.76048	8.52892	8.30641
12	11.61893	11.25508	10.90751	10.57534	10.25776	9.95400	9.66333	9.38507	9.11858	8.86325
13	12.55615	12.13374	11.73153	11.34837	10.98318	10.63496	10.30274	9.98565	9.68285	9.39357
14	13.48871	13.00370	12.54338	12.10625	11.69091	11.29607	10.92052	10.56312	10.22283	9.89864
15	14.41662	13.86505	13.34323	12.84926	12.38138	11.93794	11.51741	11.11839	10.73955	10.37966
16	15.33993	14.71787	14.13126	13.57771	13.05500	12.56110	12.09412	11.65230	11.23402	10.83777
17	16.25863	15.56225	14.90765	14.29187	13.71220	13.16612	12.65132	12.16567	11.70719	11.27407
18	17.17277	16.39827	15.67256	14.99203	14.35336	13.75351	13.18968	12.65930	12.15999	11.68959
19	18.08236	17.22601	16.42617	15.67846	14.97889	14.32380	13.70984	13.13394	12.59329	12.08532
20	18.98742	18.04555	17.16864	16.35143	15.58916	14.87747	14.21240	13.59033	13.00794	12.46221
21	19.88798	18.85698	17.90014	17.01121	16.18455	15.41502	14.69797	14.02916	13.40472	12.82115
22	20.78406	19.66038	18.62082	17.65805	16.76541	15.93692	15.16712	14.45112	13.78442	13.16300
23	21.67568	20.45582	19.33086	18.29220	17.33211	16.44361	15.62041	14.85684	14.14777	13.48857
24	22.56287	21.24339	20.03041	18.91393	17.88499	16.93554	16.05837	15.24696	14.49548	13.79864

续表

n \ i	0.5%	1%	1.5%	2%	2.5%	3%	3.5%	4%	4.5%	5%
25	23.44564	22.02316	20.71961	19.52346	18.42438	17.41315	16.48151	15.62208	14.82821	14.09394
26	24.32402	22.79520	21.39863	20.12104	18.95061	17.87684	16.89035	15.98277	15.14661	14.37519
27	25.19803	23.55961	22.06762	20.70690	19.46401	18.32703	17.28536	16.32959	15.45130	14.64303
28	26.06769	24.31644	22.72672	21.28127	19.96489	18.76411	17.66702	16.66306	15.74287	14.89813
29	26.93302	25.06579	23.37608	21.84438	20.45355	19.18845	18.03577	16.98371	16.02189	15.14107
30	27.79405	25.80771	24.01584	22.39646	20.93029	19.60044	18.39205	17.29203	16.28889	15.37245
31	28.65080	26.54229	24.64615	22.93770	21.39541	20.00043	18.73628	17.58849	16.54439	15.59281
32	29.50328	27.26959	25.26714	23.46833	21.84918	20.38877	19.06887	17.87355	16.78889	15.80268
33	30.35153	27.98969	25.87895	23.98856	22.29188	20.76579	19.39021	18.14765	17.02286	16.00255
34	31.19555	28.70267	26.48173	24.49859	22.72379	21.13184	19.70068	18.41120	17.24676	16.19290
35	32.03537	29.40858	27.07559	24.99862	23.14516	21.48722	20.00066	18.66461	17.46101	16.37419
36	32.87102	30.10751	27.66068	25.48884	23.55625	21.83225	20.29049	18.90828	17.66604	16.54685
37	33.70250	30.79951	28.23713	25.96945	23.95732	22.16724	20.57053	19.14258	17.86224	16.71129
38	34.52985	31.48466	28.80505	26.44064	24.34860	22.49246	20.84109	19.36786	18.04999	16.86789
39	35.35309	32.16303	29.36458	26.90259	24.73034	22.80822	21.10250	19.58448	18.22966	17.01704
40	36.17223	32.83469	29.91585	27.35548	25.10278	23.11477	21.35507	19.79277	18.40158	17.15909
41	36.98729	33.49969	30.45896	27.79949	25.46612	23.41240	21.59910	19.99305	18.56611	17.29437
42	37.79830	34.15811	30.99405	28.23479	25.82061	23.70136	21.83488	20.18563	18.72355	17.42321
43	38.60527	34.81001	31.52123	28.66156	26.16645	23.98190	22.06269	20.37079	18.87421	17.54591
44	39.40823	35.45545	32.04062	29.07996	26.50385	24.25427	22.28279	20.54884	19.01838	17.66277
45	40.20720	36.09451	32.55234	29.49016	26.83302	24.51871	22.49545	20.72004	19.15635	17.77407
46	41.00219	36.72724	33.05649	29.89231	27.15417	24.77545	22.70092	20.88465	19.28837	17.88007
47	41.79322	37.35370	33.55319	30.28658	27.46748	25.02471	22.89944	21.04294	19.41471	17.98102
48	42.58032	37.97396	34.04255	30.67312	27.77315	25.26671	23.09124	21.19513	19.53561	18.07716
49	43.36350	38.58808	34.52468	31.05208	28.07137	25.50166	23.27656	21.34147	19.65130	18.16872
50	44.14279	39.19612	34.99969	31.42361	28.36231	25.72976	23.45562	21.48218	19.76201	18.25593

附表 2 标准期末年金的现值(利率 5.5%～10%)

n \ i	5.5%	6%	6.5%	7%	7.5%	8%	8.5%	9%	9.5%	10%
1	0.94787	0.94340	0.93897	0.93458	0.93023	0.92593	0.92166	0.91743	0.91324	0.90909
2	1.84632	1.83339	1.82063	1.80802	1.79557	1.78326	1.77111	1.75911	1.74725	1.73554
3	2.69793	2.67301	2.64848	2.62432	2.60053	2.57710	2.55402	2.53129	2.50891	2.48685
4	3.50515	3.46511	3.42580	3.38721	3.34933	3.31213	3.27560	3.23972	3.20448	3.16987
5	4.27028	4.21236	4.15568	4.10020	4.04588	3.99271	3.94064	3.88965	3.83971	3.79079
6	4.99553	4.91732	4.84101	4.76654	4.69385	4.62288	4.55359	4.48592	4.41983	4.35526
7	5.68297	5.58238	5.48452	5.38929	5.29660	5.20637	5.11851	5.03295	4.94961	4.86842
8	6.33457	6.20979	6.08875	5.97130	5.85730	5.74664	5.63918	5.53482	5.43344	5.33493
9	6.95220	6.80169	6.65610	6.51523	6.37889	6.24689	6.11906	5.99525	5.87528	5.75902
10	7.53763	7.36009	7.18883	7.02358	6.86408	6.71008	6.56135	6.41766	6.27880	6.14457
11	8.09254	7.88687	7.68904	7.49867	7.31542	7.13896	6.96898	6.80519	6.64730	6.49506
12	8.61852	8.38384	8.15873	7.94269	7.73528	7.53608	7.34469	7.16073	6.98384	6.81369
13	9.11708	8.85268	8.59974	8.35765	8.12584	7.90378	7.69095	7.48690	7.29118	7.10336
14	9.58965	9.29498	9.01384	8.74547	8.48915	8.24424	8.01010	7.78615	7.57185	7.36669
15	10.03758	9.71225	9.40267	9.10791	8.82712	8.55948	8.30424	8.06069	7.82818	7.60608
16	10.46216	10.10590	9.76776	9.44665	9.14151	8.85137	8.57533	8.31256	8.06226	7.82371
17	10.86461	10.47726	10.11058	9.76322	9.43396	9.12164	8.82519	8.54363	8.27604	8.02155
18	11.24607	10.82760	10.43247	10.05909	9.70601	9.37189	9.05548	8.75563	8.47127	8.20141
19	11.60765	11.15812	10.73471	10.33560	9.95908	9.60360	9.26772	8.95011	8.64956	8.36492
20	11.95038	11.46992	11.01851	10.59401	10.19449	9.81815	9.46334	9.12855	8.81238	8.51356
21	12.27524	11.76408	11.28498	10.83553	10.41348	10.01680	9.64363	9.29224	8.96108	8.64869
22	12.58317	12.04158	11.53520	11.06124	10.61719	10.20074	9.80980	9.44243	9.09688	8.77154
23	12.87504	12.30338	11.77014	11.27219	10.80669	10.37106	9.96295	9.58021	9.22089	8.88322
24	13.15170	12.55036	11.99074	11.46933	10.98297	10.52876	10.10410	9.70661	9.33415	8.98474
25	13.41393	12.78336	12.19788	11.65358	11.14695	10.67478	10.23419	9.82258	9.43758	9.07704

续表

n \ i	5.5%	6%	6.5%	7%	7.5%	8%	8.5%	9%	9.5%	10%
26	13.66250	13.00317	12.39237	11.82578	11.29948	10.80998	10.35409	9.92897	9.53203	9.16095
27	13.89810	13.21053	12.57500	11.98671	11.44138	10.93516	10.46460	10.02658	9.61830	9.23722
28	14.12142	13.40616	12.74648	12.13711	11.57338	11.05108	10.56645	10.11613	9.69707	9.30657
29	14.33310	13.59072	12.90749	12.27767	11.69617	11.15841	10.66033	10.19828	9.76902	9.36961
30	14.53375	13.76483	13.05868	12.40904	11.81039	11.25778	10.74684	10.27365	9.83472	9.42691
31	14.72393	13.92909	13.20063	12.53181	11.91664	11.34980	10.82658	10.34280	9.89472	9.47901
32	14.90420	14.08404	13.33393	12.64656	12.01548	11.43500	10.90008	10.40624	9.94952	9.52638
33	15.07507	14.23023	13.45909	12.75379	12.10742	11.51389	10.96781	10.46444	9.99956	9.56943
34	15.23703	14.36814	13.57661	12.85401	12.19295	11.58693	11.03024	10.51784	10.04526	9.60857
35	15.39055	14.49825	13.68696	12.94767	12.27251	11.65457	11.08778	10.56682	10.08699	9.64416
36	15.53607	14.62099	13.79057	13.03521	12.34652	11.71719	11.14081	10.61176	10.12511	9.67651
37	15.67400	14.73678	13.88786	13.11702	12.41537	11.77518	11.18969	10.65299	10.15992	9.70592
38	15.80474	14.84602	13.97921	13.19347	12.47941	11.82887	11.23474	10.69082	10.19171	9.73265
39	15.92866	14.94907	14.06499	13.26493	12.53899	11.87858	11.27625	10.72552	10.22074	9.75696
40	16.04612	15.04630	14.14553	13.33171	12.59441	11.92461	11.31452	10.75736	10.24725	9.77905
41	16.15746	15.13802	14.22115	13.39412	12.64596	11.96723	11.34979	10.78657	10.27146	9.79914
42	16.26300	15.22454	14.29216	13.45245	12.69392	12.00670	11.38229	10.81337	10.29357	9.81740
43	16.36303	15.30617	14.35884	13.50696	12.73853	12.04324	11.41225	10.83795	10.31376	9.83400
44	16.45785	15.38318	14.42144	13.55791	12.78003	12.07707	11.43986	10.86051	10.33220	9.84909
45	16.54773	15.45583	14.48023	13.60552	12.81863	12.10840	11.46531	10.88120	10.34904	9.86281
46	16.63292	15.52437	14.53543	13.65002	12.85454	12.13741	11.48877	10.90018	10.36442	9.87528
47	16.71366	15.58903	14.58725	13.69161	12.88794	12.16427	11.51038	10.91760	10.37847	9.88662
48	16.79020	15.65003	14.63592	13.73047	12.91902	12.18914	11.53031	10.93358	10.39130	9.89693
49	16.86275	15.70757	14.68161	13.76680	12.94792	12.21216	11.54867	10.94823	10.40301	9.90630
50	16.93152	15.76186	14.72452	13.80075	12.97481	12.23348	11.56560	10.96168	10.41371	9.91481

附表 3　标准期末年金的终值(利率 0.5%～5%)

n \ i	0.5%	1%	1.5%	2%	2.5%	3%	3.5%	4%	4.5%	5%
1	1.00000	1.00000	1.00000	1.00000	1.00000	1.00000	1.00000	1.00000	1.00000	1.00000
2	2.00500	2.01000	2.01500	2.02000	2.02500	2.03000	2.03500	2.04000	2.04500	2.05000
3	3.01502	3.03010	3.04522	3.06040	3.07563	3.09090	3.10622	3.12160	3.13703	3.15250
4	4.03010	4.06040	4.09090	4.12161	4.15252	4.18363	4.21494	4.24646	4.27819	4.31013
5	5.05025	5.10101	5.15227	5.20404	5.25633	5.30914	5.36247	5.41632	5.47071	5.52563
6	6.07550	6.15202	6.22955	6.30812	6.38774	6.46841	6.55015	6.63298	6.71689	6.80191
7	7.10588	7.21354	7.32299	7.43428	7.54743	7.66246	7.77941	7.89829	8.01915	8.14201
8	8.14141	8.28567	8.43284	8.58297	8.73612	8.89234	9.05169	9.21423	9.38001	9.54911
9	9.18212	9.36853	9.55933	9.75463	9.95452	10.15911	10.36850	10.58280	10.80211	11.02656
10	10.22803	10.46221	10.70272	10.94972	11.20338	11.46388	11.73139	12.00611	12.28821	12.57789
11	11.27917	11.56683	11.86326	12.16872	12.48347	12.80780	13.14199	13.48635	13.84118	14.20679
12	12.33556	12.68250	13.04121	13.41209	13.79555	14.19203	14.60196	15.02581	15.46403	15.91713
13	13.39724	13.80933	14.23683	14.68033	15.14044	15.61779	16.11303	16.62684	17.15991	17.71298
14	14.46423	14.94742	15.45038	15.97394	16.51895	17.08632	17.67699	18.29191	18.93211	19.59863
15	15.53655	16.09690	16.68214	17.29342	17.93193	18.59891	19.29568	20.02359	20.78405	21.57856
16	16.61423	17.25786	17.93237	18.63929	19.38022	20.15688	20.97103	21.82453	22.71934	23.65749
17	17.69730	18.43044	19.20136	20.01207	20.86473	21.76159	22.70502	23.69751	24.74171	25.84037
18	18.78579	19.61475	20.48938	21.41231	22.38635	23.41444	24.49969	25.64541	26.85508	28.13238
19	19.87972	20.81090	21.79672	22.84056	23.94601	25.11687	26.35718	27.67123	29.06356	30.53900
20	20.97912	22.01900	23.12367	24.29737	25.54466	26.87037	28.27968	29.77808	31.37142	33.06595
21	22.08401	23.23919	24.47052	25.78332	27.18327	28.67649	30.26947	31.96920	33.78314	35.71925
22	23.19443	24.47159	25.83758	27.29898	28.86286	30.53678	32.32890	34.24797	36.30338	38.50521
23	24.31040	25.71630	27.22514	28.84496	30.58443	32.45288	34.46041	36.61789	38.93703	41.43048
24	25.43196	26.97346	28.63352	30.42186	32.34904	34.42647	36.66653	39.08260	41.68920	44.50200
25	26.55912	28.24320	30.06302	32.03030	34.15776	36.45926	38.94986	41.64591	44.56521	47.72710

续表

n \ i	0.5%	1%	1.5%	2%	2.5%	3%	3.5%	4%	4.5%	5%
26	27.69191	29.52563	31.51397	33.67091	36.01171	38.55304	41.31310	44.31174	47.57064	51.11345
27	28.83037	30.82089	32.98668	35.34432	37.91200	40.70963	43.75906	47.08421	50.71132	54.66913
28	29.97452	32.12910	34.48148	37.05121	39.85980	42.93092	46.29063	49.96758	53.99333	58.40258
29	31.12439	33.45039	35.99870	38.79223	41.85630	45.21885	48.91080	52.96629	57.42303	62.32271
30	32.28002	34.78489	37.53868	40.56808	43.90270	47.57542	51.62268	56.08494	61.00707	66.43885
31	33.44142	36.13274	39.10176	42.37944	46.00027	50.00268	54.42947	59.32834	64.75239	70.76079
32	34.60862	37.49407	40.68829	44.22703	48.15028	52.50276	57.33450	62.70147	68.66625	75.29883
33	35.78167	38.86901	42.29861	46.11157	50.35403	55.07784	60.34121	66.20953	72.75623	80.06377
34	36.96058	40.25770	43.93309	48.03380	52.61289	57.73018	63.45315	69.85791	77.03026	85.06696
35	38.14538	41.66028	45.59209	49.99448	54.92821	60.46208	66.67401	73.65222	81.49662	90.32031
36	39.33610	43.07688	47.27597	51.99437	57.30141	63.27594	70.00760	77.59831	86.16397	95.83632
37	40.53279	44.50765	48.98511	54.03425	59.73395	66.17422	73.45787	81.70225	91.04134	101.62814
38	41.73545	45.95272	50.71989	56.11494	62.22730	69.15945	77.02889	85.97034	96.13820	107.70955
39	42.94413	47.41225	52.48068	58.23724	64.78298	72.23423	80.72491	90.40915	101.46442	114.09502
40	44.15885	48.88637	54.26789	60.40198	67.40255	75.40126	84.55028	95.02552	107.03032	120.79977
41	45.37964	50.37524	56.08191	62.61002	70.08762	78.66330	88.50954	99.82654	112.84669	127.83976
42	46.60654	51.87899	57.92314	64.86222	72.83981	82.02320	92.60737	104.81960	118.92479	135.23175
43	47.83957	53.39778	59.79199	67.15947	75.66080	85.48389	96.84863	110.01238	125.27640	142.99334
44	49.07877	54.93176	61.68887	69.50266	78.55232	89.04841	101.23833	115.41288	131.91384	151.14301
45	50.32416	56.48107	63.61420	71.89271	81.51613	92.71986	105.78167	121.02939	138.84997	159.70016
46	51.57578	58.04589	65.56841	74.33056	84.55403	96.50146	110.48403	126.87057	146.09821	168.68516
47	52.83366	59.62634	67.55194	76.81718	87.66789	100.39650	115.35097	132.94539	153.67263	178.11942
48	54.09783	61.22261	69.56522	79.35352	90.85958	104.40840	120.38826	139.26321	161.58790	188.02539
49	55.36832	62.83483	71.60870	81.94059	94.13107	108.54065	125.60185	145.83373	169.85936	198.42666
50	56.64516	64.46318	73.68283	84.57940	97.48435	112.79687	130.99791	152.66708	178.50303	209.34800

附表 4　标准期末年金的终值(利率 5.5%～10%)

n \ i	5.5%	6%	6.5%	7%	7.5%	8%	8.5%	9%	9.5%	10%
1	1.00000	1.00000	1.00000	1.00000	1.00000	1.00000	1.00000	1.00000	1.00000	1.00000
2	2.05500	2.06000	2.06500	2.07000	2.07500	2.08000	2.08500	2.09000	2.09500	2.10000
3	3.16803	3.18360	3.19923	3.21490	3.23063	3.24640	3.26223	3.27810	3.29403	3.31000
4	4.34227	4.37462	4.40717	4.43994	4.47292	4.50611	4.53951	4.57313	4.60696	4.64100
5	5.58109	5.63709	5.69364	5.75074	5.80839	5.86660	5.92537	5.98471	6.04462	6.10510
6	6.88805	6.97532	7.06373	7.15329	7.24402	7.33593	7.42903	7.52333	7.61886	7.71561
7	8.26689	8.39384	8.52287	8.65402	8.78732	8.92280	9.06050	9.20043	9.34265	9.48717
8	9.72157	9.89747	10.07686	10.25980	10.44637	10.63663	10.83064	11.02847	11.23020	11.43589
9	11.25626	11.49132	11.73185	11.97799	12.22985	12.48756	12.75124	13.02104	13.29707	13.57948
10	12.87535	13.18079	13.49442	13.81645	14.14709	14.48656	14.83510	15.19293	15.56029	15.93742
11	14.58350	14.97164	15.37156	15.78360	16.20812	16.64549	17.09608	17.56029	18.03852	18.53117
12	16.38559	16.86994	17.37071	17.88845	18.42373	18.97713	19.54925	20.14072	20.75218	21.38428
13	18.28680	18.88214	19.49981	20.14064	20.80551	21.49530	22.21094	22.95338	23.72363	24.52271
14	20.29257	21.01507	21.76730	22.55049	23.36592	24.21492	25.09887	26.01919	26.97738	27.97498
15	22.40866	23.27597	24.18217	25.12902	26.11836	27.15211	28.23227	29.36092	30.54023	31.77248
16	24.64114	25.67253	26.75401	27.88805	29.07724	30.32428	31.63201	33.00340	34.44155	35.94973
17	26.99640	28.21288	29.49302	30.84022	32.25804	33.75023	35.32073	36.97370	38.71350	40.54470
18	29.48120	30.90565	32.41007	33.99903	35.67739	37.45024	39.32300	41.30134	43.39128	45.59917
19	32.10267	33.75999	35.51672	37.37896	39.35319	41.44626	43.66545	46.01846	48.51345	51.15909
20	34.86832	36.78559	38.82531	40.99549	43.30468	45.76196	48.37701	51.16012	54.12223	57.27500
21	37.78608	39.99273	42.34895	44.86518	47.55253	50.42292	53.48906	56.76453	60.26384	64.00250
22	40.86431	43.39229	46.10164	49.00574	52.11897	55.45676	59.03563	62.87334	66.98891	71.40275
23	44.11185	46.99583	50.09824	53.43614	57.02790	60.89330	65.05366	69.53194	74.35286	79.54302
24	47.53800	50.81558	54.35463	58.17667	62.30499	66.76476	71.58322	76.78981	82.41638	88.49733
25	51.15259	54.86451	58.88768	63.24904	67.97786	73.10594	78.66779	84.70090	91.24593	98.34706

续表

n \ i	5.5%	6%	6.5%	7%	7.5%	8%	8.5%	9%	9.5%	10%
26	54.96598	59.15638	63.71538	68.67647	74.07620	79.95442	86.35455	93.32398	100.91430	109.18177
27	58.98911	63.70577	68.85688	74.48382	80.63192	87.35077	94.69469	102.72313	111.50116	121.09994
28	63.23351	68.52811	74.33257	80.69769	87.67931	95.33883	103.74374	112.96822	123.09377	134.20994
29	67.71135	73.63980	80.16419	87.34653	95.25526	103.96594	113.56196	124.13536	135.78767	148.63093
30	72.43548	79.05819	86.37486	94.46079	103.39940	113.28321	124.21473	136.30754	149.68750	164.49402
31	77.41943	84.80168	92.98923	102.07304	112.15436	123.34587	135.77298	149.57522	164.90781	181.94342
32	82.67750	90.88978	100.03353	110.21815	121.56593	134.21354	148.31368	164.03699	181.57406	201.13777
33	88.22476	97.34316	107.53571	118.93343	131.68338	145.95062	161.92034	179.80032	199.82359	222.25154
34	94.07712	104.18375	115.52553	128.25876	142.55963	158.62667	176.68357	196.98234	219.80683	245.47670
35	100.25136	111.43478	124.03469	138.23688	154.25161	172.31680	192.70168	215.71075	241.68848	271.02437
36	106.76519	119.12087	133.09695	148.91346	166.82048	187.10215	210.08132	236.12472	265.64889	299.12681
37	113.63727	127.26812	142.74825	160.33740	180.33201	203.07032	228.93823	258.37595	291.88553	330.03949
38	120.88732	135.90421	153.02688	172.56102	194.85691	220.31595	249.39798	282.62978	320.61466	364.04343
39	128.53613	145.05846	163.97363	185.64029	210.47118	238.94122	271.59681	309.06646	352.07305	401.44778
40	136.60561	154.76197	175.63192	199.63511	227.25652	259.05652	295.68254	337.88245	386.51999	442.59256
41	145.11892	165.04768	188.04799	214.60957	245.30076	280.78104	321.81555	369.29187	424.23939	487.85181
42	154.10046	175.95054	201.27111	230.63224	264.69832	304.24352	350.16987	403.52813	465.54213	537.63699
43	163.57599	187.50758	215.35373	247.77650	285.55069	329.58301	380.93431	440.84566	510.76864	592.40069
44	173.57267	199.75803	230.35172	266.12085	307.96699	356.94965	414.31373	481.52177	560.29166	652.64076
45	184.11917	212.74351	246.32459	285.74931	332.06452	386.50562	450.53040	525.85873	614.51936	718.90484
46	195.24572	226.50812	263.33568	306.75176	357.96935	418.42607	489.82548	574.18602	673.89870	791.79532
47	206.98423	241.09861	281.45250	329.22439	385.81706	452.90015	532.46065	626.86276	738.91908	871.97485
48	219.36837	256.56453	300.74692	353.27009	415.75333	490.13216	578.71980	684.28041	810.11639	960.17234
49	232.43363	272.95840	321.29547	378.99900	447.93483	530.34274	628.91098	746.86565	888.07745	1057.18957
50	246.21748	290.33590	343.17967	406.52893	482.52995	573.77016	683.36842	815.08356	973.44481	1163.90853

参考文献

[1] ANDERSON G, KERCHEVAL A N. Lectures on financial mathematics: discrete asset pricing[M]. San Rafael: Morgan & Claypool, 2010.

[2] BACK K E. Asset pricing and portfolio choice theory[M]. Oxford: Oxford University Press, 2017.

[3] BALDI P. Stochastic calculus: an introduction through theory and exercises[M]. New York: Springer, 2017.

[4] BASS R F. Stochastic processes[M]. New York: Cambridge University Press, 2011.

[5] BAXTER M, RENNIE A. Financial calculus: an introduction to derivative pricing [M]. New York: Cambridge University Press, 1996.

[6] BAZ J, CHACKO G. Financial derivatives: pricing, applications, and mathematics [M]. New York: Cambridge University Press, 2004.

[7] BJÖRK T. Arbitrage theory in continuous time[M]. Oxford: Oxford University Press, 2009.

[8] BLYTH S. An introduction to quantitative finance[M]. Oxford: Oxford University Press, 2013.

[9] CAMPOLIETI G, MAKAROV R N. Financial mathematics: a comprehensive treatment[M]. London: Chapman and Hall/CRC, 2014.

[10] CHIN E, NEL D, ÓLAFSSON S. Problems and solutions in mathematical finance I: stochastic calculus[M]. New York: Wiley, 2014.

[11] CHIN E, NEL D, ÓLAFSSON S. Problems and solutions in mathematical finance II: equity derivatives[M]. New York: Wiley, 2017.

[12] ETHERIDGE A. A course in financial calculus[M]. New York: Cambridge University Press, 2002.

[13] HIGHAM D. An introduction to financial option valuation: mathematics, stochastics[M]. New York: Cambridge University Press, 2004.

[14] HIRSA A, NEFTCI S N. An introduction to the mathematics of financial derivatives [M]. New York: Academic Press, 2014.

[15] JUNGHENN H. An introduction to financial mathematics: option valuation[M]. London: Chapman and Hall/CRC, 2019.

[16] KLEBANER F C. Introduction to stochastic calculus with applications [M]. London: Imperial College Press, 2012.

[17] KWOK Y K. Mathematical models of financial derivatives[M]. New York: Springer, 2008.

[18] LIN X S. Introductory stochastic analysis for finance and insurance[M]. New

York: Wiley, 2006.

[19] MAO X R. Stochastic differential equations and applications[M]. Cambridge: Woodhead Publishing, 2011.

[20] MAREK C, TOMASZ Z. Mathematics for finance: an introduction to financial engineering [M]. New York: Springer, 2011.

[21] PLISKA S R. Introduction to mathematical finance: discrete time models[M]. New York: Wiley, 1997.

[22] PROMISLOW S D. Fundamentals of actuarial mathematics[M]. New York: Wiley, 2015.

[23] ROMAN S. Introduction to the mathematics of finance: arbitrage and option pricing [M]. New York: Springer, 2012.

[24] ROSS S M. An elementary introduction to mathematical finance[M]. New York: Cambridge University Press, 2011.

[25] ROSS S M. Introduction to probability models[M]. New York: Academic Press, 2019.

[26] SHREVE S. Stochastic calculus for finance I: the binomial asset pricing model[M]. New York: Springer, 2004.

[27] SHREVE S. Stochastic calculus for finance ii: continuous-time models[M]. New York: Springer, 2004.

[28] ØKSENDAL B. Stochastic differential equations: an introduction with applications [M]. New York: Springer, 2003.

[29] 余颖丰. 基本无害的量化金融学[M]. 北京：首都经济贸易大学出版社，2019.

[30] 叶中行. 数理金融基础[M]. 2 版. 北京：高等教育出版社，2015.

[31] 吴岚，黄海，何洋波. 金融数学引论[M]. 2 版. 北京：北京大学出版社，2013.

[32] 孙健. 金融衍生品定价模型—数理金融引论[M]. 北京：中国经济出版社，2007.

[33] 孟生旺. 金融数学[M]. 6 版. 北京：中国人民大学出版社，2019.

[34] 孟生旺. 利息理论及其应用[M]. 3 版. 北京：中国人民大学出版社，2017.

[35] 中国精算师协会. 金融数学[M]. 北京：中国财政经济出版社，2010.

[36] 张寄洲，傅毅，王杨. 金融数学[M]. 北京：科学出版社，2015.

[37] 斯塔夫里，古德曼. 金融数学[M]. 蔡明超，译. 北京：机械工业出版社，2004.

[38] 汤珂. 随机过程与金融衍生品[M]. 北京：中国人民大学出版社，2014.